T0002685

Birkhäuser

# Mathematik Kompakt

Herausgegeben von:

Martin Brokate
Karl-Heinz Hoffmann
Götz Kersting
Otmar Scherzer
Gernot Stroth
Emo Welzl

Die neu konzipierte Lehrbuchreihe *Mathematik Kompakt* ist eine Reaktion auf die Umstellung der Diplomstudiengänge in Mathematik zu Bachelor- und Masterabschlüssen. Ähnlich wie die neuen Studiengänge selbst ist die Reihe modular aufgebaut und als Unterstützung der Dozierenden sowie als Material zum Selbststudium für Studierende gedacht. Der Umfang eines Bandes orientiert sich an der möglichen Stofffülle einer Vorlesung von zwei Semesterwochenstunden. Der Inhalt greift neue Entwicklungen des Faches auf und bezieht auch die Möglichkeiten der neuen Medien mit ein. Viele anwendungsrelevante Beispiele geben den Benutzern Übungsmöglichkeiten. Zusätzlich betont die Reihe Bezüge der Einzeldisziplinen untereinander.

Mit *Mathematik Kompakt* entsteht eine Reihe, die die neuen Studienstrukturen berücksichtigt und für Dozierende und Studierende ein breites Spektrum an Wahlmöglichkeiten bereitstellt.

# Analysis II

Christiane Tretter

Christiane Tretter
Universität Bern
Mathematisches Institut
Bern, Schweiz

ISBN 978-3-0348-0475-2 ISBN 978-3-0348-0476-9 (eBook)
DOI 10.1007/978-3-0348-0476-9

Bibliografische Information der Deutschen Bibliothek
Die Deutsche Bibliothek verzeichnet diese Publikation in der Deutschen Nationalbibliografie; detaillierte bibliografische Daten sind im Internet über <http://dnb.ddb.de> abrufbar.

2010 Mathematical Subject Classification: 97Ixx

© Springer Basel AG 2013
Das Werk ist urheberrechtlich geschützt. Die dadurch begründeten Rechte, insbesondere die des Nachdrucks, des Vortrags, der Entnahme von Abbildungen und Tabellen, der Funksendung, der Mikroverfilmung oder der Vervielfältigung auf anderen Wegen und der Speicherung in Datenverarbeitungsanlagen, bleiben, auch bei nur auszugsweiser Verwertung, vorbehalten. Eine Vervielfältigung dieses Werkes oder von Teilen dieses Werkes ist auch im Einzelfall nur in den Grenzen der gesetzlichen Bestimmungen des Urheberrechtsgesetzes in der jeweils geltenden Fassung zulässig. Sie ist grundsätzlich vergütungspflichtig. Zuwiderhandlungen unterliegen den Strafbestimmungen des Urheberrechts.

Satz und Layout: Protago-TEX-Production GmbH, Berlin, www.ptp-berlin.eu
Einbandentwurf: deblik, Berlin

Gedruckt auf säurefreiem Papier.
Printed in Germany

Springer Basel AG ist Teil der Fachverlagsgruppe Springer Science+Business Media

www.birkhauser-science.com

# Vorwort

*Man muss das Unmögliche versuchen,*
*um das Mögliche zu erreichen.*

*H. Hesse*

Dieses Buch ist der zweite Band einer Einführung in die Analysis, die ein möglichst breites, aber dennoch kompaktes Fundament für weiterführende Vorlesungen bieten soll und den kanonischen Stoff einer zweisemestrigen Analysis-Vorlesung abdeckt. Den ersten und schwierigsten Schritt beim Bau dieses Fundaments haben Sie bereits geschafft, als Sie sich in der „Analysis I" in die zu Anfang ungewohnte mathematische Denk- und Sprechweise eingearbeitet haben!

In diesem zweiten Band bauen wir nun auf das Fundament des ersten Semesters auf und festigen dieses gleichzeitig. Viele Definitionen und Sätze aus „Analysis II" haben wir in Spezialfällen schon in „Analysis I" [32] kennengelernt. Das Buch gibt jeweils Hinweise auf diese Zusammenhänge, die zur Rückschau einladen und zu einem besseren Verständnis auch des Stoffs der „Analysis I" helfen.

Wie schon der erste Band, soll auch das vorliegende Buch Studierenden und Dozierenden unter den veränderten Studienbedingungen des Bachelorsystems eine direkte Vorlesungsvorlage zur Verfügung stellen. So umfasst auch die „Analysis II" nicht mehr und nicht weniger als den Stoff, der in einer vierstündigen Vorlesung bei einer Semesterdauer von 14 Wochen an der Tafel vorgetragen werden kann. Praktisch erprobt wurde dies in insgesamt vier Vorlesungen „Analysis II" (mit doppelt so vielen Klausuren) innerhalb von zehn Jahren, davon eine an der Universität Bremen und drei an der Universität Bern, mit Hörern aus Mathematik (mit den unterschiedlichsten Nebenfächern), Physik und Informatik.

Neu in diesem zweiten Band ist ein kurzer Abschnitt mit Tipps zur Prüfungsvorbereitung, die ich auf der Grundlage meiner langjährigen Erfahrung als Prüferin mit ganz verschiedenen Studierenden sowie meiner eigenen Erfahrungen als Studentin zusammengestellt habe. Unabhängig davon ist auch das Buch von E. Emmrich und C. Trunk [9] mit dem Titel „*Gut vorbereitet in die erste Mathematikklausur*" sehr zu empfehlen, das viele Beispiele von typischen Klausuraufgaben und Musterklausuren mit Lösungen enthält.

Es würde mich freuen, wenn dieses Buch Ihnen nicht nur helfen würde, das zweite Semester und die anstehenden Prüfungen erfolgreich zu bestehen, sondern auch Ihr Interesse für mehr Analysis wecken würde. So wie ich als Autorin können auch Sie von der vielfältigen Auswahl an Analysis-Büchern und den fast unbegrenzten Suchmöglichkeiten im Internet profitieren. An einigen Stellen werden konkrete Literaturhinweise gegeben, ansonsten finden sich, wie bei einem Lehrbuch hoffentlich erlaubt, alle benutzten Materialien global im Literaturverzeichnis. Die historischen Fußnoten sind, wie schon im ersten Band, mit Informationen aus der Online-Datenbank [24] und dem Buch von T. Sonar [30] entstanden.

Parallel und weiterführend zu diesem Buch sind die Bücher von O. Forster [13], K. Königsberger [23], H. Amann und J. Escher [2], H. Heuser [16], W. Kaballo [20], W. Walter [34] und D. Werner [35] zu empfehlen; einzelne Themen wie z. B. Fourierreihen finden sich auch in den ersten Bänden von O. Forster [12], W. Kaballo [19] und K. Königsberger [22]. Für Studierende, die sich schwer mit dem Abstrakten tun, hat sich das Buch von H. Neunzert et al. [27] bewährt. Für Neugierige oder für später eignet sich, außer den schon im ersten Band empfohlenen fortgeschrittenen Büchern von W. Rudin [28] und G. Shilov [29], auch das von E. Hewitt und K. Stromberg [18]. Für Studierende der Physik sind die Bücher H. Fischer und H. Kaul [11] sowie von K. Meyberg und P. Vachenauer [25, 26] eine gute Ergänzung, da sie verschiedene Gebiete der Mathematik gleichzeitig präsentieren und auch fortgeschrittenere Themen wie partielle Differentialgleichungen oder Fouriertransformation behandeln.

Erwähnen möchte ich auch das mit neun Bänden [8] wohl umfassendste Werk über Analysis von J. Dieudonné[1], über das J. Kelly schrieb „*In brief, it is a beautiful text*".

Auch dieser zweite Band hätte nicht entstehen können ohne die großartige und fortwährende Unterstützung meiner jeweiligen Mitarbeiter und Studenten: Parallel zur Vorlesung in Bremen hat Dr. Dipl. Psych. Ingo Fründ (damals Hörer der Vorlesung) die Vorlesungsaufzeichnungen in Latex gesetzt. Mein damaliger Doktorand in Bremen, Dr. Markus Wagenhofer, hat das Skript redigiert und weiter ausgefeilt. In Bern hat meine Postdoktorandin Dr. Monika Winklmeier das Skript stetig in eine immer endgültigere Form gebracht. Beiden danke ich neben ihrem großen Engagement auch für viele professionelle Abbildungen, die den Stoff hoffentlich verständlicher machen. Für die Mithilfe bei Kapitel 11 über Differentialgleichungen geht mein Dank an meinen damaligen Doktoranden Dr. Christian Wyss. Darüber hinaus haben die Studierenden aus Bremen und Bern mit diversen Listen von Tippfehlern geholfen, selbige auf ein hoffentlich kleines Maß zu reduzieren (ganz wird es wohl nie gelingen!). Schließlich hat meine derzeitige Postdoktorandin Dr. Agnes Radl dieses Buchmanuskript mit großem Sachverstand Korrektur gelesen. Bei allen Beteiligten bedanke ich mich auch für wertvolle inhaltliche Diskussionen!

Mein ganz besonderer Dank gilt auch dem Herausgebergremium der Reihe „Mathematik Kompakt" und Birkhäuser/Springer Basel, vor allem Frau Dr. Barbara Hellriegel und Herrn Dr. Thomas Hempfling, für das Vertrauen, das Sie alle in mich gesetzt haben, und für die professionelle verlegerische Unterstützung!

Bern, 07. Juni 2012 Christiane Tretter

---

[1] JEAN DIEUDONNÉ, ∗ 1. Juli 1906 in Lille, † 29. November 1992 in Paris, französischer Mathematiker, der außer in Analysis auch in Algebraischer Geometrie, Topologie und Gruppentheorie arbeitete und die Gruppe *Bourbaki* mitbegründete.

# Inhaltsverzeichnis

# I Topologische Grundbegriffe

Die Konvergenz von Folgen und die Stetigkeit von Funktionen benutzt man zuerst meist nur in $\mathbb{R}$ oder $\mathbb{C}$ mit dem Absolutbetrag als Abstand. Tatsächlich können sie in sehr allgemeinen, sog. topologischen Räumen definiert werden. In diesem Abschnitt beschränken wir uns auf Räume, deren Topologie durch eine Metrik erzeugt wird.

## 1 Topologie metrischer Räume

Metrische Räume, die wir bereits in Analysis I kennengelernt haben, sind Mengen mit einer Abstandsfunktion. Der Vollständigkeit wegen wiederholen wir die Definition (vgl. [32, Definition IV.1]).

**Definition I.1**

Es sei $X$ eine nichtleere Menge. Eine *Metrik* auf $X$ ist eine Abbildung $d: X \times X \to [0, \infty)$ mit folgenden Eigenschaften:

(i) $d(x, y) = 0 \iff x = y, \quad x, y \in X,$

(ii) $d(x, y) = d(y, x), \quad x, y \in X,$ (*Symmetrie*)

(iii) $d(x, y) \leq d(x, z) + d(z, y), \quad x, y, z \in X;$ (*Dreiecksungleichung*)

$(X, d)$ heißt *metrischer Raum* und $d(x, y)$ *Abstand* von $x$ und $y$ bzgl. der Metrik $d$.

Aus Analysis I und Linearer Algebra 1 sind uns die Räume $\mathbb{R}$ oder $\mathbb{C}$ mit der durch den Absolutbetrag induzierten Metrik $d(x, y) = |x - y|$ oder $\mathbb{R}^n$ mit der euklidischen Metrik vertraut. Auf $\mathbb{R}^n$ gibt es aber noch andere Arten, Abstände zu messen, und es gibt auch ganz andersartige metrische Räume:

**Beispiele I.2**

(i) $\mathbb{R}^n := \mathbb{R} \times \mathbb{R} \times \cdots \times \mathbb{R}$ ($n$-mal) mit der *euklidischen Metrik*:

$$d(x, y) := \sum_{i=1}^{n} (x_i - y_i)^2, \quad x = (x_i)_{i=1}^n, \ y = (y_i)_{i=1}^n \in \mathbb{R}^n;$$

(ii) $\mathbb{R}^n := \mathbb{R} \times \mathbb{R} \times \cdots \times \mathbb{R}$ ($n$-mal) mit der *„Manhattan"-Metrik*:

$$d(x, y) := \sum_{i=1}^{n} |x_i - y_i|, \quad x = (x_i)_{i=1}^n,\ y = (y_i)_{i=1}^n \in \mathbb{R}^n;$$

(iii) eine Menge $X$ mit der *diskreten Metrik* $d(x, y) := \begin{cases} 0, & x = y, \\ 1, & x \neq y. \end{cases}$

In verschiedenen Situationen können unterschiedliche Metriken praktisch sein. Stellen Sie sich vor, Sie bewegen sich in der Ebene, einmal auf freiem Feld und einmal in einer Stadt mit rechwinklig angelegten Straßen. Im ersten Fall können Sie die euklidische Metrik („Luftlinie") verwenden, im zweiten Fall ist sie völlig ungeeignet!

Von unserer Vorstellung in $\mathbb{R}^2$ oder $\mathbb{R}^3$ geleitet denken wir uns Kugeln automatisch rund. Kugeln kann man auch in allgemeinen metrischen Räumen definieren, aber sie können dann ganz andere Formen haben:

**Bezeichnung.** Sind $(X, d)$ ein metrischer Raum, $x_0 \in X$ und $r > 0$, so definiere

$$B_r(x_0) := \{x \in X\colon\ d(x, a) < r\},$$
$$K_r(x_0) := \{x \in X\colon\ d(x, a) \leq r\}.$$

Überlegen Sie sich, wie die Mengen $B_r(x_0)$ und $K_r(x_0)$ für die verschiedenen Metriken in Beispiel I.2 aussehen, und zeichnen Sie sie auf (Aufgabe I.1)!

Im Weiteren sei nun immer $(X, d)$ ein metrischer Raum. Der grundlegendste Begriff in der Topologie ist der einer offenen Teilmenge:

**Definition I.3** Sind $(X, d)$ metrischer Raum, $A, U \subset X$ und $a \in X$, so heißt

(i) *$U$ Umgebung von $a$ in $X$* $:\Longleftrightarrow\ \exists\, \varepsilon > 0\colon B_\varepsilon(a) \subset U$,

(ii) *$a$ innerer Punkt von $A$ in $X$* $:\Longleftrightarrow\ \exists$ Umgebung $U$ von $a$ in $X$: $U \subset A$,

(iii) *$A$ offen in $X$* $:\Longleftrightarrow$ jedes $a \in A$ ist innerer Punkt von $A$ in $X$.

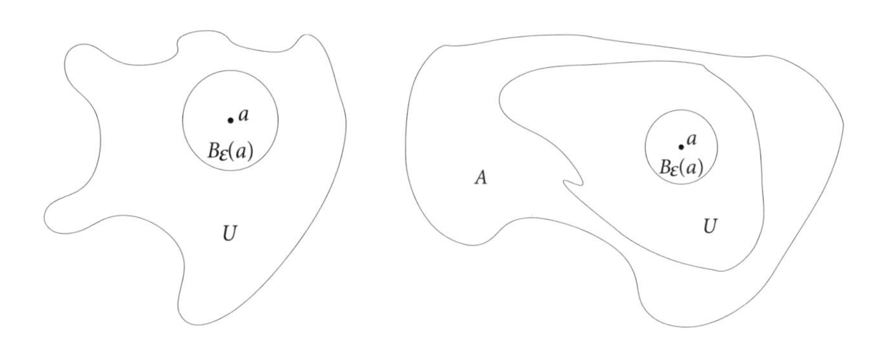


Abb. 1.1: Umgebung eines Punktes und innerer Punkt einer Menge

**Bemerkung I.4**

Für $a \in X$ und $A \subset X$ ist

(i) $B_\varepsilon(a)$ mit $\varepsilon > 0$ Umgebung von $a$ (genannt *ε-Umgebung* von $a$);

(ii) $a$ innerer Punkt von $A \iff \exists\, \varepsilon > 0$: $B_\varepsilon(a) \subset A$;

(iii) $A$ offen $\iff \forall\, a \in A\ \exists\, \varepsilon > 0$: $B_\varepsilon(a) \subset A$.

**Beispiele**

- $\{a_0\}$, $a_0 \in X$, ist nicht offen, falls $X \neq \{a_0\}$, denn für jedes $\varepsilon > 0$ ist dann $B_\varepsilon(a_0) \not\subset \{a_0\}$.
- $X \setminus \{a_0\}$, $a_0 \in X$, ist offen, denn für $a \in X \setminus \{a_0\}$ beliebig ist $\varepsilon := \frac{\operatorname{dist}(a,a_0)}{2} > 0$, und nach der Dreiecksungleichung gilt für jedes $x \in B_\varepsilon(a)$:
$$\operatorname{dist}(x, a_0) \geq \operatorname{dist}(a, a_0) - \operatorname{dist}(x, a) > \operatorname{dist}(a, a_0) - \varepsilon = \frac{\operatorname{dist}(a, a_0)}{2} > 0,$$
also $x \neq a_0$ und damit $B_\varepsilon(a) \subset X \setminus \{a_0\}$.
- $B_r(x_0)$, $x_0 \in X$, $r > 0$, ist offen in $X$ (*offene Kugel um $x_0$ mit Radius $r$*), denn ist $a \in B_r(x_0)$ beliebig, so setze
$$s := d(a, x_0) < r, \quad \varepsilon := r - s > 0.$$
Dann gilt für alle $x \in B_\varepsilon(a)$ nach der Dreiecksungleichung:
$$d(x, x_0) \leq d(x, a) + d(a, x_0) < \varepsilon + s = r,$$
also $x \in B_r(x_0)$. Folglich ist $B_\varepsilon(a) \subset B_r(x_0)$.
- $(a, b)$, $-\infty \leq a < b \leq \infty$, ist offen in $\mathbb{R}$ (*offenes Intervall*), denn es ist
$$(a, b) = B_r(x_0) \text{ mit } x_0 = \frac{a+b}{2},\ r = \frac{b-a}{2}.$$

**Bemerkung.** Der Zusatz „in $X$“ zur Eigenschaft „offen“ ist oft nötig, denn z.B. ist $(a, b)$ offen in $\mathbb{R}$, aber $(a, b)$ ist *nicht* offen in $\mathbb{R}^2$ (warum?).

**Satz I.5**

*Es sei $(X, d)$ metrischer Raum. Dann gilt für das System der offenen Mengen $\tau := \{A \subset X : A \text{ offen in } X\}$:*

(T1) $\varnothing, X \in \tau$;

(T2) $A_i \in \tau$, $i \in I$ (*$I$ beliebige Indexmenge*) $\Longrightarrow \bigcup_{i \in I} A_i \in \tau$;

(T3) $A_i \in \tau$, $i = 1, \ldots, n \Longrightarrow \bigcap_{i=1}^{n} A_i \in \tau$.

*Beweis.* (T1): $\varnothing \in \tau$ ist klar; $X \in \tau$ folgt mit Bemerkung I.4 (iii), denn es ist sogar

$$\forall a \in X \ \forall \varepsilon > 0\colon B_\varepsilon(a) \subset X.$$

(T2): Setze $A := \bigcup_{i\in I} A_i$. Ist $a \in A$, so existiert ein $i_0 \in I$ mit $a \in A_{i_0}$. Da $A_{i_0} \in \tau$, also offen ist, existiert ein $\varepsilon > 0$ mit $B_\varepsilon(a) \subset A_{i_0}$ und wegen $A_{i_0} \subset A$ dann $B_\varepsilon(a) \subset A$. Also ist $A$ offen nach Bemerkung I.4 (iii).

(T3): Setze $A := \bigcap_{i=1}^n A_i$. Ist $a \in A$, so ist $a \in A_i$ für alle $i = 1, \ldots, n$. Da $A_i \in \tau$, also offen ist, existieren $\varepsilon_1, \ldots, \varepsilon_n$ mit $B_{\varepsilon_i}(a) \subset A_i$ für $i = 1, \ldots, n$. Setze

$$\varepsilon := \min\{\varepsilon_1, \ldots, \varepsilon_n\}.$$

Dann ist $B_\varepsilon(a) \subset B_{\varepsilon_i}(a) \subset A_i$ für alle $i = 1, \ldots, n$, also $B_\varepsilon(a) \subset \bigcap_{i=1}^n A_i = A$. Also ist $A$ offen nach Bemerkung I.4 (iii). □

**Definition I.6**

(i) Das Mengensystem $\tau$ aus Satz I.5 heißt *die von der Metrik $d$ erzeugte Topologie*; ist $d$ von einer Norm $\|\cdot\|$ induziert, heißt $\tau$ auch *Normtopologie*.

(ii) Ist allgemeiner $X$ eine beliebige Menge und $\tau \subset \mathbb{P}(X)$ ein Mengensystem mit (T1), (T2), (T3), so heißt $\tau$ *Topologie auf $X$*; die Elemente von $\tau$ heißen dann *offene Mengen*, und $(X, \tau)$ heißt *topologischer Raum*.

Topologische Räume sind also noch allgemeiner als metrische Räume, und es gibt Kriterien dafür, wann eine Topologie von einer Metrik erzeugt wird. So gibt es z.B. gewisse Funktionenräume, die nicht metrisierbar sind ([5, Abschnitt 5.2]).

**Definition I.7** Es seien $M$ eine Menge und $N \subset M$. Dann heißt $N^c := M \setminus N$ *Komplement von $N$ in $M$*.

Man überlegt sich leicht, dass für die Komplemente von Durchschnitten und Vereinigungen von Mengen folgende Formeln gelten:

**Bemerkung I.8** **Regeln von De Morgan**[1]. Sind $M, I$ Mengen und $M_i \subset M$, $i \in I$, so ist

$$\Big(\bigcap_{i\in I} M_i\Big)^c = \bigcup_{i\in I} M_i^c, \qquad \Big(\bigcup_{i\in I} M_i\Big)^c = \bigcap_{i\in I} M_i^c.$$

**Definition I.9** Ist $(X, d)$ metrischer Raum, so heißt $A \subset X$ *abgeschlossen in $X$*

$$:\Longleftrightarrow \quad A^c \text{ offen in } X.$$

Mit Beispiel I.1 bzw. analog dazu überlegt man sich (Aufgabe I.2):

[1] Augustus de Morgan, ∗ 27. Juni 1806 in Madurai, Indien, † 18. März 1871 in London, englischer Mathematiker und Reformer der mathematischen Logik.

**Beispiele I.10**

(i) $\{a_0\}$, $a_0 \in X$, ist abgeschlossen, denn $X \setminus \{a_0\}$ ist offen.

(ii) $X \setminus \{a_0\}$, $a_0 \in X$, ist nicht abgeschlossen, falls $X \neq \{a_0\}$, da $\{a_0\}$ nicht offen ist.

(iii) $K_r(x_0)$, $x_0 \in X$, $r > 0$, ist abgeschlossen in $X$ (*abgeschlossene Kugel um $x_0$ mit Radius $r$*).

(iv) $[a, b]$, $-\infty \leq a < b \leq \infty$, ist abgeschlossen in $\mathbb{R}$ (*abgeschlossenes Intervall*).

**Vorsicht:** „Abgeschlossen" ist *nicht* das Gegenteil von „offen"! Es gibt Mengen, die *weder offen noch abgeschlossen* sind (z.B. $[a, b)$ in $\mathbb{R}$) und solche, die *sowohl offen als auch abgeschlossen* sind (z.B. $\mathbb{R}$ in $\mathbb{R}$).

**Satz I.11**

*Ist $(X, d)$ metrischer Raum, so gilt:*

(i) *$\emptyset$, $X$ sind abgeschlossen,*

(ii) *$A_i \subset X$ abgeschlossen, $i \in I$ ($I$ beliebige Indexmenge) $\Longrightarrow$ $\bigcap_{i \in I} A_i$ abgeschlossen,*

(iii) *$A_i \subset X$ abgeschlossen, $i = 1, \ldots, n$ $\Longrightarrow$ $\bigcup_{i=1}^{n} A_i$ abgeschlossen.*

*Beweis.* Alle Aussagen folgen direkt aus den Regeln für offene Mengen (Satz I.5) mit Komplementbildung und den Regeln von De Morgan (Bemerkung I.8). □

Da einpunktige Mengen abgeschlossen sind, folgt aus Satz I.11 (iii) sofort:

**Korollar I.12**

Ist $(X, d)$ metrischer Raum und $a_1, \ldots, a_n \in X$, so sind

$$\{a_1, \ldots, a_n\} \text{ abgeschlossen in } X, \qquad X \setminus \{a_1, \ldots, a_n\} \text{ offen in } X.$$

**Beispiele I.13**

(i) $\{0\}$ ist abgeschlossen in $\mathbb{R}$ und $\mathbb{R} \setminus \{0\}$ offen in $\mathbb{R}$.

(ii) $\{0, 1, \ldots, n\}$ ist abgeschlossen in $\mathbb{R}$ und $\mathbb{R} \setminus \{0, 1, \ldots, n\}$ offen in $\mathbb{R}$ für $n \in \mathbb{N}$.

**Bemerkung.**
- Der Durchschnitt unendlich vieler offener Mengen muss nicht offen sein, z.B. ist in $\mathbb{R}^n$ mit der euklidischen Metrik

$$\bigcap_{m=1}^{\infty} B_{\frac{1}{m}}(0) = \{0\} \quad \text{nicht offen in } \mathbb{R}^n.$$

- Die Vereinigung unendlich vieler abgeschlossener Mengen muss nicht abgeschlossen sein, z.B. ist in $\mathbb{R}^n$ mit der euklidischen Metrik

$$\bigcup_{m=1}^{\infty} \left(B_{\frac{1}{m}}(0)\right)^{c} = \left(\bigcap_{m=1}^{\infty} B_{\frac{1}{m}}(0)\right)^{c} = \mathbb{R}^n \setminus \{0\} \quad \text{nicht abgeschlossen in } \mathbb{R}^n.$$

**Definition I.14** Ist $(X, d)$ metrischer Raum und $A \subset X$, so heißen

(i) $a \in X$ *Randpunkt von* $A$ $:\Longleftrightarrow$ $\forall\, \varepsilon > 0$: $B_\varepsilon(a) \cap A \neq \varnothing \,\wedge\, B_\varepsilon(a) \cap A^c \neq \varnothing$;

(ii) $\partial A := \{a \in X\colon a$ ist Randpunkt von $A\}$ *Rand von* $A$;

(iii) $A^\circ := A \setminus \partial A$ *Inneres von* $A$;

(iv) $\overline{A} := A \cup \partial A$ *Abschluss* von $A$.

**Bemerkung I.15**

(i) Man findet auch alternativ die Bezeichnungen $\operatorname{int} A$ statt $A^\circ$, $\operatorname{cl} A$ statt $\overline{A}$, manchmal auch $\operatorname{ext} A := (A^c)^\circ$ („Äußeres von $A$");

(ii) $A^\circ = \{a \in X\colon a$ ist innerer Punkt von $A\}$;

(iii) $\partial A = \partial(A^c) = \partial(A^\circ) = \partial(\overline{A})$, $\overline{A} = A^\circ \,\dot{\cup}\, \partial A$.

Die Beweise der zwei letzten Aussagen sind als Übung zu empfehlen (Aufgabe I.4).

**Beispiele**

- Für $A = (0, 1] \subset \mathbb{R}$ gilt: $\partial A = \{0, 1\}$, $A^\circ = (0, 1)$, $\overline{A} = [0, 1]$.
- Für $A = \mathbb{Q} \subset \mathbb{R}$ gilt: $\partial\mathbb{Q} = \mathbb{R}$, $\overline{\mathbb{Q}} = \mathbb{R}$, $\mathbb{Q}^\circ = \varnothing$.
- Allgemein gilt im metrischen Raum für $x_0 \in X$, $r > 0$:

$$\partial B_r(x_0) \subset S_r(x_0) := \{x \in X\colon d(x, x_0) = r\}, \quad \overline{B_r(x_0)} \subset K_r(x_0);$$

ist die Metrik $d$ von einer *Norm* induziert, gilt in beiden Fällen „=", sonst kann „ $\neq$ " auftreten (siehe Aufgabe I.3).

**Proposition I.16** *Ist $(X, d)$ metrischer Raum und $A \subset X$, so gilt:*

(i) *$B \subset A$, $B$ offen $\Longrightarrow$ $B \subset A^\circ$.*

(ii) *$B \subset A$, $A$ abgeschlossen $\Longrightarrow$ $\overline{B} \subset A$.*

*Beweis.* (i) Es sei $x \in B$ beliebig. Da $B$ offen ist, existiert ein $\varepsilon > 0$ mit $B_\varepsilon(x) \subset B$. Da $B \subset A$, folgt $B_\varepsilon(x) \subset A$. Also ist $x$ innerer Punkt von $A$ und damit $x \in A^\circ$ nach Bemerkung I.15 (ii).

(ii) Da $B \subset A$, folgt $A^c \subset B^c$; da $A$ abgeschlossen ist, ist $A^c$ offen. Mit (i) ergibt sich $A^c \subset (B^c)^\circ$ und folglich $\big((B^c)^\circ\big)^c \subset (A^c)^c = A$. Nun ist aber $((B^c)^\circ)^c = \overline{B}$, denn:

$$((B^c)^\circ)^c = (B^c \setminus \partial(B^c))^c = X \setminus (B^c \setminus \partial(B^c)) = \underbrace{(X \setminus B^c)}_{=B} \cup \underbrace{\partial(B^c)}_{=\partial B} = B \cup \partial B = \overline{B}. \qquad \square$$

**Satz I.17** *Ist $(X, d)$ metrischer Raum und $A \subset X$, so sind*

(i) *$A^\circ$ offen,*

(ii) *$\overline{A}$ und $\partial A$ abgeschlossen.*

*Beweis.* (i) Ist $x \in A^\circ$, so ist $x$ innerer Punkt von $A$. Also existiert $\varepsilon > 0$ mit $B_\varepsilon(x) \subset A$. Da $B_\varepsilon(x)$ offen ist, folgt $B_\varepsilon(x) \subset A^\circ$ nach Proposition I.16 (i).

(ii) Nach (i) ist $(A^c)^\circ = A^c \setminus \partial(A^c)$ offen, also ist (vgl. Beweis von Proposition I.16)

$$\overline{A} = A \cup \partial A = \underbrace{(X \setminus A^c)}_{=A} \cup \underbrace{\partial(A^c)}_{=\partial A} = X \setminus (A^c \setminus \partial(A^c)) = \big(\underbrace{A^c \setminus \partial(A^c)}_{\text{offen}}\big)^c$$

abgeschlossen. Weiter ist

$$\partial A = (A \cup \partial A) \cap (A^c \cup \partial(A^c)) = \overline{A} \cap \overline{A^c}$$

abgeschlossen nach Satz I.11 (ii). □

**Korollar I.18**

(i) $A^\circ$ ist die größte offene Teilmenge von $A$:

$$A^\circ = \bigcup \{B \subset X : B \subset A,\ B \text{ offen}\}.$$

(ii) $\overline{A}$ ist die kleinste abgeschlossene Obermenge von $A$:

$$\overline{A} = \bigcap \{B \subset X : B \supset A,\ B \text{ abgeschlossen}\}.$$

*Beweis.* Die Behauptungen folgen aus Satz I.17 mit Proposition I.16. □

Der Abschluss einer Menge kann auch mittels ihrer Häufungspunkte oder mit Hilfe von Folgen beschrieben werden. Wir wiederholen dazu die Definition eines Häufungspunktes ([32, Definition VI.15]) und geben gleichzeitig eine äquivalente Charakterisierung durch Folgen.

**Bemerkung I.19**

Ist $(X, d)$ ein metrischer Raum, $A \subset X$ und $a \in X$, so ist

$$\begin{aligned} a \text{ Häufungspunkt von } A :&\iff \forall\, \varepsilon > 0\ \exists\, x_\varepsilon \in A,\ x_\varepsilon \neq x_0\colon d(x_\varepsilon, x_0) < \varepsilon \\ &\iff \exists\, (x_n)_{n\in\mathbb{N}} \subset A,\ x_n \neq a\colon x_n \xrightarrow{n\to\infty} a. \end{aligned}$$

Für die Richtung „$\Longrightarrow$“ wählt man dabei $\varepsilon = \frac{1}{n}$ für $n \in \mathbb{N}$; die Richtung „$\Longleftarrow$“ folgt nach der Definition der Konvergenz einer Folge.

**Proposition I.20**

*Ist $(X, d)$ ein metrischer Raum und $A \subset X$, so gilt:*

$$\begin{aligned} \overline{A} &= A \cup \overbrace{\{a \in X : a \text{ Häufungspunkt von } A\}}^{=:H(A)} \\ &= \underbrace{\{a \in X : \exists\, (x_n)_{n\in\mathbb{N}} \subset A\colon x_n \xrightarrow{n\to\infty} a\}}_{=:L(A)}. \end{aligned}$$

*Beweis.* $A \cup H(A) = L(A)$: Die Gleichheit folgt direkt aus Bemerkung I.19.

$\overline{A} \subset A \cup H(A)$: Es sei $x \in \overline{A} \setminus A \subset \partial A$. Für alle $n \in \mathbb{N}$ ist dann $B_{\frac{1}{n}}(x) \cap A \neq \emptyset$, also existiert $x_n \in B_{\frac{1}{n}}(x) \cap A$. Dann ist $(x_n)_{n\in\mathbb{N}} \subset A, x_n \neq x$ (da $x \notin A$) und $d(x_n, x) < \frac{1}{n} \to 0, n \to \infty$. Also ist $x \in H(A)$ nach Bemerkung I.19.

$L(A) \subset \overline{A}$: Ist $x \notin \overline{A}$, so ist $x \in (\overline{A})^c$. Weil $(\overline{A})^c$ nach Satz I.17 offen ist, existiert ein $\varepsilon > 0$ mit $B_\varepsilon(x) \subset (\overline{A})^c$. Dann ist aber $d(x,y) \geq \varepsilon$ für alle $y \in \overline{A}$. Also folgt $x \notin L(A)$. □

Die folgende Charakterisierung abgeschlossener Mengen mit Hilfe von Folgen ist besonders praktisch:

**Korollar I.21** Für $A \subset X$ sind äquivalent:

(i) $A$ ist abgeschlossen.

(ii) $\forall\, (x_n)_{n\in\mathbb{N}} \subset A$: $\big(\lim_{n\to\infty} x_n = a \implies a \in A\big)$.

(iii) $a$ Häufungspunkt von $A \implies a \in A$.

**Bemerkung.** Mengen ohne Häufungspunkte sind also abgeschlossen, also insbesondere endliche Mengen (vgl. Korollar I.12). Jetzt folgt aber sogar z.B.

$$\mathbb{Z} \text{ ist abgeschlossen in } \mathbb{R}, \qquad \mathbb{R} \setminus \mathbb{Z} \text{ ist offen in } \mathbb{R},$$

obwohl man im Allgemeinen nichts über unendliche Vereinigungen abgeschlossener Mengen weiß (vgl. Satz I.11 (iii)).

Im Unterschied zu allgemeinen topologischen Räumen besitzen metrische Räume die Eigenschaft, dass man verschiedene Punkte durch disjunkte Umgebungen voneinander trennen kann:

**Satz I.22** **Hausdorffsche[2] Trennungseigenschaft.** *Sind $(X,d)$ ein metrischer Raum und $x, y \in X$, $x \neq y$, dann gibt es Umgebungen $U_x$ von $x$ und $U_y$ von $y$ mit*

$$U_x \cap U_y = \varnothing.$$

*Beweis.* Da $x \neq y$, gilt $d(x,y) > 0$. Setze $\varepsilon := \frac{1}{2} d(x,y) > 0$ und wähle $U_x := B_\varepsilon(x)$, $U_y := B_\varepsilon(y)$. Angenommen, es existiert ein $z \in B_\varepsilon(x) \cap B_\varepsilon(y)$. Dann folgt

$$2\varepsilon = d(x,y) \leq d(x,z) + d(y,z) < \varepsilon + \varepsilon = 2\varepsilon \;\lightning^{3},$$

also ist $B_\varepsilon(x) \cap B_\varepsilon(y) = \varnothing$. □

Die Topologie eines metrischen Raumes überträgt sich auf Teilmengen; man nennt die so auf einer Teilmenge definierte Topologie dann Relativtopologie:

**Definition I.23** Es seien $(X,d)$ ein metrischer Raum und $M \subset X$. Dann wird $(M, d_M)$ zum metrischen Raum durch

$$d_M := d|_{M\times M},$$

[2] Felix Hausdorff, ∗ 8. November 1868 in Breslau, † 26. Januar 1942 in Bonn, deutscher Mathematiker, der die Theorie der topologischen und metrischen Räume entwickelte und wichtige Beiträge zur Maßtheorie lieferte, die in der fraktalen Geometrie eine Rolle spielen.

[3] Das Zeichen „↯“ bedeutet „Widerspruch“.

wobei $d|_{M\times M}$ die Einschränkung von $d$ auf $M \times M$ ist, d.h.

$$d_M: M \times M \to [0, \infty), \quad d_M(y_1, y_2) = d(y_1, y_2), \quad y_1, y_2 \in M.$$

Die von $d_M$ erzeugte Topologie auf $M$ heißt *Relativtopologie*. Eine Teilmenge $A \subset M$ heißt *relativ offen* (oder *M-offen*)

$$:\Longleftrightarrow \ A \text{ offen in } (M, d_M);$$

analog definiert man *relativ abgeschlossen* (oder *M-abgeschlossen*).

Offen bezüglich der Relativtopologie $(M, d_M)$ ist nicht dasselbe wie offen im ursprünglichen Raum $(X, d)$:

**Beispiel**

$(0, 1]$ ist offen in $[-1, 1]$ mit der Relativtopologie von $\mathbb{R}$, aber nicht offen in $\mathbb{R}$.

Ebenso brauchen die von Kugeln $B_\varepsilon(a)$ in $(X, d)$ induzierten Mengen in $(M, d_M)$ nicht wieder Kugeln zu sein, z.B. wenn der Mittelpunkt $a \in X$ nicht zu $M$ gehört. So induziert z.B. die rechte untere Kugel in $X$ im linken Bild in Abb. 1.2 keine Kugel in $M$.

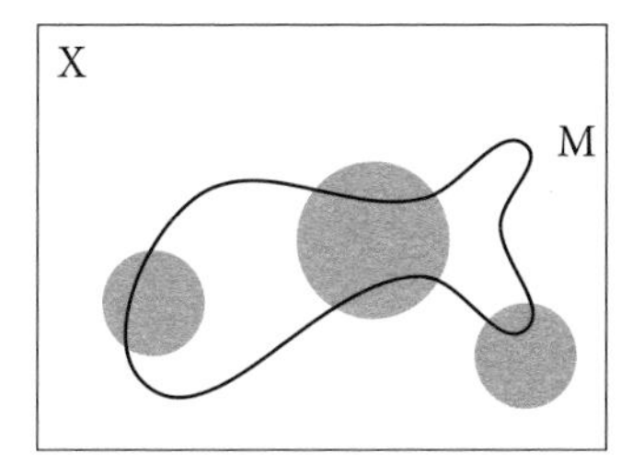


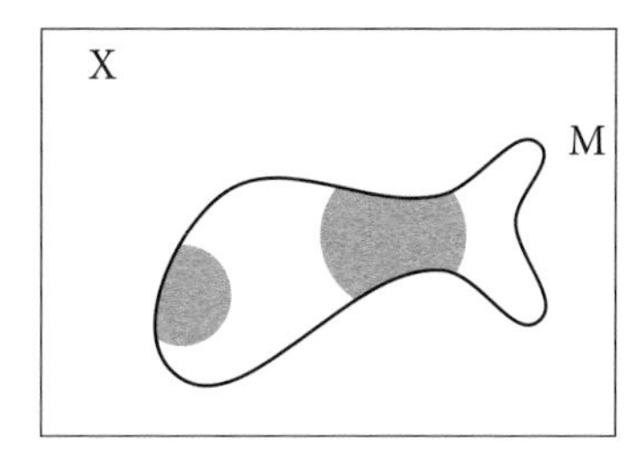


**Abb. 1.2:** Kugeln in $(X, d_X)$ und induzierte Kugeln in $(M, d_M)$

**Proposition I.24**

*Ist $(X, d)$ ein metrischer Raum, $M \subset X$ und $A \subset M$, so ist*

$$A \text{ relativ offen} \quad \Longleftrightarrow \quad \exists\, B \subset X,\ B \text{ offen in } X\colon\ A = B \cap M.$$

*Beweis.* Eine gute Übung, um das saubere Formulieren topologischer Argumente zu lernen (Aufgabe I.5). □

Ein metrischer Raum heißt vollständig, wenn darin jede Cauchy-Folge konvergiert ([32, Definition IV.13]); die wichtigsten Beispiele vollständiger metrischer Räume waren $\mathbb{R}$ und $\mathbb{C}$ mit der euklidischen Metrik $d(x, y) = |x - y|$.

**Proposition I.25**

*Ist $(X, d)$ ein metrischer Raum und $M \subset X$, so gelten:*

(i) *$X$ vollständig, $M$ abgeschlossen $\Longrightarrow$ $(M, d_M)$ vollständig.*

(ii) *$(M, d_M)$ vollständig $\Longrightarrow$ $M$ abgeschlossen.*

*Beweis.* Die Behauptungen folgen direkt aus Korollar I.21 und der Definition der Vollständigkeit. □

In Analysis I hatten wir bereits die Definition stetiger Funktionen zwischen metrischen Räumen kennengelernt, aber meist nur für Funktionen von $\mathbb{R}$ nach $\mathbb{R}$ eingesetzt. Zur Erinnerung wiederholen wir die Definition und schreiben sie um:

Eine Funktion $f: X \to Y$ zwischen zwei metrischen Räumen $(X, d_X), (Y, d_Y)$ heißt stetig in $x_0 \in X$ ([32, Definition VI.1])

$$:\Longleftrightarrow \forall \varepsilon > 0 \, \exists \delta > 0 \, \forall x \in X: \big(d_X(x, x_0) < \delta \implies d_Y\big(f(x), f(x_0)\big) < \varepsilon\big)$$

$$\Longleftrightarrow \forall \varepsilon > 0 \, \exists \delta > 0 \; f(B_\delta(x_0)) \subset B_\varepsilon(f(x_0)). \tag{1.1}$$

In Analogie zu (1.1) beschreiben wir jetzt die Stetigkeit allein mit topologischen Begriffen; diese Charakterisierung kann auch als Definition für die Stetigkeit von Abbildungen zwischen topologischen Räumen verwendet werden.

Uns interessiert im Hinblick auf die folgenden Kapitel besonders der Fall $X = \mathbb{R}^n$ und $Y = \mathbb{R}^m$ jeweils mit der euklidischen Metrik.

**Proposition I.26** *Es seien $(X, d_X)$, $(Y, d_Y)$ metrische Räume, $f: X \to Y$ eine Funktion und $x_0 \in X$. Dann ist $f$ stetig in $x_0$ genau dann, wenn für jede Umgebung $V \subset Y$ von $f(x_0)$ eine Umgebung $U \subset X$ von $x$ existiert mit*

$$f(U) \subset V.$$

*Beweis.* Es sei $x_0 \in X$ beliebig.

„$\Longrightarrow$“: Es sei $f$ stetig in $x_0$ und $V \subset Y$ eine beliebige Umgebung von $f(x_0)$. Nach Definition I.3 (i) gibt es dann ein $\varepsilon > 0$ mit $B_\varepsilon(f(x_0)) \subset V$. Nach (1.1) existiert dazu ein $\delta > 0$ mit $f(B_\delta(x_0)) \subset B_\varepsilon(f(x_0))$. Damit gilt für die Umgebung $U := B_\delta(x_0)$ von $x_0$ dann $f(U) \subset V$.

„$\Longleftarrow$“: Es sei $\varepsilon > 0$ beliebig. Dann ist $V := B_\varepsilon(f(x_0))$ eine Umgebung von $f(x_0)$. Nach Voraussetzung existiert eine Umgebung $U$ von $x_0$ mit $f(U) \subset B_\varepsilon(f(x_0))$. Nach Definition I.3 (i) gibt es ein $\delta > 0$ mit $B_\delta(x_0) \subset U$ und damit $f(B_\delta(x_0)) \subset f(U) \subset B_\varepsilon(f(x_0))$. Also ist $f$ stetig in $x_0$ nach (1.1). □

Damit können wir das folgende topologische Stetigkeitskriterium herleiten:

**Satz I.27** *Es seien $(X, d_X)$, $(Y, d_Y)$ metrische Räume und $f: X \to Y$ eine Funktion. Dann sind äquivalent:*

(i) *$f$ stetig auf $X$.*

(ii) *$A \subset Y$, $A$ offen in $Y \implies f^{-1}(A)$ offen in $X$.*

(iii) *$A \subset Y$, $A$ abgeschlossen in $Y \implies f^{-1}(A)$ abgeschlossen in $X$.*

*Beweis.* „(i) $\implies$ (ii):“ Es sei $A \subset Y$ offen in $Y$ und $x \in f^{-1}(A)$, d.h. $x \in X$ mit $f(x) \in A$. Da $A$ offen ist, ist $A$ Umgebung von $f(x)$ in $Y$. Nach Proposition I.26 existiert eine Umgebung $U$ von $x$ und dazu $\varepsilon > 0$ mit $B_\varepsilon(x) \subset U$, so dass

$$f(B_\varepsilon(x)) \subset f(U) \subset A.$$

Also folgt für die Urbilder

$$B_\varepsilon(x) \subset f^{-1}(f(B_\varepsilon(x))) \subset f^{-1}(A).$$

Nach Bemerkung I.4 ist damit $f^{-1}(A)$ offen.

„(ii) $\Longrightarrow$ (i)": Es sei $x \in X$ und $\varepsilon > 0$ beliebig. Offenbar ist $x \in f^{-1}(B_\varepsilon(f(x))$, da $f(x) \in B_\varepsilon(f(x))$. Da $B_\varepsilon(f(x)) \subset Y$ offen in $Y$ ist, ist nach (ii) das Urbild $f^{-1}(B_\varepsilon(f(x)))$ ebenfalls offen, also existiert ein $\delta > 0$ mit $B_\delta(x) \subset f^{-1}(B_\varepsilon(f(x)))$ und damit

$$f(B_\delta(x)) \subset B_\varepsilon(f(x)).$$

Also ist $f$ stetig in $x$ nach (1.1).

„(ii) $\Longleftrightarrow$ (iii)": Die Äquivalenz folgt aus Definition I.9 durch Komplementbildung und weil $f^{-1}(B^c) = (f^{-1}(B))^c$ für $B \subset Y$. □

Eine Funktion ist also genau dann stetig, wenn *Urbilder offener Mengen offen sind.*

**Vorsicht:** Stetige *Bilder* offener Mengen müssen nicht offen sein! Zum Beispiel gilt:

$$f:\mathbb{R} \to \mathbb{R},\ f(x) = 0 \implies \forall A \subset \mathbb{R},\ A \neq \emptyset, \text{ offen: } f(A) = \{0\} \text{ abgeschlossen in } \mathbb{R}.$$

## 2 Kompaktheit

Am Schluss des letzten Abschnitts hatten wir gesehen, dass Offenheit oder Abgeschlossenheit von Mengen bei Abbildung durch eine stetige Funktion nicht notwendig erhalten werden. In diesem Abschnitt gehen wir der Frage nach, welche topologischen Strukturen stetige Funktionen erhalten.

**Definition I.28**

Es sei $(X, d)$ ein metrischer Raum und $K \subset X$. Dann heißt

(i) ein Mengensystem $\mathcal{U} = \{A_i \subset X : i \in I\} \subset \mathbb{P}(X)$ *Überdeckung von $K$*

$$:\Longleftrightarrow \quad K \subset \bigcup_{i \in I} A_i,$$

und $\mathcal{U}$ heißt *offene Überdeckung von $K$*, wenn alle $A_i$, $i \in I$, offen in $X$ sind;

(ii) $K$ *kompakt*, wenn jede offene Überdeckung $\mathcal{U} = \{A_i \subset X : i \in I\}$ von $K$ eine endliche Teilüberdeckung enthält, d.h., $n \in \mathbb{N}$ und $i_1, \ldots, i_n \in I$ existieren mit

$$K \subset \bigcup_{k=1}^{n} A_{i_k};$$

(iii) $K$ *relativ kompakt* $:\Longleftrightarrow$ $\overline{K}$ kompakt.

**Vorsicht:** Kompakt heißt *nicht*, dass es eine offene Überdeckung von $K$ *gibt*!

Um diese Verwechslung zu vermeiden, hilft folgende Vorstellung: Stellen Sie sich einen Gegenspieler vor, der Ihnen eine beliebige offene Überdeckung vorgibt. Wenn Sie dann immer, egal wie raffiniert der Gegenspieler ist, aus dieser Überdeckung endlich viele $A_i$ auswählen können, die $K$ überdecken, dann ist $K$ kompakt.

**Bemerkung.** Der Raum $X$ selbst ist entweder kompakt oder nicht (anders als bei offen oder abgeschlossen).

Die Kompaktheit ist kein einfach zu verstehender Begriff. Wir arbeiten uns langsam durch einfache Überlegungen und Beispiele heran.

**Beispiel I.29** Ist $(x_n)_{n\in N} \subset X$ eine Folge mit $x_n \to a \in X$, $n \to \infty$, so sind

$$K = \{x_n : n \in \mathbb{N}\} \cup \{a\} \quad \text{kompakt},$$
$$\widetilde{K} = \{x_n : n \in \mathbb{N}\} \quad \text{relativ kompakt}.$$

*Beweis.* Es sei $\mathcal{U} = \{A_i \subset X : i \in I\}$ eine beliebige offene Überdeckung von $K$. Nach Definition von $K$ existieren Indizes $i_0 \in I$ und $i_n \in I$, $n \in \mathbb{N}$, mit $a \in A_{i_0}$ und $x_n \in A_{i_n}$, $n \in \mathbb{N}$. Weil $A_{i_0}$ offen ist, existiert ein $\varepsilon > 0$ mit $B_\varepsilon(a) \subset A_{i_0}$. Wegen $x_n \to a$, $n \to \infty$, existiert weiter ein $N \in \mathbb{N}$, so dass $d(x_n, a) < \varepsilon$, d.h. $x_n \in B_\varepsilon(a)$ für alle $n \geq N$. Damit ist

$$K = \{x_1, \ldots, x_{N-1}\} \cup \underbrace{\{x_n : n \geq N\} \cup \{a\}}_{\subset B_\varepsilon(a) \subset A_{i_0}} \subset A_{i_1} \cup \cdots \cup A_{i_{N-1}} \cup A_{i_0}.$$

Also ist $K$ kompakt. Wegen $\overline{\widetilde{K}} = K$ ist außerdem $\widetilde{K}$ relativ kompakt. □

In einem metrischen Raum gibt es den Begriff einer beschränkten Menge, den wir schon in Analysis I kennengelernt haben ([32, Definition IV.8]); wir wiederholen der Vollständigkeit wegen die praktischste Definition:

**Definition I.30** Eine Teilmenge $M$ eines metrischen Raums $(X, d)$ heißt *beschränkt*

$$:\Longleftrightarrow \quad \exists\, a \in X \; \exists\, r > 0 : \; M \subset B_r(a).$$

In Beispiel I.29 ist die kompakte Menge $K$ beschränkt, da konvergente Folgen beschränkt sind, und abgeschlossen, da $a := \lim_{n\to\infty} x_n \in K$. Dagegen ist die Menge $\widetilde{K}$ zwar beschränkt, aber nicht abgeschlossen in $X$, falls $x_n \neq a$, $n \in \mathbb{N}$. Deshalb kann in diesem Fall $\widetilde{K}$ nicht kompakt sein; es gilt nämlich allgemein:

**Satz I.31** *Ist $(X, d)$ ein metrischer Raum und $K \subset X$, so gilt:*

$$K \text{ kompakt} \quad \Longrightarrow \quad K \text{ beschränkt und abgeschlossen.}$$

*Beweis.* Es sei $K \subset X$ kompakt. *$K$ beschränkt:* Es sei $x_0 \in K$ fest. Wegen

$$K \subset X = \bigcup_{k=1}^{\infty} B_k(x_0)$$

ist $\{B_k(x_0): k \in \mathbb{N}\}$ eine offene Überdeckung von $K$. Da $K$ kompakt ist, gibt es $k_1, \ldots, k_n$ mit

$$K \subset \bigcup_{i=1}^{n} B_{k_i}(x_0).$$

Mit $R := \max\{k_1, \ldots, k_n\}$ folgt dann $K \subset B_R(x_0)$. Also ist $K$ beschränkt nach Definition I.30.

*$K$ abgeschlossen:* Der Fall $K = X$ ist klar. Im Fall $K \neq X$ zeigen wir, dass $K^c$ offen ist. Dazu sei $x \in K^c \neq \varnothing$ beliebig. Setze

$$U_k := \left(K_{1/k}(x)\right)^c = \left\{y \in X : d(x, y) > \frac{1}{k}\right\}, \qquad k \in \mathbb{N}.$$

Als Komplemente der abgeschlossenen Kugeln $K_{1/k}(x)$ sind alle $U_k$, $k \in \mathbb{N}$, offen, und es gilt:

$$K \subset X \setminus \{x\} \subset \bigcup_{k \in \mathbb{N}} U_k.$$

Also ist $\{U_k : k \in \mathbb{N}\}$ eine offene Überdeckung von $K$. Da $K$ kompakt ist, existieren $k_1, \ldots, k_n \in \mathbb{N}$ mit

$$K \subset \bigcup_{i=1}^{n} U_{k_i}.$$

Für $r := \max\{k_1, \ldots, k_n\}$ gilt $U_{k_i} \subset U_r$, $i = 1, \ldots, n$. Mit $\varepsilon := \frac{1}{r}$ folgt

$$B_\varepsilon(x) \subset K_\varepsilon(x) = X \setminus U_r = X \setminus \left(\bigcup_{i=1}^{n} U_{k_i}\right) \subset X \setminus K = K^c.$$

Also ist $K^c$ offen. □

Im Spezialfall $X = \mathbb{R}$ oder $\mathbb{C}$ hatten wir den Begriff der Kompaktheit bereits in [32, Definition VI.35] eingeführt, dort allerdings in der (für metrische Räume) äquivalenten Charakterisierung mit Hilfe von Folgen:

**Definition I.32** Es sei $(X, d)$ ein metrischer Raum. Eine Teilmenge $K \subset X$ heißt $K$ *folgenkompakt*, wenn jede Folge in $K$ eine in $K$ konvergente Teilfolge besitzt.

**Satz I.33** *Es seien $(X, d)$ ein metrischer Raum und $K \subset X$. Dann gilt:*

$$K \text{ kompakt} \iff K \text{ folgenkompakt}.$$

*Beweis.* „$\Longrightarrow$“: Angenommen, es existiert eine Folge $(x_n)_{n \in \mathbb{N}} \subset K$, die keine konvergente Teilfolge hat. Dann existiert für jedes $y \in K$ ein $\varepsilon_y > 0$, so dass $x_n \in B_{\varepsilon_y}(y)$ für höchstens endlich viele $n \in \mathbb{N}$ gilt. Da

$$K = \bigcup_{y \in K} \{y\} \subset \bigcup_{y \in K} B_{\varepsilon_y}(y)$$

und $K$ kompakt ist, existieren $y_1, \dots, y_n \in K$ mit

$$\{x_n : n \in \mathbb{N}\} \subset K \subset \bigcup_{i=1}^{n} B_{\varepsilon_{y_i}}(y_i),$$

ein Widerspruch dazu, dass jedes der endlich vielen $B_{\varepsilon_{y_i}}(y_i)$ nur endlich viele $x_n$ enthält.

„$\Longleftarrow$": Wir zeigen die Behauptung in zwei Schritten.

*Behauptung 1*: $K$ ist *totalbeschränkt*, d.h.

$$\forall\, \varepsilon > 0 \;\; \exists\, n \in \mathbb{N} \;\; \exists\, y_1, \dots y_n \in K\colon\; K \subset \bigcup_{i=1}^{n} B_\varepsilon(y_i). \tag{2.1}$$

*Beweis:* Für $K = \varnothing$ gilt die Behauptung mit $n = 0$. Angenommen, $K \neq \varnothing$ ist nicht totalbeschränkt. Dann gilt das logische Gegenteil von (2.1), also:

$$\exists\, \varepsilon > 0 \;\; \forall\, n \in \mathbb{N} \;\; \forall\, y_1, \dots y_n \in K\colon\; K \not\subset \bigcup_{i=1}^{n} B_\varepsilon(y_i).$$

Also existiert, rekursiv definiert, eine Folge $(x_k)_{k \in \mathbb{N}}$ so, dass

$$x_1 \in K, \qquad x_k \in K \setminus \bigcup_{i=1}^{k-1} B_\varepsilon(x_i), \quad k = 1, 2, \dots.$$

Da $K$ folgenkompakt ist nach Voraussetzung, enthält $(x_k)_{k \in \mathbb{N}}$ eine konvergente Teilfolge $(x_{k_n})_{n \in \mathbb{N}}$. Folglich existiert ein $N \in \mathbb{N}$ mit

$$\forall\, n \geq N\colon\; d(x_{k_n}, x_{k_{n-1}}) < \varepsilon.$$

Damit ergibt sich wegen $k_{n-1} \leq k_n - 1$ der Widerspruch

$$x_{k_n} \in B_\varepsilon(x_{k_{n-1}}) \subset \bigcup_{i=1}^{k_n - 1} B_\varepsilon(x_i). \;\; \lightning$$

*Behauptung 2*: $K$ ist kompakt.

*Beweis:* Angenommen, $K$ ist nicht kompakt. Dann existiert eine offene Überdeckung $\{A_i \subset X\colon i \in I\}$ von $K$, die keine endliche Teilüberdeckung besitzt. Nach Behauptung 1 (mit $\varepsilon = \frac{1}{k}$, $k \in \mathbb{N}$) folgt:

$$\forall\, k \in \mathbb{N} \;\; \exists\, n_k \in \mathbb{N} \;\; \exists\, y_1^k, \dots y_{n_k}^k \in K\colon\; K \subset \bigcup_{l=1}^{n_k} B_{1/k}(y_l^k).$$

Dann existiert für jedes $k \in \mathbb{N}$ mindestens ein $y_l^k \in K$, so dass $B_{1/k}(y_l^k)$ nicht von endlich vielen $A_i$ überdeckt werden kann (sonst wäre $K$ selbst endlich überdeckt); ohne Einschränkung sei dies jeweils $y_1^k$. Da $K$ folgenkompakt ist, hat $(y_1^k)_{k \in \mathbb{N}} \subset K$ eine in $K$ konvergente Teilfolge $(y_1^{k_m})_{m \in \mathbb{N}}$. Setze $a := \lim_{m \to \infty} y_1^{k_m} \in K$. Wegen $K \subset \bigcup_{i \in I} A_i$ existiert ein $i_0 \in I$ mit $a \in A_{i_0}$. Weil $A_{i_0}$ offen ist, gibt es ein $\varepsilon > 0$ mit $B_\varepsilon(a) \subset A_{i_0}$. Aus $y_1^{k_m} \to a$, $m \to \infty$, folgt, dass ein $M \in \mathbb{N}$, $M \geq \frac{2}{\varepsilon}$, existiert mit

$$\forall\, m \geq M\colon\; d\big(y_1^{k_m}, a\big) < \frac{\varepsilon}{2}.$$

Dann gilt für $x \in B_{1/k_M}(y_1^{k_M})$:

$$d(x,a) \leq d(x, y_1^{k_M}) + d(y_1^{k_M}, a) < \frac{1}{k_M} + \frac{\varepsilon}{2} \leq \frac{1}{M} + \frac{\varepsilon}{2} \leq \varepsilon,$$

also $B_{1/k_M}(y_1^{k_M}) \subset B_\varepsilon(a) \subset A_{i_0}$, ein Widerspruch dazu, dass $B_{1/k_M}(y_1^{k_M})$ nicht von endlich vielen $A_i$ überdeckbar war. □

In einem allgemeinen metrischen Raum kann es Teilmengen geben, die zwar beschränkt und abgeschlossen sind, aber nicht kompakt (Aufgabe I.9). Der folgende Satz besagt, dass dies in $\mathbb{R}^n$ und $\mathbb{C}^n$ mit der euklidischen Metrik *nicht* passieren kann, dass also die Umkehrung von Satz I.31 gilt:

**Satz I.34**

**von Heine[4]-Borel[5].** *Es sei $n \in \mathbb{N}$. Dann gilt für $K \subset \mathbb{R}^n$ oder $\mathbb{C}^n$ versehen mit der euklidischen Metrik:*

$$K \text{ kompakt} \iff K \text{ beschränkt und abgeschlossen.}$$

*Beweis.* „$\Longrightarrow$“: Diese Richtung gilt in jedem metrischen Raum (Satz I.31).

„$\Longleftarrow$“: Der Beweis dieser Richtung beruht auf der Äquivalenz von kompakt und folgenkompakt und dem Satz von Bolzano-Weierstrass:

$n = 1$: Da $K$ beschränkt ist, ist jede Folge $(x_n)_{n\in\mathbb{N}} \subset K$ beschränkt, hat also nach dem Satz von Bolzano-Weierstrass ([32, Satz V.10]) eine konvergente Teilfolge $(x_{n_k})_{k\in\mathbb{N}}$, $x_{n_k} \to a$, $k \to \infty$. Da $K$ abgeschlossen ist, ist $a \in K$. Also ist $K$ folgenkompakt und damit kompakt nach Satz I.33.

$n > 1$: Der Beweis ist analog zum Beweis für $n = 1$, wenn man den Satz von Bolzano-Weierstrass für $n > 1$ durch Induktion verallgemeinert. Dazu stellt man z.B. eine beliebige Folge $(x_k)_{k\in\mathbb{N}} \subset K \subset \mathbb{R}^{n+1}$ dar als $x_k = (x_k^1, x_k^2)$ mit $x_k^1 \in \mathbb{R}$, $x_k^2 \in \mathbb{R}^n$, $k \in \mathbb{N}$. Weil $(x_k)_{k\in\mathbb{N}}$ beschränkt ist, sind auch $(x_k^1)_{k\in\mathbb{N}}$ und $(x_k^2)_{k\in\mathbb{N}}$ beschränkt. Der Beweis kann nun analog zum Beweis von [32, Satz V.10] (beim Schritt von $\mathbb{R}$ nach $\mathbb{C}$) fortgesetzt werden. □

**Beispiele**

In $\mathbb{R}^n$ mit einer beliebigen Norm sind kompakt (analog für $\mathbb{C}^n$):

- $K_r(x_0) = \{x \in \mathbb{R}^n : \|x - x_0\| \leq r\}$, $x_0 \in \mathbb{R}^n$, $r > 0$, speziell die *abgeschlossene Einheitskugel* $K_1(0)$.
- $S_r(x_0) = \{x \in \mathbb{R}^n : \|x - x_0\| = r\}$, $x_0 \in \mathbb{R}^n$, $r > 0$, speziell die $n$-dimensionale *Einheitssphäre* $S_1(0)$.
- $Q = \{x = (x_i)_{i=1}^n \in \mathbb{R}^n : a_i \leq x_i \leq b_i,\ i = 1, \ldots, n\}$ mit $a_i,\ b_i \in \mathbb{R},\ a_i < b_i$ (*abgeschlossener Quader*).

---

[4] Eduard Heine, ∗ 15. März 1821 in Berlin, † 21. Oktober 1881 in Halle (Saale), deutscher Mathematiker, der auch das Konzept der gleichmäßigen Stetigkeit einführte.

[5] Émile Borel, ∗ 7. Januar 1871 in Saint-Affrique, Frankreich, † 3. Februar 1956 in Paris, französischer Mathematiker und Politiker, arbeitete vor allem in Topologie, Maß- und Wahrscheinlichkeitstheorie.

**Proposition I.35** *Sind $(X, d)$ ein metrischer Raum, $K, A \subset X$ und $K$ kompakt, so gilt:*

(i) $A \subset K$, *A abgeschlossen* $\Longrightarrow$ *A kompakt.*

(ii) *A abgeschlossen* $\Longrightarrow$ $A \cap K$ *kompakt.*

*Beweis.* Der Beweis ist eine gute Übung, um mit der Kompaktheit vertraut zu werden (Aufgabe I.10). □

Für stetige Funktionen in $\mathbb{R}$ hatten wir in Analysis I gezeigt, dass sie kompakte Intervalle in kompakte Intervalle abbilden ([32, Korollar VI.39]). Jetzt zeigen wir sogar allgemeiner:

**Satz I.36** *Es seien $(X, d_X)$, $(Y, d_Y)$ metrische Räume, $f: X \to Y$ eine stetige Funktion und $K \subset X$. Dann gilt:*

$$K \text{ kompakt} \Longrightarrow f(K) \text{ kompakt.}$$

*Beweis.* Es sei $\{A_i \subset Y : i \in I\}$ eine offene Überdeckung von $f(K)$. Da $f$ stetig ist, sind nach Satz I.27 auch alle $f^{-1}(A_i)$, $i \in I$, offen. Wegen

$$K \subset f^{-1}(f(K)) \subset \bigcup_{i \in I} f^{-1}(A_i)$$

ist dann $\{f^{-1}(A_i) : i \in I\}$ eine offene Überdeckung von $K$. Weil $K$ kompakt ist, gibt es $i_1, \ldots, i_n$ mit

$$K \subset \bigcup_{k=1}^{n} f^{-1}(A_{i_k}), \quad \text{also} \quad f(K) \subset \bigcup_{k=1}^{n} A_{i_k}.$$ □

Für stetige Funktionen in $\mathbb{R}$ hatten wir in Analysis I auch gezeigt, dass sie auf kompakten Teilmengen von $\mathbb{R}$ Minimum und Maximum annehmen ([32, Satz VI.37]). Auch diese Eigenschaft gilt allgemeiner für reellwertige Funktionen auf einem metrischen Raum:

**Satz I.37** **vom Minimum und Maximum.** *Es seien $(X, d)$ ein metrischer Raum, $f: X \to \mathbb{R}$ eine Funktion und $K \subset X$. Ist $f$ stetig und $K$ kompakt, so nimmt $f$ auf $K$ Minimum und Maximum an, d.h., es existieren $x_*, x^* \in K$, so dass*

$$f(x_*) = \min\{f(x) : x \in K\}, \quad f(x^*) = \max\{f(x) : x \in K\}.$$

*Beweis.* Nach Voraussetzung und Satz I.36 ist $f(K)$ kompakt, also nach Satz I.31 beschränkt und abgeschlossen. Also sind

$$m_* := \inf\{f(x) : x \in K\} > -\infty, \quad m^* := \sup\{f(x) : x \in K\} < \infty.$$

Nach der Definition von $m_*$ und $m^*$ als Infimum und Supremum ([32, Proposition III.15]) existieren Folgen $(x_n)_{n \in \mathbb{N}}, (y_n)_{n \in \mathbb{N}} \subset f(K)$ mit

$$x_n \to m_*, \quad y_n \to m^*, \quad n \to \infty.$$

Da $f(K)$ abgeschlossen ist, sind $m_*, m^* \in f(K)$, d.h., es existieren $x_*, x^* \in K$ mit

$$f(x_*) = m_* = \min\{f(x): x \in K\}, \quad f(x^*) = m^* = \max\{f(x): x \in K\}. \qquad \square$$

Verschiedene Metriken auf ein und derselben Menge $X$ können zu unterschiedlichen offenen Mengen, also zu unterschiedlichen Topologien führen.

Eine spezielle Klasse von metrischen Räumen sind normierte Räume $(E, \|\cdot\|)$ ([32, Definition IV.19]), wo $E$ ein Vektorraum über $K = \mathbb{R}$ oder $\mathbb{C}$ ist und eine Metrik induziert wird durch

$$d(x, y) := \|x - y\|, \quad x, y \in E.$$

Hat man zwei verschiedene Normen auf ein und demselben Vektorraum $E$, kann man entscheiden, wann sie dieselben offenen Mengen, also dieselbe Topologie erzeugen:

**Definition I.38** Es sei $E$ ein Vektorraum über $\mathbb{R}$ oder $\mathbb{C}$. Zwei Normen $\|\cdot\|_1$ und $\|\cdot\|_2$ auf $E$ heißen *äquivalent*, wenn $c_1, c_2 > 0$ existieren mit

$$c_1\|x\|_2 \leq \|x\|_1 \leq c_2\|x\|_2, \quad x \in E.$$

**Bemerkung I.39** Äquivalente Normen erzeugen dieselbe Topologie, d.h., eine Menge ist offen bzgl. der von $\|\cdot\|_1$ induzierten Metrik genau dann, wenn sie offen bzgl. der von $\|\cdot\|_2$ induzierten Metrik ist (Aufgabe I.7).

Eine sehr nützliche Folgerung aus Satz I.37 vom Minimum und Maximum ist, dass in endlichdimensionalen Räumen alle Normen zu den gleichen offenen Mengen führen, es also nur eine Topologie gibt.

**Korollar I.40** Auf $\mathbb{R}^n$ bzw. $\mathbb{C}^n$ sind alle Normen äquivalent.

*Beweis.* Eine gute Übung, um sich an normierte Räume zu erinnern (Aufgabe I.8). $\square$

Eine stärkere Eigenschaft als die Stetigkeit einer Funktion ist die gleichmäßige Stetigkeit ([32, Definition VI.40]):

Eine Funktion $f: X \supset D_f \to Y$ zwischen zwei metrischen Räumen $(X, d_X), (Y, d_Y)$ heißt *gleichmäßig stetig* in $X$ genau dann, wenn

$$\forall\, \varepsilon > 0\, \exists\, \delta > 0: \forall\, x, y \in D_f: \big(d_X(x, y) < \delta \implies d_Y(f(x), f(y)) < \varepsilon\big). \tag{2.2}$$

Wir wissen schon, dass stetige Funktionen in $\mathbb{R}$ auf einer kompakten Menge automatisch gleichmäßig stetig sind ([32, Satz VI.42]). Auch dies gilt allgemein:

**Satz I.41** *Es seien $(X, d_X), (Y, d_Y)$ metrische Räume, $f: X \to Y$ eine Funktion und $K \subset X$. Ist $K$ kompakt, so gilt:*

$$f \text{ stetig auf } K \implies f \text{ gleichmäßig stetig auf } K.$$

*Beweis.* Angenommen, $f$ ist stetig, aber nicht gleichmäßig stetig auf $K$. Nach Definition der gleichmäßigen Stetigkeit in (2.2) existiert dann ein $\varepsilon > 0$, so dass für alle $n \in \mathbb{N}$ Elemente $x_n,\ y_n \in K$ existieren mit

$$d(x_n, y_n) < \frac{1}{n} \ \wedge\ d\big(f(x_n), f(y_n)\big) \geq \varepsilon, \qquad n \in \mathbb{N}.$$

Weil $K$ kompakt und damit nach Satz I.33 folgenkompakt ist, besitzt $(x_n)_{n\in\mathbb{N}}$ eine in $K$ konvergente Teilfolge $(x_{n_k})_{k\in\mathbb{N}}$, $\lim_{k\to\infty} x_{n_k} =: a \in K$. Dann ist

$$d(y_{n_k}, a) \leq \underbrace{d(x_{n_k}, y_{n_k})}_{<\frac{1}{n_k}\to 0} + \underbrace{d(x_{n_k}, a)}_{\to 0} \to 0, \qquad k \to \infty,$$

also auch $\lim_{k\to\infty} y_{n_k} = a$. Da $f$ stetig ist, folgt

$$\lim_{k\to\infty} f(x_{n_k}) = f(a), \qquad \lim_{k\to\infty} f(y_{n_k}) = f(a),$$

im Widerspruch zu $d\big(f(x_n), f(y_n)\big) \geq \varepsilon$ für alle $n \in \mathbb{N}$. □

## 3 Zusammenhang

Neben der Kompaktheit gibt es eine weitere Eigenschaft, die von stetigen Funktionen erhalten wird: In $\mathbb{R}$ sagt der Zwischenwertsatz ([32, Satz VI.32]), dass stetige Funktionen Intervalle auf Intervalle abbilden. Intervalle sind in $\mathbb{R}$ genau die zusammenhängenden Teilmengen im Sinne der folgenden Definition:

**Definition I.42** Ein metrischer Raum $(X, d)$ heißt *zusammenhängend*, wenn es keine offenen $A_1, A_2 \subset X, A_1, A_2 \neq \varnothing$, gibt mit

$$X = A_1 \,\dot{\cup}\, A_2;$$

eine Teilmenge $M \subset X$ heißt zusammenhängend, wenn dies für $(M, d_M)$ mit der durch $(X, d)$ induzierten Metrik $d_M$ (Relativtopologie) gilt.

**Beispiele**

- $\varnothing$ ist zusammenhängend in $X$.
- $\{x\}, x \in X$, ist zusammenhängend in $X$.
- $\mathbb{Q}$ ist nicht zusammenhängend in $\mathbb{R}$, denn:

$$\mathbb{Q} = \underbrace{\{x \in \mathbb{Q} : x < \sqrt{2}\}}_{\neq\varnothing,\ \text{offen}} \,\dot{\cup}\, \underbrace{\{x \in \mathbb{Q} : x > \sqrt{2}\}}_{\neq\varnothing,\ \text{offen}}.$$

- $H = \{(x, y) \in \mathbb{R}^2 : x^2 - y^2 = 1\}$ (*Hyperbel*) ist nicht zusammenhängend in $\mathbb{R}^2$, denn:

$$H = H_+ \,\dot{\cup}\, H_-, \qquad H_\pm := \underbrace{\{(x, y) \in H : x \gtrless 0\}}_{\neq\varnothing,\ \text{offen}}.$$

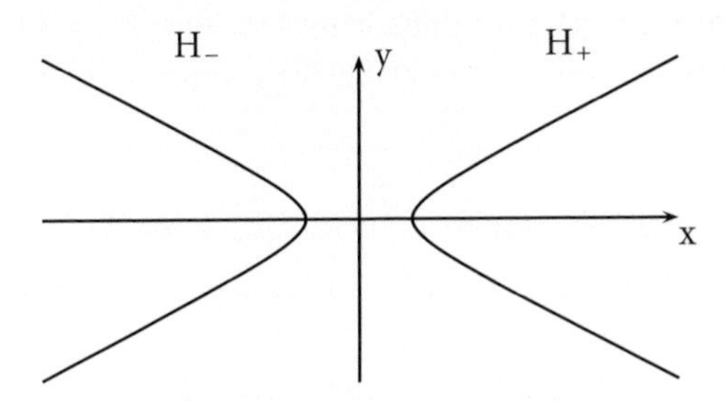


Abb. 3.1: Die Hyperbel $H$ ist in $\mathbb{R}^2$ nicht zusammenhängend

**Satz I.43** *Für einen metrischen Raum $(X, d)$ sind äquivalent:*

(i) *$X$ ist zusammenhängend,*

(ii) *$X$ ist die einzige nichtleere Teilmenge von $X$, die offen und abgeschlossen ist.*

*Beweis.* „(i) $\Longrightarrow$ (ii)": Es sei $A \subset X$, $A \neq \varnothing$, so dass $A$ offen und abgeschlossen ist. Angenommen, es ist $A \neq X$. Dann ist $A^c \neq \varnothing$ offen und

$$X = A \dot{\cup} A^c,$$

im Widerspruch dazu, dass $X$ zusammenhängend ist.

„(ii) $\Longrightarrow$ (i)": Angenommen, $X$ ist nicht zusammenhängend. Dann existieren offene $A_1,\ A_2 \subset X, A_1, A_2 \neq \varnothing$, mit

$$X = A_1 \dot{\cup} A_2.$$

Also ist $A_2 = A_1^c$ abgeschlossen. Weil $A_2$ gleichzeitig offen ist, muss nach Voraussetzung $A_2 = X$ sein, also $A_1 = \varnothing$, ein Widerspruch. □

**Satz I.44** *Für $I \subset \mathbb{R}$ gilt: $I$ zusammenhängend $\Longleftrightarrow$ $I$ Intervall.*

*Beweis.* „$\Longleftarrow$": Der Beweis ist eine gute Übung, um den Begriff des Zusammenhangs zu verstehen (Aufgabe I.11).

„$\Longrightarrow$": Angenommen $I$ ist zusammenhängend, aber kein Intervall. Dann existieren $x_1,\ x_2 \in I, x_1 < x_2$, und ein $y \in \mathbb{R} \setminus I$ mit $x_1 < y < x_2$. Die Mengen

$$I_1 := I \cap (-\infty, y), \qquad I_2 := I \cap (y, \infty)$$

sind $I$-offen, nichtleer (da $x_i \in I_i, i = 1, 2$), $I_1 \cap I_2 = \varnothing$ und

$$I = I_1 \dot{\cup} I_2,$$

im Widerspruch dazu, dass $I$ zusammenhängend ist. □

**Satz I.45** *Es seien $(X, d_X)$, $(Y, d_Y)$ metrische Räume und $f\colon X \to Y$ eine Funktion. Ist $f$ stetig, so gilt*

$$X \text{ zusammenhängend} \Longrightarrow f(X) \text{ zusammenhängend.}$$

*Beweis.* Angenommen, $X$ ist zusammenhängend, aber $f(X)$ ist nicht zusammenhängend. Dann existieren $f(X)$-offene Mengen $V_1, V_2 \subset f(X)$, $V_1, V_2 \neq \emptyset$, mit

$$f(X) = V_1 \dot{\cup} V_2.$$

Nach Proposition I.24 gibt es dann in $Y$ offene $A_i \subset Y, i = 1, 2$, mit

$$V_i = f(X) \cap A_i, \quad i = 1, 2.$$

Da $f$ stetig ist, sind nach Satz I.27 die Urbilder $f^{-1}(A_i)$ für $i = 1, 2$ offen in $X$; da $\emptyset \neq V_i \subset f(X)$, ist $f^{-1}(A_i) = f^{-1}(V_i) \neq \emptyset$ für $i = 1, 2$. Insgesamt folgt

$$X = f^{-1}\big(V_1 \dot{\cup} V_2\big) = f^{-1}(V_1) \dot{\cup} f^{-1}(V_2) = \underbrace{f^{-1}(A_1)}_{\neq\emptyset,\text{offen}} \dot{\cup} \underbrace{f^{-1}(A_2)}_{\neq\emptyset,\text{offen}},$$

ein Widerspruch, da $X$ zusammenhängend ist. □

Im Spezialfall $X = I$ mit einem Intervall $I \subset \mathbb{R}$ ist Satz I.45 gerade der Zwischenwertsatz aus Analysis I ([32, Satz VI.32], überzeugen Sie sich davon!). Jetzt können wir für reellwertige Funktionen allgemeiner folgern:

**Satz I.46** **Allgemeiner Zwischenwertsatz.** *Es seien $(X, d)$ ein zusammenhängender metrischer Raum und $f: X \to \mathbb{R}$ eine stetige Funktion. Dann ist $f(X)$ ein Intervall, d.h., für beliebige $x, y \in X, x \neq y$, nimmt $f$ jeden Wert zwischen $f(x)$ und $f(y)$ an.*

*Beweis.* Die Behauptung folgt direkt aus Satz I.45 mit $Y = \mathbb{R}$ und weil die zusammenhängenden Teilmengen von $\mathbb{R}$ genau die Intervalle sind (Satz I.44). □

Eine stärkere Eigenschaft als zusammenhängend ist wegzusammenhängend:

**Definition I.47** Es seien $(X, d)$ ein metrischer Raum und $a, b \in \mathbb{R}, a < b$. Dann heißt

(i) eine stetige Abbildung $\gamma: [a, b] \to X$ *stetiger Weg in $X$ von $\gamma(a)$ nach $\gamma(b)$*;

(ii) $X$ *wegzusammenhängend*, wenn für alle $x, y \in X$ ein stetiger Weg $\gamma$ in $X$ von $x$ nach $y$ existiert;

eine Teilmenge $M \subset X$ heißt wegzusammenhängend, wenn dies für $(M, d_M)$ mit der durch $(X, d)$ induzierten Metrik $d_M$ (Relativtopologie) gilt.

**Satz I.48** *Für einen metrischen Raum $(X, d)$ gilt:*

$$X \text{ wegzusammenhängend} \implies X \text{ zusammenhängend.}$$

*Beweis.* Angenommen, $X$ ist wegzusammenhängend, aber nicht zusammenhängend. Dann existieren offene $A_1, A_2 \subset X, A_1, A_2 \neq \emptyset$, mit

$$X = A_1 \dot{\cup} A_2.$$

Wähle $x_i \in A_i$, $i = 1, 2$. Da $X$ wegzusammenhängend ist, existiert ein stetiger Weg $\gamma\colon [a, b] \to X$ von $x_1$ nach $x_2$. Weil $\gamma$ stetig auf $[a, b]$ ist und $A_i$ offen ist, ist nach Satz I.27 auch $\gamma^{-1}(A_i)$ offen in $[a, b]$ für $i = 1, 2$. Außerdem folgt aus $\gamma(a) = x_1 \in A_1$, $\gamma(b) = x_2 \in A_2$, dass $\gamma^{-1}(A_i) \neq \emptyset$ für $i = 1, 2$. Wegen $A_1 \cap A_2 = \emptyset$, ist auch $\gamma^{-1}(A_1) \cap \gamma^{-1}(A_2) = \emptyset$, und damit

$$\gamma^{-1}(A_1) \dot\cup \gamma^{-1}(A_2) = \gamma^{-1}(A_1 \dot\cup A_2) = \gamma^{-1}(X) = [a, b],$$

im Widerspruch dazu, dass $[a, b]$ zusammenhängend ist nach Satz I.44. □

**Definition I.49** Eine Teilmenge $M \subset E$ eines normierten Raums $(E, \|\cdot\|)$ heißt *konvex*

$$:\Longleftrightarrow \quad \forall\, x, y \in M \;\forall\, t \in [0, 1] : (1 - t)x + ty \in M.$$

**Beispiele**

(i) Konvexe Mengen sind zusammenhängend nach Satz I.48, da sie wegzusammenhängend sind. Für beliebige $x, y \in M$ ist nämlich ein stetiger Weg in $M$ von $x$ nach $y$ gegeben durch

$$\gamma\colon [0, 1] \to M, \qquad \gamma(t) := (1 - t)x + ty.$$

(ii) In einem normierten Raum $(E, \|\cdot\|)$ sind $B_r(x_0)$, $K_r(x_0)$, $x_0 \in E$, $r > 0$, konvex, also zusammenhängend.

Die Umkehrung von Satz I.48 gilt nicht allgemein in metrischen Räumen; sie gilt aber für offene Teilmengen von normierten Räumen. Um das zu zeigen, brauchen wir speziellere stetige Wege, die sich stückweise aus Strecken zusammensetzen.

**Definition I.50** Es seien $(E, \|\cdot\|)$ ein normierter Raum und $a, b \in \mathbb{R}$, $a < b$. Eine Abbildung $\gamma\colon [a, b] \to E$ heißt *stetiger Streckenzug* von $\gamma(a)$ nach $\gamma(b)$, wenn es ein $n \in \mathbb{N}$ und $\alpha_0, \alpha_1, \ldots, \alpha_n \in [a, b]$ gibt mit $a = \alpha_0 < \alpha_1 < \cdots < \alpha_n = b$ und

$$\gamma\big((1 - t)\alpha_j + t\alpha_{j+1}\big) = (1 - t)\gamma(\alpha_j) + t\gamma(\alpha_{j+1}), \qquad t \in [0, 1],\ j = 0, \ldots, n - 1.$$

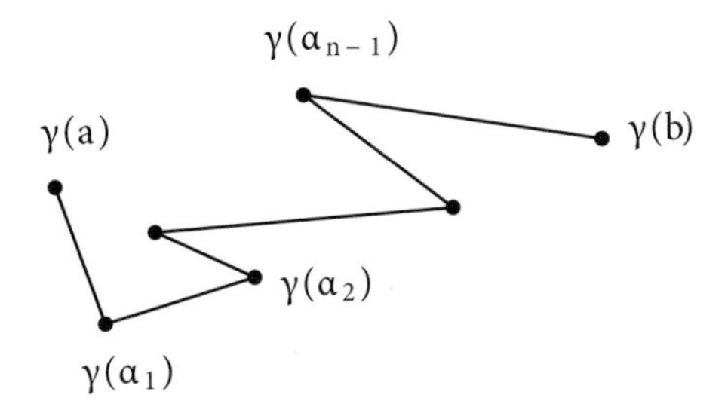


Abb. 3.2: Stetiger Streckenzug in $\mathbb{R}^2$

**Satz I.51** *Es seien $(E, \|\cdot\|)$ ein normierter Raum und $M \subset E$ offen, $M \neq \varnothing$. Ist $M$ zusammenhängend, so lassen sich zwei beliebige Punkte $x, y \in M$ durch einen stetigen Streckenzug in $M$ verbinden; insbesondere gilt also:*

$$M \text{ wegzusammenhängend} \iff M \text{ zusammenhängend}$$

*Beweis.* „$\Longrightarrow$“: Diese Richtung gilt allgemein nach Satz I.48.
„$\Longleftarrow$“: Wir wählen $z \in M$ fest und definieren

$$U := \{x \in M\colon \text{es existiert stetiger Streckenzug } \gamma_{z,x} \text{ von } z \text{ nach } x \text{ in } M\}.$$

Offensichtlich ist $U \neq \varnothing$, da $z \in U$.

*Behauptung 1:* $U$ ist $M$-offen.

*Beweis:* Ist $x \in U$ beliebig, so existiert nach Definition von $U$ ein stetiger Streckenzug $\gamma_{z,x}\colon [a, b] \to M$ von $z$ nach $x$. Weil $M$ offen ist, gibt es ein $\varepsilon > 0$ mit $B_\varepsilon(x) \subset M$. Wir zeigen nun, dass $B_\varepsilon(x) \subset U$. Dazu sei $y \in B_\varepsilon(x)$ beliebig. Dann ist

$$\gamma_{z,y}\colon [a, b+1] \to M, \qquad \gamma_{z,y}(t) := \begin{cases} \gamma_{z,x}(t), & t \in [a, b], \\ (1-(t-b))x + (t-b)y, & t \in [b, b+1], \end{cases}$$

ein stetiger Streckenzug von $z$ nach $y$ in $M$, also ist $y \in U$.

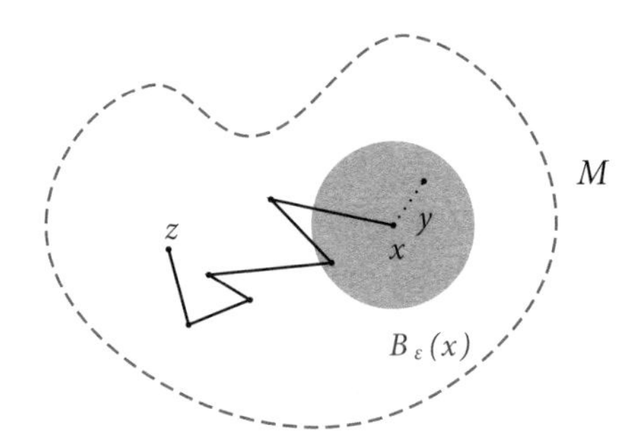


**Abb. 3.3:** Stetiger Streckenzug von $z$ nach $y$ in $M$

*Behauptung 2:* $U^c := M \setminus U$ ist $M$-offen.

*Beweis:* Es sei $x \in M \setminus U$ beliebig. Da $M$ offen ist, gibt es ein $\varepsilon > 0$ mit $B_\varepsilon(x) \subset M$. Mit den gleichen Argumenten wie im Beweis von Behauptung 1 folgt dann, dass $B_\varepsilon(x) \subset M \setminus U$ (denn existierte ein $y \in B_\varepsilon(x) \cap U$, so folgte – wie oben mit vertauschten Rollen von $y$ und $x$ – der Widerspruch $x \in U$).

Weil $M$ zusammenhängend ist, folgt aus $M = U \,\dot\cup\, (M \setminus U)$, Behauptungen 1 und 2 sowie $U \neq \varnothing$, dass dann $M \setminus U = \varnothing$ gelten muss, also $U = M$. □

In weiterführenden Analysis-Vorlesungen spielt die folgende Definition eine Rolle:

**Definition I.52** Eine offene zusammenhängende Teilmenge $G \subset \mathbb{R}^n$ heißt *Gebiet.*

## Aufgaben

**I.1.** Bestimme die offenen und abgeschlossenen Einheitskugeln in $\mathbb{R}^n$ mit der euklidischen Metrik, in $\mathbb{R}^n$ mit der Manhattan-Metrik und für eine beliebige Menge mit der diskreten Metrik (Beispiel I.2), und skizziere sie in einem Beispiel.

**I.2.** Zeige, dass in einem metrischen Raum $(X, d)$ die Kugeln $K_r(x_0) = \{x \in X: d(x, x_0) \leq r\}$ mit $x_0 \in X, r > 0$, abgeschlossen sind.

**I.3.** Es seien $(X, d)$ ein metrischer Raum, $x_0 \in X$ und $r > 0$. Zeige, dass $\partial B_r(x_0) \subset S_r(x_0)$ und $\overline{B_r(x_0)} \subset K_r(x_0)$. Gilt Gleichheit (Beweis oder Gegenbeispiel)?

**I.4.** Beweise für eine Teilmenge $A$ eines metrischen Raums $(X, d)$:

a) $A^\circ = \{a \in X: a \text{ ist innerer Punkt von } A\}$;

b) $\partial A = \partial(A^c) = \partial(A^\circ) = \partial(\overline{A})$, $\overline{A} = A^\circ \dot{\cup} \partial A$.

**I.5.** Beweise die Charakterisierung von „relativ offen" in Proposition I.24.

**I.6.** Es sei $X = \mathbb{R}$ mit der euklidischen Metrik versehen und $Y = [-1, 1)$ mit der zugehörigen Relativtopologie. Untersuche $A = [-1, 0)$, $B = [-1, 0]$ und $C = [0, 1)$ auf relative Offenheit, Abgeschlossenheit und Kompaktheit in $Y$.

**I.7.** a) Zeige, dass zwei äquivalente Normen $\|\cdot\|_1$ und $\|\cdot\|_2$ auf einem Vektorraum $E$ über $K = \mathbb{R}$ oder $\mathbb{C}$ dieselben offenen Mengen erzeugen.

b) Zeige, dass für einen metrischen Raum $(Y, d_Y)$ eine Funktion $f: E \to Y$ genau dann stetig bezüglich $\|\cdot\|_1$ auf $E$ ist, wenn sie stetig bezüglich $\|\cdot\|_2$ auf $E$ ist.

**I.8.** Beweise, dass auf $\mathbb{R}^n$ bzw. $\mathbb{C}^n$ alle Normen äquivalent sind. *Lösungshinweis:* Zeige, dass jede Norm zur euklidischen Norm äquivalent ist.

**I.9.** Zeige, dass auf $\mathbb{R}$ durch $d(x, y) := \arctan |x - y|$, $x, y \in \mathbb{R}$, eine Metrik definiert wird und dass $\mathbb{R}$ in dieser Metrik beschränkt und abgeschlossen, aber nicht kompakt ist. Ist die Metrik $d$ von einer Norm auf $\mathbb{R}$ induziert?

**I.10.** Zeige die Eigenschaften kompakter Teilmengen aus Proposition I.35.

**I.11.** Es sei $I \subset \mathbb{R}$ ein endliches oder unendliches Intervall. Zeige, dass $I$ zusammenhängend ist (es ist also zu zeigen, dass $\emptyset$ und $I$ die einzigen Teilmengen von $I$ sind, die gleichzeitig offen und abgeschlossen in $I$ sind).

**I.12.** Es sei $K = \mathbb{R}$ oder $\mathbb{C}$ und $n \in \mathbb{N}$.

a) Zeige, dass für jedes $j = 1, \ldots, n$ die *Projektion auf die j-te Komponente* $\mathrm{pr}_j: K^n \to K$, $(x_1, \ldots, x_n) \mapsto x_j$ stetig ist.

b) Ist $(X, d)$ ein metrischer Raum und $f = (f_1, \ldots, f_n): X \to K^n$ mit $f_j = \mathrm{pr}_j \circ f$, $j = 1, \ldots, n$, so gilt:

$$f \text{ ist stetig} \iff f_j \text{ ist stetig}, \; j = 1, \ldots, n.$$

# II Differentialrechnung in $\mathbb{R}^n$

In Anwendungen treten oft Funktionen auf, die von mehreren Variablen abhängen, z.B. von Ort und Zeit oder auch von Rohstoffkosten, Arbeitszeitkosten etc. Für die lineare Approximation solcher Funktionen oder für die Bestimmung lokaler Extremstellen muss das Konzept der Ableitung für Funktionen auf $\mathbb{R}^n$ mit $n > 1$ verallgemeinert werden.

In $\mathbb{R}^n$ mit $n > 1$ gibt es jedoch nicht nur eine linear unabhängige Richtung, aus der man sich einem Punkt $x_0$ nähern kann. Die Ableitung in $x_0$ als Maß der „Steigung“ kann daher nicht mehr in Form einer Zahl angegeben werden, sondern wird sich als lineare Abbildung herausstellen.

## 4 Stetige lineare Abbildungen

Lineare Abbildungen lernt man zuerst in der Linearen Algebra kennen. Die Eigenschaft der Linearität ist uns bei der Differentiation und der Integration auch schon in der Analysis I begegnet ([32, Satz VII.6, Proposition VIII.13]). Lineare Abbildungen haben viele schöne Eigenschaften, eine davon betrifft die Stetigkeit:

**Definition II.1**

Es seien $K = \mathbb{R}$ oder $\mathbb{C}$ und $E, F$ Vektorräume über $K$. Eine Abbildung $T: E \to F$ heißt *linear* (oder *linearer Operator*)

$$:\Longleftrightarrow \quad \forall f, g \in E \;\; \forall \alpha, \beta \in K\colon \; T(\alpha f + \beta g) = \alpha\, T(f) + \beta\, T(g);$$

man schreibt dann meist $Tf$ statt $T(f)$.

In diesem Abschnitt seien ab jetzt immer $K = \mathbb{R}$ oder $\mathbb{C}$ und $(E, \|\cdot\|_E)$, $(F, \|\cdot\|_F)$ normierte Räume über $K$. Als Beispiel können Sie sich immer $E = \mathbb{R}^n$ und $F = \mathbb{R}^m$ mit $n, m \in \mathbb{N}$, jeweils versehen mit der euklidischen Norm $\|\cdot\|$, vorstellen.

**Definition II.2**

Ein linearer Operator $T: E \to F$ heißt *beschränkt*

$$:\Longleftrightarrow \quad \exists\, C \geq 0 \; \forall x \in E\colon \; \|Tx\|_F \leq C\|x\|_E. \tag{4.1}$$

Welch starke Eigenschaft die Linearität ist, sieht man daran, dass beschränkte lineare Operatoren automatisch stetig und sogar gleichmäßig stetig sind:

**Satz II.3** *Für einen linearen Operator $T\colon E \to F$ sind äquivalent:*

(i) *$T$ ist beschränkt,*

(ii) *$T$ ist stetig in 0,*

(iii) *$T$ ist stetig,*

(iv) *$T$ ist gleichmäßig stetig.*

*Beweis.* „(i) $\Longrightarrow$ (iv)“: Es sei $C \geq 0$ wie in (4.1). Da $T$ linear ist, gilt dann für beliebige $x, y \in E$:

$$\|Tx - Ty\|_F = \|T(x-y)\|_F \leq C\|x-y\|_E,$$

also ist $T$ Lipschitz-stetig und daher gleichmäßig stetig ([32, Beispiel VI.41]).

„(iv) $\Longrightarrow$ (iii) $\Longrightarrow$ (ii)“: Diese beiden Implikationen sind offensichtlich.

„(ii) $\Longrightarrow$ (i)“: Da $T$ linear ist, gilt $T(0) = 0$. Nach (ii) existiert (zu $\varepsilon = 1$) ein $\delta > 0$, so dass

$$\forall\, x \in E,\ \|x\| < \delta\colon\ \|Tx\|_F = \|T(x-0)\|_F < 1.$$

Wähle nun $\gamma \in (0, \delta)$. Dann gilt $\left\| \frac{\gamma}{\|x\|_E} x \right\|_E = \gamma < \delta$ für jedes $x \in E, x \neq 0$, und daher wegen der Linearität von $T$:

$$\|Tx\|_F = \frac{\|x\|_E}{\gamma} \left\| T\left( \frac{\gamma}{\|x\|_E} x \right) \right\|_F < \frac{\|x\|_E}{\gamma}.$$

Also gilt (4.1) mit $C = \frac{1}{\gamma}$. □

Aus der linearen Algebra ist bekannt, dass die Menge der linearen Abbildungen von $E$ nach $F$ einen Vektorraum über $K$ bildet ([10, Abschnitt 2.1.3]). Dies gilt auch für die Menge der beschränkten linearen Abbildungen; hier kann man sogar eine Norm auf dem zugehörigen Vektorraum definieren:

**Definition II.4 und Proposition.** Auf dem Raum aller beschränkten linearen Abbildungen von $E$ nach $F$,

$$L(E, F) := \{T\colon E \to F\colon T \text{ linear und beschränkt}\},$$

wird eine Norm, die sog. *Operatornorm*, definiert durch

$$\|T\| := \sup\left\{ \|Tx\|_F\colon x \in E,\ \|x\|_E = 1 \right\}, \qquad T \in L(E, F).$$

*Beweis.* Eine gute Übung, um die Eigenschaften einer Norm zu wiederholen! □

**Bemerkung II.5**

(i) Beschränktheit und Operatornorm von $T$ hängen von den Normen auf $E$ und $F$ ab (Beispiel II.6 (iii)).

(ii) $\|T\|$ ist das Infimum aller $C > 0$ mit $\|Tx\|_F \leq C\|x\|_E, x \in E$.

(iii) Es gilt immer $\|Tx\|_F \leq \|T\|\,\|x\|_E, x \in E$.

**Beispiele II.6**

Für ein Intervall $I \subset \mathbb{R}$ betrachten wir die Räume der stetigen bzw. stetig differenzierbaren Funktionen $C(I,\mathbb{C})$ und $C^1(I,\mathbb{C})$, jeweils versehen mit der *Supremumsnorm* ([32, Definition VIII.32])

$$\|f\|_\infty = \sup\left\{|f(x)|: x \in I\right\}.$$

(i) *Punktauswertung* (*Delta-Distribution*). Für festes $\mu \in I$ ist

$$\delta_\mu\colon \left(C(I,\mathbb{C}),\ \|\cdot\|_\infty\right) \to \mathbb{R}, \quad \delta_\mu(f) := f(\mu)$$

linear und beschränkt mit $\|\delta_\mu\| = 1$.

*Beweis. Linearität von $\delta_\mu$:* Sind $f, g \in C(I,\mathbb{C})$ und $\alpha, \beta \in \mathbb{C}$, so ist

$$\delta_\mu(\alpha f + \beta g) = (\alpha f + \beta g)(\mu) = \alpha f(\mu) + \beta g(\mu) = \alpha\,\delta_\mu(f) + \beta\,\delta_\mu(g).$$

*Beschränktheit von $\delta_\mu$:* Für $f \in C(I,\mathbb{C})$ ist

$$|\delta_\mu(f)| = |f(\mu)| \leq \sup\{|f(x)|: x \in I\} = \|f\|_\infty,$$

also ist $\delta_\mu$ beschränkt mit $\|\delta_\mu\| \leq 1$. Speziell für $f(x) = 1$, $x \in I$, ist $f \in C(I,\mathbb{C})$ und $|\delta_\mu(f)| = 1 = \|f\|_\infty$, also $\|\delta_\mu\| = 1$. □

(ii) *Riemann-Integral.* Ist $I = [a,b]$, so ist die Abbildung

$$\mathcal{I}\colon \left(C([a,b],\mathbb{C}),\ \|\cdot\|_\infty\right) \to \mathbb{C}, \quad \mathcal{I}(f) := \int_a^b f(x)\,\mathrm{d}x,$$

linear und beschränkt mit $\|\mathcal{I}\| = b - a$.

*Beweis.* $\mathcal{I}$ ist linear nach [32, Proposition VIII.13 (i)]. Für $f \in C([a,b],\mathbb{C})$ gilt nach den Regeln für das Riemann-Integral ([32, Proposition VIII.13, Satz VIII.16]):

$$|\mathcal{I}(f)| = \left|\int_a^b f(x)\,\mathrm{d}x\right| \leq \int_a^b \underbrace{|f(x)|}_{\leq \|f\|_\infty}\,\mathrm{d}x \leq (b-a)\|f\|_\infty,$$

also ist $\mathcal{I}$ beschränkt mit $\|\mathcal{I}\| \leq b - a$. Speziell für $f(x) = 1$, $x \in [a,b]$, ist $f \in C(I,\mathbb{C})$ und $\mathcal{I}(f) = b - a$, also $\|\mathcal{I}\| = b - a$. □

(iii) *Ableitung.* Ist $I = [a,b]$, so ist die Abbildung

$$\mathrm{D}\colon \left(C^1([a,b],\mathbb{R}),\ \|\cdot\|_\infty\right) \to \left(C([a,b],\mathbb{R}),\ \|\cdot\|_\infty\right), \quad \mathrm{D}f := f',$$

linear, aber nicht beschränkt.

*Beweis.* D ist linear nach [32, Satz VII.6 (i)]. Um zu sehen, dass D nicht beschränkt ist, betrachte exemplarisch das Intervall $[a,b] = [0,1]$. Für die Funktionen $f_n(x) = x^n$, $x \in [0,1]$, $n \in \mathbb{N}$, ist zwar $\|f_n\|_\infty = \sup\{|x^n|: x \in [0,1]\} = 1$, aber

$$\|\mathrm{D}f_n\|_\infty = \|f_n'\|_\infty = \sup\{|nx^{n-1}|: x \in [0,1]\} = n \to \infty, \quad n \to \infty,$$

also kann es keine Konstante wie in (4.1) geben. □

*Bemerkung:* D wird beschränkt, wenn man $C^1([a, b], \mathbb{R})$ mit der Norm

$$\|f\|_{\infty,1} := \sup\{|f(x)| + |f'(x)|: x \in [0, 1]\}$$

versieht. Dann gilt nämlich $\|Df\|_\infty = \|f'\|_\infty \leq \|f\|_{\infty,1}$.

**Proposition II.7** *Es seien E, F, G normierte Räume und $T \in L(E, F)$, $S \in L(F, G)$ Dann ist $ST := S \circ T \in L(E, G)$, und es gilt*

$$\|ST\| \leq \|S\| \, \|T\|.$$

*Beweis.* Zu empfehlen, um die Operatornorm besser kennenzulernen. □

**Definition II.8** Es seien $E$, $F$ und $G$ normierte Räume.

(i) Eine lineare Abbildung $\varphi: E \to F$ heißt *Isomorphismus*, wenn $\varphi$ bijektiv ist.

(ii) Ein Isomorphismus $\varphi: E \to F$ heißt *topologischer Isomorphismus* (oder *Homöomorphismus*), wenn $\varphi$ und $\varphi^{-1}: F \to E$ stetig sind.

(iii) $E$ heißt (*topologisch*) *isomorph* zu $F$, wenn es einen (topologischen) Isomorphismus $\varphi: E \to F$ gibt.

**Bemerkung.** – $\varphi: E \to F$ ist (topologischer) Isomorphismus $\iff$ $\varphi^{-1}: F \to E$ ist (topologischer) Isomorphismus.

– Ein Isomorphismus respektiert die linearen Strukturen von Vektorräumen.

– Ein topologischer Isomorphismus respektiert auch die topologischen Strukturen auf normierten Räumen: Offene Mengen in $E$ bzw. $F$ werden durch $\varphi$ und $\varphi^{-1}$ wieder in offene Mengen abgebildet.

Die folgende Proposition zeigt, dass alle endlichdimensionalen normierten Räume gleicher Vektorraumdimension (die gleich der Anzahl der Elemente einer Basis ist, [10, 1.5.5]) zueinander topologisch isomorph sind.

**Proposition II.9** *Es sei $(E, \|\cdot\|_E)$ ein normierter Raum über $K$ mit Vektorraumdimension* $\dim E = n < \infty$. *Dann ist E zu $K^n$ topologisch isomorph.*

*Beweis. Isomorphie von E und $K^n$*: Nach Voraussetzung besitzt $E$ eine Vektorraumbasis $\{e_1, \ldots, e_n\}$ ([10, Abschnitt 1.5.3]). Also gibt es zu jedem $x \in E$ einen eindeutig bestimmten Koeffizientenvektor $(x_i)_{i=1}^n \in K^n$ mit

$$x = \sum_{i=1}^{n} x_i e_i.$$

Diese eindeutige Darstellung induziert die Isomorphismen

$$\varphi\colon E \to K^n, \quad \varphi(x) := (x_i)_{i=1}^n,$$
$$\varphi^{-1}\colon K^n \to E, \quad \varphi^{-1}(x_i)_{i=1}^n = \sum_{i=1}^n x_i e_i.$$

*Topologische Isomorphie von $E$ und $K^n$*: Nach Korollar I.40 sind alle Normen auf $K^n$ äquivalent, und wir dürfen für die Untersuchung der Stetigkeit von $\varphi$ und $\varphi^{-1}$ eine beliebige Norm auf $K^n$ wählen (Aufgabe I.7). Definiere dazu

$$\|(x_i)_{i=1}^n\|_\varphi := \|\varphi^{-1}(x_i)_{i=1}^n\|_E, \quad (x_i)_{i=1}^n \in K^n.$$

$\|\cdot\|_\varphi$ *ist eine Norm*: Die Definitheit der Norm folgt aus der Injektivität von $\varphi^{-1}$; die Verträglichkeit mit der Skalarmultiplikation und die Dreiecksungleichung folgen aus den entsprechenden Eigenschaften von $\|\cdot\|_E$ und der Linearität von $\varphi^{-1}$.

Für die Stetigkeit von $\varphi$ und $\varphi^{-1}$ brauchen wir nach Satz II.3 nur zu zeigen, dass beide Abbildungen beschränkt sind. Dies folgt aus:

$$\|\varphi(x)\|_\varphi = \|\varphi^{-1}(\varphi(x))\|_E = \|x\|_E, \qquad x \in E,$$
$$\|\varphi^{-1}(x_i)_{i=1}^n\|_E = \|(x_i)_{i=1}^n\|_\varphi, \qquad (x_i)_{i=1}^n \in K^n. \qquad \square$$

Im Hinblick auf die Differentiation von Funktionen von $\mathbb{R}^n$ nach $\mathbb{R}^m$ ist der folgende Satz wichtig.

**Satz II.10**

*Es seien $K = \mathbb{R}$ oder $\mathbb{C}$ und $E$, $F$ normierte Räume über $K$ mit* $\dim E = n < \infty$. *Dann ist jede lineare Abbildung $T\colon E \to F$ stetig.*

*Beweis.* Nach Proposition II.9 genügt es, lineare Abbildungen $T\colon K^n \to F$ zu betrachten. Nach Korollar I.40 und Aufgabe I.7 dürfen wir zur Untersuchung der Stetigkeit von $T$ wieder eine beliebige Norm auf $K^n$ wählen, z.B. die euklidische Norm $\|\cdot\|$. Nach Satz II.3 müssen wir nur zeigen, dass $T$ beschränkt ist. Dazu sei $\{e_1, \dots e_n\}$ die Standardbasis des $K^n$, d.h. $e_i = (\delta_{ij})_{j=1}^n$, $i = 1, \dots, n$. Für alle $(x_i)_{i=1}^n \in K^n$ folgt aus der Linearität von $T$, der Dreiecksungleichung für $\|\cdot\|_F$ und der Cauchy-Bunyakovsky-Schwarzschen Ungleichung in $K^n$ ([32, Korollar VII.29]):

$$\|T(x_i)_{i=1}^n\|_F = \left\|T\Big(\sum_{i=1}^n x_i e_i\Big)\right\|_F = \left\|\sum_{i=1}^n x_i\, Te_i\right\|_F \le \sum_{i=1}^n |x_i|\, \|Te_i\|_F$$
$$\le \underbrace{\Big(\sum_{i=1}^n |x_i|^2\Big)^{\frac12}}_{=\|(x_i)_{i=1}^n\|} \underbrace{\Big(\sum_{i=1}^n \|Te_i\|_F^2\Big)^{\frac12}}_{=:C} = C\,\|(x_i)_{i=1}^n\|. \qquad \square$$

## 5 Differenzierbarkeit

In diesem Abschnitt verallgemeinern wir den Begriff der Differenzierbarkeit auf Funktionen zwischen normierten Räumen, insbesondere für den Fall $E = \mathbb{R}^n$, $F = \mathbb{R}^m$ mit $n, m \in \mathbb{N}$.

Den Spezialfall von Funktionen einer reellen Variablen, $E = \mathbb{R}$, haben wir in Analysis I kennengelernt ([32, Kapitel VII]). Ist z.B. $f: \mathbb{R} \supset D_f \to F$ eine Funktion und $x_0 \in D_f$ Häufungspunkt von $D_f$, so heißt $f$ differenzierbar in $x_0$, wenn

$$\lim_{x \to x_0} \frac{f(x) - f(x_0)}{x - x_0} =: f'(x_0) \tag{5.1}$$

existiert ([32, Definition VII.1]). Die Differenzierbarkeit von $f$ in $x_0$ ist äquivalent zur linearen Approximierbarkeit von $f$ ([32, Satz VII.4]): $f$ ist genau dann differenzierbar in $x_0$, wenn es $m_{x_0} \in \mathbb{R}$ und eine in $x_0$ stetige Funktion $r_{x_0}: D_f \to \mathbb{R}$ gibt mit $r_{x_0}(x_0) = 0$ und

$$f(x) = \underbrace{f(x_0) + m_{x_0}(x - x_0)}_{=: L_{x_0}(x)} + r_{x_0}(x)(x - x_0), \quad x \in D_f. \tag{5.2}$$

Die Ableitung $f'(x_0) = m_{x_0} \in \mathbb{R}$ von $f$ in $x_0$ ist hier also eine reelle Zahl, nämlich die Steigung der Tangenten $L_{x_0}$ an den Graphen von $f$ in $x_0$.

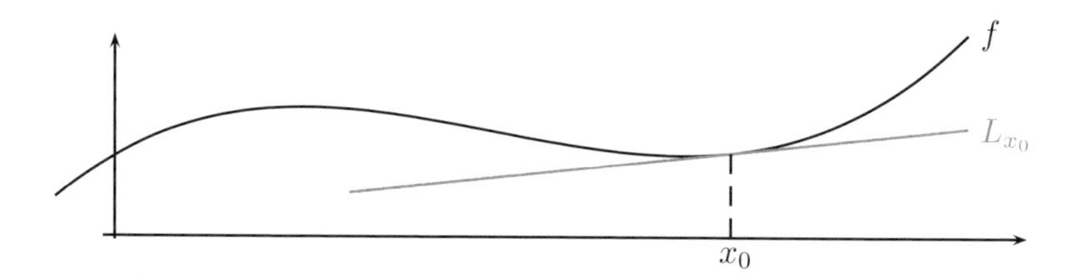


**Abb. 5.1:** Geometrische Deutung der Ableitung für Funktionen $f: \mathbb{R} \supset D_f \to \mathbb{R}$

Die Charakterisierung der Differenzierbarkeit mittels linearer Approximierbarkeit lässt sich nun direkt übertragen, indem wir (5.2) umschreiben in:

$$\lim_{x \to x_0} \frac{f(x) - f(x_0) - m_{x_0}(x - x_0)}{x - x_0} = \lim_{x \to x_0} r_{x_0}(x) = 0.$$

Im ganzen folgenden Abschnitt seien immer $K = \mathbb{R}$ oder $\mathbb{C}$ und $(E, \|\cdot\|_E)$, $(F, \|\cdot\|_F)$ normierte Räume über $K$, z.B. $E = \mathbb{R}^n$, $F = \mathbb{R}^m$ mit $n, m \in \mathbb{N}$, jeweils mit der euklidischen Norm $\|\cdot\|$.

**Definition II.11** Es seien $D_f \subset E$ offen, $f: D_f \to F$ eine Funktion und $x_0 \in D_f$. Dann heißt $f$ *(total) differenzierbar in* $x_0$, wenn es eine stetige lineare Abbildung $T_{x_0}: E \to F$ gibt, so dass

$$\lim_{x \to x_0} \frac{f(x) - f(x_0) - T_{x_0}(x - x_0)}{\|x - x_0\|} = 0; \tag{5.3}$$

in diesem Fall heißt $T_{x_0}$ *(totale) Ableitung von* $f$ *in* $x_0$, bezeichnet mit

$$T_{x_0} =: \mathrm{D}f(x_0).$$

Ist $f$ in jedem $x \in D_f$ total differenzierbar, so heißt $f$ *total differenzierbar in* $D_f$, und man nennt die Abbildung

$$\mathrm{D}f: D_f \to L(E, F), \quad x \mapsto \mathrm{D}f(x) \in L(E, F),$$

*(totale) Ableitung von* $f$. Weiter heißt $f$ *stetig differenzierbar*, wenn $\mathrm{D}f$ stetig ist.

**Bemerkung.**
- Ist $\dim E = n < \infty$, muss die Stetigkeit der linearen Abbildung $T_{x_0}: E \to F$ nicht gefordert werden, sie folgt automatisch aus Satz II.10.
- Die Differenzierbarkeit und die Ableitung ändern sich nicht, wenn man die Normen auf $E$ bzw. $F$ durch äquivalente Normen ersetzt (nach Aufgabe I.7).
- Da $D_f \subset E$ offen ist, ist $x_0 \in D_f$ automatisch Häufungspunkt von $D_f$, denn es existiert ein $\varepsilon > 0$ mit $B_\varepsilon(x_0) \subset D_f$.

Beispiel

Ist $E = \mathbb{R}^n$ und $F = \mathbb{R}^m$, so hat $T_{x_0}: \mathbb{R}^n \to \mathbb{R}^m$ als lineare Abbildung eine Darstellung durch eine $m \times n$ Matrix $A_{x_0} \in \mathbb{R}^{m \times n}$:

$$T_{x_0}: \mathbb{R}^n \to \mathbb{R}^m, \quad T_{x_0}x = A_{x_0}x, \quad x \in \mathbb{R}^n.$$

Ist speziell $E = F = \mathbb{R}$, so ist $A_{x_0}$ als $1 \times 1$ Matrix durch eine reelle Zahl gegeben, nämlich durch die Zahl $f'(x_0) = m_{x_0}$ in (5.1) bzw. (5.2):

$$T_{x_0}: \mathbb{R} \to \mathbb{R}, \quad T_{x_0}x = f'(x_0)x, \quad x \in \mathbb{R}.$$

In diesem Sinne ist Definition II.11 eine Verallgemeinerung der Differenzierbarkeit von Funktionen einer reellen Variablen aus der Analysis I ([32, Definition VII.1]).

Der nächste Satz zeigt, dass die totale Differenzierbarkeit äquivalent zur linearen Approximierbarkeit ist und dass die Ableitung $T_{x_0}$ eindeutig bestimmt ist, wenn sie existiert:

Satz II.12

*Es seien $D_f \subset E$ offen, $f: D_f \to F$ und $x_0 \in D_f$. Äquivalent sind:*

(i) *$f$ ist (total) differenzierbar in $x_0$.*

(ii) *Es existiert eine stetige lineare Abbildung $T_{x_0}: E \to F$ und eine in $x_0$ stetige Funktion $r_{x_0}: D_f \to F$, $r_{x_0}(x_0) = 0$, mit*

$$f(x) = f(x_0) + T_{x_0}(x - x_0) + r_{x_0}(x)\|x - x_0\|, \quad x \in D_f.$$

*Beweis.* Der Beweis verläuft völlig analog zum Beweis von [32, Satz VII.4]. □

Bemerkung II.13

Mit Hilfe der Landauschen Symbole ([32, Definition IX.8]) kann die Bedingung in (ii) auch äquivalent geschrieben werden als:

(iii) *Es existiert eine stetige lineare Abbildung $T_{x_0}: E \to F$ mit*

$$f(x) = f(x_0) + T_{x_0}(x - x_0) + \mathrm{o}(\|x - x_0\|), \quad x \to x_0. \tag{5.3}$$

Korollar II.14

Die stetige lineare Abbildung $T_{x_0}: E \to F$ in (5.3) ist eindeutig.

*Beweis.* Es sei $\widetilde{T}_{x_0}: E \to F$ eine weitere stetige lineare Abbildung, für die (5.3) gilt. Nach Satz II.12 und Bemerkung II.13 ist dann

$$f(x) = f(x_0) + T_{x_0}(x - x_0) + \mathrm{o}(\|x - x_0\|),$$
$$f(x) = f(x_0) + \widetilde{T}_{x_0}(x - x_0) + \mathrm{o}(\|x - x_0\|).$$

Subtraktion und Division durch $\|x - x_0\|$ liefert

$$(T_{x_0} - \widetilde{T}_{x_0})\frac{x - x_0}{\|x - x_0\|} = \frac{\mathrm{o}(\|x - x_0\|)}{\|x - x_0\|} \longrightarrow 0, \qquad x \to x_0 .$$

Es sei nun $y \in E$, $\|y\| = 1$, beliebig und $x_n := x_0 + n^{-1}y$, $n \in \mathbb{N}$. Dann gilt $x_n \to x_0$, $n \to \infty$, und

$$\frac{x_n - x_0}{\|x_n - x_0\|} = \frac{n^{-1}y}{\|n^{-1}y\|} = y.$$

Damit ergibt sich

$$(T_{x_0} - \widetilde{T}_{x_0})y = (T_{x_0} - \widetilde{T}_{x_0})\frac{x_n - x_0}{\|x_n - x_0\|} \longrightarrow 0, \qquad n \to \infty.$$

Da die linke Seite unabhängig von $n$ ist, folgt $(T_{x_0} - \widetilde{T}_{x_0})y = 0$ für alle $y \in E$, $\|y\| = 1$, und deshalb nach Definition II.4 der Operatornorm:

$$\|T_{x_0} - \widetilde{T}_{x_0}\| = \sup\left\{\|(T_{x_0} - \widetilde{T}_{x_0})y\| : y \in E,\ \|y\| = 1\right\} = 0.$$

Also muss $T_{x_0} = \widetilde{T}_{x_0}$ sein. □

**Korollar II.15** Ist $f$ (total) differenzierbar in $x_0$, so ist $f$ stetig in $x_0$.

*Beweis.* Nach Satz II.12 (ii) ist

$$\begin{aligned}\lim_{x \to x_0} f(x) &= \lim_{x \to x_0} \big(f(x_0) + T_{x_0}(x - x_0) + r_{x_0}(x)\|x - x_0\|\big)\\ &= f(x_0) + \lim_{x \to x_0} T_{x_0}(x - x_0) + \lim_{x \to x_0} r_{x_0}(x)\|x - x_0\| = f(x_0),\end{aligned}$$

da $T_{x_0}$ und $r_{x_0}$ stetig sind und $T_{x_0}(0) = 0$, $r_{x_0}(x_0) = 0$ gilt. □

**Bemerkung.** Satz II.12 zeigt, dass $f$ genau dann (total) differenzierbar in $x_0$ ist, wenn $f$ in $x_0$ durch die lineare Funktion

$$L_{x_0}(x) := f(x_0) + \mathrm{D}f(x_0)(x - x_0), \qquad x \in E,$$

approximierbar ist:

$$\lim_{x \to x_0} \frac{f(x) - L_{x_0}(x)}{\|x - x_0\|} = 0.$$

*Geometrisch* anschaulich wird dies im Spezialfall $E = \mathbb{R}^n$ und $F = \mathbb{R}$: Hier ist der Graph von $f : \mathbb{R}^n \supset D_f \to \mathbb{R}$ eine Fläche in $\mathbb{R}^{n+1}$,

$$G(f) = \left\{(x, f(x)) : x \in D_f\right\} \subset \mathbb{R}^{n+1},$$

und der Graph der linearen Approximation $L_{x_0} = f(x_0) + \mathrm{D}f(x_0)(x - x_0)$ von $f$ in $x_0$ ist eine affine Hyperebene in $\mathbb{R}^{n+1}$ (d.h. ein affiner Untervektorraum $H = u + U$ mit $u \in \mathbb{R}^{n+1}$ und einem $n$-dimensionalen Untervektorraum $U$ von $\mathbb{R}^{n+1}$),

$$A_f(x_0) := \left\{\big(x,\ f(x_0) + \mathrm{D}f(x_0)(x - x_0)\big) : x \in D_f\right\} \subset \mathbb{R}^{n+1}.$$

Die *Tangentialhyperebene* $A_f(x_0)$ berührt den Graphen von $f$ im Punkt $(x_0, f(x_0))$. Speziell für $n = 1$ ist $A_f(x_0)$ die Tangente, für $n = 2$ die Tangentialebene in $(x_0, f(x_0))$ (Abb. 5.2).

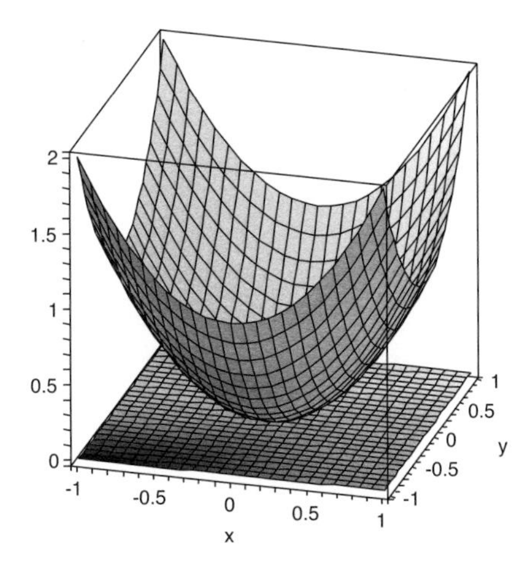


Abb. 5.2: Graph von $f(x, y) = x^2 + y^2$ mit Tangentialebene in $(x_0, y_0) = (0, 0)$

**Beispiele II.16**

**Lineare Abbildungen.** Als Erstes wollen wir die Differenzierbarkeit linearer Abbildungen $f: E \to F$ untersuchen:

(i) $f: \mathbb{R}^2 \to \mathbb{R}, f(x, y) = ax + by$ mit $a, b \in \mathbb{R}$:

Für $(x_0, y_0) \in \mathbb{R}^2$ lässt sich $f$ mit Hilfe der Multiplikation mit der $1 \times 2$-Matrix $(a\ b) \in \mathbb{R}^{1\times 2}$ schreiben als

$$\begin{aligned} f(x, y) &= ax_0 + by_0 + a(x - x_0) + b(y - y_0) \\ &= f(x_0, y_0) + (a\ b)\left(\begin{pmatrix} x \\ y \end{pmatrix} - \begin{pmatrix} x_0 \\ y_0 \end{pmatrix}\right). \end{aligned}$$

Also ist Satz II.12 (ii) erfüllt mit der stetigen linearen Abbildung

$$T_{(x_0,y_0)}: \mathbb{R}^2 \to \mathbb{R}, \quad T_{(x_0,y_0)}\begin{pmatrix} x \\ y \end{pmatrix} = (a\ b)\begin{pmatrix} x \\ y \end{pmatrix} = f(x, y)$$

und $r_{x_0} \equiv 0$. Die Ableitung $\mathrm{D}f\big((x_0, y_0)\big) = T_{(x_0,y_0)}$ von $f$ im Punkt $(x_0, y_0)$ hängt also nicht von $(x_0, y_0)$ ab und hat die Matrixdarstellung $(a\ b) \in \mathbb{R}^{1\times 2}$. Daher ist $f$ auf ganz $\mathbb{R}^2$ differenzierbar mit konstanter Ableitung

$$\mathrm{D}f: \mathbb{R}^2 \to L(\mathbb{R}^2, \mathbb{R}), \quad \begin{pmatrix} x_0 \\ y_0 \end{pmatrix} \mapsto (a\ b).$$

Der Graph der Funktion $f$ ist eine Ebene in $\mathbb{R}^3$. Deshalb ist die lineare Approximation in jedem Punkt $(x_0, y_0)$ die Funktion $f$ selbst.

(ii) $f: E \to F, f(x) = Ax$ mit $A \in L(E, F)$:

Für $x_0 \in E$ ist wegen der Linearität von $A$

$$f(x) = Ax_0 + A(x - x_0) = f(x_0) + A(x - x_0), \qquad x \in E.$$

Also ist $f$ nach Satz II.12 (ii) differenzierbar in jedem $x_0 \in E$ mit Ableitung

$$\mathrm{D}f(x_0) = A \in L(E, F),$$

d.h., die Ableitung $Df$ ist wieder unabhängig von $x_0$:

$$Df: E \to L(E, F), \quad x_0 \mapsto A.$$

Das Beispiel in (i) ist der Spezialfall $E = \mathbb{R}^2$, $F = \mathbb{R}$ und $A = (a, b)$.

Die Ableitung der obigen Funktionen waren leicht aus Satz II.12 (ii) zu bestimmen, da die Funktionen linear waren. Für nicht-lineare Funktionen brauchen wir weitere Hilfsmittel, um totale Ableitungen berechnen zu können.

## 6 Partielle Ableitungen

Manchmal interessiert man sich nur für die Änderung einer Funktion mehrerer Variablen in einer bestimmten Richtung oder bezüglich einer bestimmten Variablen. Dazu führt man den Begriff der Richtungsableitung ein.

Auch in diesem Abschnitt seien wieder $K = \mathbb{R}$ oder $\mathbb{C}$ und $(E, \|\cdot\|_E)$, $(F, \|\cdot\|_F)$ normierte Räume über $K$, z.B. $E = \mathbb{R}^n$, $F = \mathbb{R}^m$ mit $n, m \in \mathbb{N}$, jeweils mit der euklidischen Norm $\|\cdot\|$.

**Definition II.17** Es seien $D_f \subset E$ offen, $f: D_f \to F$ eine Funktion, $x_0 \in D_f$ und $v \in E \setminus \{0\}$. Existiert der Grenzwert

$$\lim_{\substack{t \in K \\ t \to 0}} \frac{f(x_0 + tv) - f(x_0)}{t} =: \frac{\partial f}{\partial v}(x_0)$$

so heißt dieser *Richtungsableitung von $f$ in $x_0$ in Richtung $v$*.

Am Beispiel einer Funktion $f: \mathbb{R}^2 \supset D_f \to \mathbb{R}$ kann man sich Richtungsableitungen gut veranschaulichen: Den Graphen von $f$ denkt man sich als die Oberfläche eines Gebirges über der Grundfläche $D_f$. Schneidet man durch dieses Gebirge mit einem großen Messer in Richtung des Vektors $v \in \mathbb{R}^2$, so entsteht im Schnitt der Graph einer Funktion über der Geraden, wo man geschnitten hat. Die Ableitungen dieser Funktion einer Variablen sind die Richtungsableitungen nach $v$. Genauer:

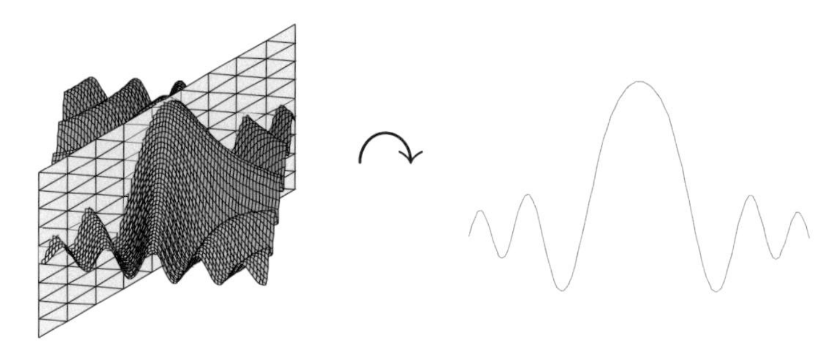

**Abb. 6.1:** Schnitt in Richtung $v = \binom{1}{1}$ durch den Graphen von $f(x, y) = \frac{\cos(xy)}{x^2+y^2+4}$

**Bemerkung.** Ist $D_f$ offen und $x_0 \in D_f$, so gibt es ein $\varepsilon > 0$ (Bemerkung I.4 (iii)) mit

$$x_0 + tv \in D_f, \quad t \in (-\varepsilon, \varepsilon).$$

Die Richtungsableitung von $f$ in Richtung $v$ existiert genau dann, wenn die nur von der Variablen $t$ abhängige Funktion

$$f_{x_0,v}: (-\varepsilon, \varepsilon) \to F, \quad f_{x_0,v}(t) := f(x_0 + tv),$$

in $t = 0$ differenzierbar ist (beachte $f_{x_0,v}(0) = f(x_0)$). Der Graph von $f_{x_0,v}$ entsteht, wenn man den Graphen von $f$ mit dem affinen Unterraum $\{(x_0+tv, y) \in E\times F : t \in K,\ y \in F\}$ schneidet (das ist die Schnittfläche des Messers!).

Satz II.18

*Es seien $D_f \subset E$ offen, $f: D_f \to F$ eine Funktion und $x_0 \in D_f$. Ist $f$ (total) differenzierbar in $x_0$, so existieren die Richtungsableitungen von $f$ in $x_0$ in alle Richtungen $v \in E \setminus \{0\}$, und es gilt*

$$\frac{\partial f}{\partial v}(x_0) = \mathrm{D}f(x_0)v.$$

*Beweis.* Es sei $x_0 \in D_f$ und $v \in E \setminus \{0\}$ beliebig gewählt. Für alle $t \in K$ mit $x_0 + tv \in D_f$ gilt nach Satz II.12 (ii) über die lineare Approximierbarkeit (mit $x = x_0 + tv$) und weil $\mathrm{D}f(x_0)$ linear ist:

$$\begin{aligned} f(x_0 + tv) &= f(x_0) + \mathrm{D}f(x_0)((x_0 + tv) - x_0) + r_{x_0}(x_0 + tv)\, \|(x_0 + tv) - x_0\| \\ &= f(x_0) + \mathrm{D}f(x_0)(tv) + r_{x_0}(x_0 + tv)\, \|tv\| \\ &= f(x_0) + t\, \mathrm{D}f(x_0)v + r_{x_0}(x_0 + tv)\, |t|\, \|v\|. \end{aligned}$$

Da $r_{x_0}$ stetig in $x_0$ ist mit $r_{x_0}(x_0) = 0$, folgt $\lim_{t\to 0} r_{x_0}(x_0 + tv) = 0$, also

$$\lim_{t\to 0} \frac{f(x_0 + tv) - f(x_0)}{t} = \lim_{t\to 0}\Big(\mathrm{D}f(x_0)v + r_{x_0}(x_0 + tv)\, \|v\|\Big) = \mathrm{D}f(x_0)v. \qquad \square$$

*Vorsicht*: Die Existenz sämtlicher Richtungsableitungen in $x_0$ impliziert *nicht* die totale Differenzierbarkeit in $x_0$, wie das folgende Beispiel zeigt; sie impliziert nicht einmal die Stetigkeit in $x_0$ (Aufgabe II.14).

Beispiel II.19

**Serviettenfalte.** $f: \mathbb{R}^2 \to \mathbb{R},\ f(x, y) := \begin{cases} \dfrac{x^2 y}{x^2 + y^2}, & (x, y) \neq (0, 0), \\ 0, & (x, y) = (0, 0). \end{cases}$

Die Funktion $f$ hat im Punkt $(0, 0)$ Richtungsableitungen in jede beliebige Richtung $v = (v_1, v_2) \in \mathbb{R}^2 \setminus \{0\}$, denn für $t \in \mathbb{R}$ ist

$$f\big(t(v_1, v_2)\big) = \frac{t^3 v_1^2 v_2}{t^2 v_1^2 + t^2 v_2^2} = t f(v_1, v_2),$$

also existiert der Grenzwert

$$\frac{\partial f}{\partial v}(0, 0) = \lim_{t\to 0} \frac{f\big(t(v_1, v_2)\big) - f(0, 0)}{t} = f(v_1, v_2).$$

Aber $f$ ist *nicht* total differenzierbar in $(0, 0)$, sonst wäre nach Satz II.18

$$\mathrm{D}f(0,0)(v_1, v_2) = f(v_1, v_2), \qquad v = (v_1, v_2) \in \mathbb{R}^2 \setminus \{0\};$$

insbesondere wäre $f$ eine lineare Abbildung, da $\mathrm{D}f(0,0)$ linear ist, ein Widerspruch.

Ein Blick auf den Graphen von $f$ (Abb. 6.2) bestätigt, dass es im Punkt $(0, 0)$ keine approximierende Tangentialebene geben kann.

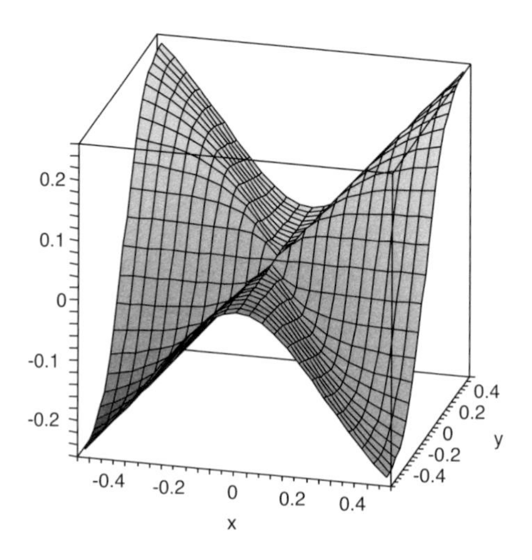


**Abb. 6.2:** Graph der „Serviettenfalte" (Beispiel II.19)

Für Funktionen auf $\mathbb{R}^n$ spielen die Richtungsableitungen in Richtung der Standardbasisvektoren $e_1, \ldots, e_n$ von $\mathbb{R}^n$ eine besondere Rolle. Sie heißen partielle Ableitungen:

**Definition II.20** Sind $D_f \subset \mathbb{R}^n$ offen, $F$ ein normierter Raum über $\mathbb{R}$, $f\colon D_f \to F$, $(x_1, \ldots, x_n) \mapsto f(x_1, \ldots, x_n)$, $i \in \{1, \ldots n\}$, $x_0 \in D_f$ und $k \in \mathbb{N}$, so heißt $f$

(i) *partiell nach der i-ten Variablen differenzierbar in* $x_0$, wenn der Limes

$$\lim_{t \to 0} \frac{f(x_0 + te_i) - f(x_0)}{t} =: \frac{\partial f}{\partial x_i}(x_0)$$

existiert; dieser heißt dann *partielle Ableitung von f in* $x_0$ *nach der i-ten Variablen*;

(ii) *partiell differenzierbar in* $x_0$, wenn $f$ partiell nach allen $n$ Variablen differenzierbar in $x_0$ ist; man nennt dann

$$\operatorname{grad} f(x_0) := \big(\nabla f\big)(x_0) := \begin{pmatrix} \dfrac{\partial f}{\partial x_1}(x_0) \\ \vdots \\ \dfrac{\partial f}{\partial x_n}(x_0) \end{pmatrix} \in F^n$$

*Gradient von f in* $x_0$ (wobei das Symbol $\nabla$ „Nabla" gesprochen wird);

(iii) *partiell differenzierbar* (in $D_f$), wenn $f$ in jedem $x \in D_f$ partiell differenzierbar ist;

(iv) *k-mal partiell differenzierbar in* $x_0$, wenn alle *partiellen Ableitungen von* $f$ *der Ordnung* $k$ *in* $x_0$ existieren, die rekursiv definiert sind durch

$$\frac{\partial^k f}{\partial x_{i_1} \partial x_{i_2} \dots \partial x_{i_k}}(x_0) := \frac{\partial}{\partial x_{i_1}} \Big( \frac{\partial^{k-1} f}{\partial x_{i_2} \dots \partial x_{i_k}} \Big)(x_0), \qquad i_1, \dots, i_k \in \{1, \dots, n\};$$

(v) *k-mal partiell differenzierbar* (in $D_f$), wenn $f$ in jedem $x \in D_f$ $k$-mal partiell differenzierbar ist;

(vi) *k-mal stetig partiell differenzierbar* in $D_f$, wenn alle $k$-ten partiellen Ableitungen von $f$ stetig sind.

**Bemerkung.** – Die partielle Ableitung von $f$ in $x_0$ nach der $i$-ten Variablen ist die Richtungsableitung von $f$ in Richtung des $i$-ten Einheitsvektors $e_i$:

$$\frac{\partial f}{\partial x_i}(x_0) = \frac{\partial f}{\partial e_i}(x_0), \qquad i = 1, \dots, n.$$

– $f$ ist genau dann partiell nach der $i$-ten Variablen $x_i$ differenzierbar, wenn bei festgehaltenen $x_1, \dots, x_{i-1}, x_{i+1}, \dots x_n$ die Funktion einer Variablen

$$\mathbb{R} \to F, \quad x_i \mapsto f(x_1, \dots, x_{i-1}, x_i, x_{i+1}, \dots x_n)$$

differenzierbar ist (im Sinne der Analysis I, [32, Definition VII.1]). Für jedes $\xi = (\xi_1, \dots, \xi_n) \in D_f$ ist

$$\frac{\partial f}{\partial x_i}(\xi) = \lim_{t \to 0} \frac{f(\xi_1, \dots, \xi_{i-1}, \xi_i + t, \xi_{i+1}, \dots, \xi_n) - f(\xi_1, \dots, \xi_n)}{t}.$$

– Andere Schreibweisen für partielle Ableitungen (in einem Punkt $x_0$) sind:

$$\frac{\partial}{\partial x_i} f(x_0), \quad \partial_{x_i} f(x_0), \quad \mathrm{D}_{x_i} f(x_0), \quad \partial_i f(x_0), \quad \mathrm{D}_i f(x_0) \quad \text{oder} \quad f_{x_i}(x_0);$$

manchmal werden zur Abgrenzung auch Klammern verwendet, z.B. $(\mathrm{D}f)(x_0)$.

– Für $\dfrac{\partial^k f}{\partial x_i \partial x_i \dots \partial x_i}(x_0)$ schreibt man auch kurz $\dfrac{\partial^k f}{\partial x_i^k}(x_0)$.

**Korollar II.21** Ist $f$ differenzierbar in $x_0$, so ist $f$ partiell differenzierbar in $x_0$.

*Beweis.* Die Behauptung folgt direkt aus Satz II.18, weil partielle Ableitungen spezielle Richtungsableitungen sind. □

Auch die Existenz sämtlicher partieller Ableitungen, wie schon bei den Richtungsableitungen, impliziert *nicht* die totale Differenzierbarkeit (Beispiel II.19).

**Beispiel II.22** $f(x,y) := xy^2 + x\ln y, x \in \mathbb{R},\ y \in (0,\infty)$:

Die partiellen Ableitungen von $f$ der Ordnung 1 sind:

$$\frac{\partial f}{\partial x}(x,y) = y^2 + \ln y, \qquad \frac{\partial f}{\partial y}(x,y) = 2xy + \frac{x}{y}.$$

Die partiellen Ableitungen von $f$ der Ordnung 2 sind:

$$\frac{\partial^2 f}{\partial x^2}(x,y) = 0, \qquad \frac{\partial^2 f}{\partial y \partial x}(x,y) = 2y + \frac{1}{y},$$

$$\frac{\partial^2 f}{\partial x \partial y}(x,y) = 2y + \frac{1}{y}, \qquad \frac{\partial^2 f}{\partial y^2}(x,y) = 2x - \frac{x}{y^2}.$$

Im Fall $E = \mathbb{R}^n$ kann die (totale) Ableitung einer differenzierbaren Funktion mit Hilfe der partiellen Ableitungen dargestellt werden; im Fall $F = \mathbb{R}^m$ oder $\mathbb{C}^m$ darf die (totale) Ableitung komponentenweise gebildet werden:

**Satz II.23** (i) *Es sei $D_f \subset \mathbb{R}^n$ offen, $F$ ein normierter Raum über $\mathbb{R}$, $f\colon D_f \to F$ eine Funktion und $x_0 \in D_f$. Ist $f$ in $x_0$ (total) differenzierbar, so gilt:*

$$\mathrm{D}f(x_0)y = \sum_{i=1}^{n} y_i \frac{\partial f}{\partial x_i}(x_0), \quad y = (y_i)_{i=1}^n \in \mathbb{R}^n. \tag{6.1}$$

(ii) *Es seien $E$ ein normierter Raum über $K$ mit $K = \mathbb{R}$ oder $\mathbb{C}$, $D_f \subset E$ offen und $f\colon D_f \to K^m$ eine Funktion, $f = (f_i)_{i=1}^m$ mit $f_i\colon D_f \to K$, $i = 1,\dots,m$. Für jedes $x_0 \in D_f$ gilt:*

$$f \text{ differenzierbar in } x_0 \iff f_1, \dots, f_m \text{ differenzierbar in } x_0;$$

*in diesem Fall ist*

$$\mathrm{D}f(x_0) = \big(\mathrm{D}f_i(x_0)\big)_{i=1}^m.$$

*Beweis.* (i) Da $\mathrm{D}f(x_0)$ linear ist, ist nach Satz II.18 für jedes $y = (y_i)_{i=1}^n = \sum_{i=1}^n y_i e_i \in \mathbb{R}^n$:

$$\mathrm{D}f(x_0)y = \sum_{i=1}^{n} y_i\, \mathrm{D}f(x_0)e_i = \sum_{i=1}^{n} y_i \frac{\partial f}{\partial e_i}(x_0) = \sum_{i=1}^{n} y_i \frac{\partial f}{\partial x_i}(x_0).$$

(ii) Nachdem auf $K^m$ alle Normen äquivalent sind, können wir z.B. die euklidische Norm wählen. Die Funktionen $f_1, \dots, f_m$ sind genau dann differenzierbar in $x_0$, wenn es lineare Abbildungen $T_{x_0,1}, \dots, T_{x_0,m} \in L(E,K)$ gibt, so dass

$$\lim_{x \to x_0} \frac{|f_i(x) - f_i(x_0) - T_{x_0,i}(x - x_0)|}{\|x - x_0\|} = 0, \qquad i = 1, \dots, m,$$

bzw.

$$\lim_{x \to x_0} \frac{\left(\sum_{i=1}^{m} |f_i(x) - f_i(x_0) - T_{x_0,i}(x - x_0)|^2\right)^{\frac{1}{2}}}{\|x - x_0\|} = 0$$

bzw.

$$\lim_{x \to x_0} \frac{\left\| f(x) - f(x_0) - \left(T_{x_0,i}(x - x_0)\right)_{i=1}^m \right\|}{\|x - x_0\|} = 0. \tag{6.2}$$

Die lineare Abbildung $T_{x_0}: E \to K^m$, $x \mapsto (T_{x_0,i}x)_{i=1}^m$, ist genau dann stetig, wenn alle Projektionen

$$\mathrm{pr}_j\, T_{x_0} = \mathrm{pr}_j(T_{x_0,i})_{i=1}^m := (T_{x_0,j}), \quad j = 1, \ldots, m,$$

stetig sind (Aufgabe I.12). Also ist (6.2) äquivalent zur Differenzierbarkeit von $f$ in $x_0$. Auf Grund der Eindeutigkeit der Ableitung (Korollar II.14) folgt

$$\mathrm{D}f(x_0) = T_{x_0} = (T_{x_0,i})_{i=1}^m = \left(\mathrm{D}f_i(x_0)\right)_{i=1}^m. \qquad \square$$

Im Spezialfall einer Funktion $f: \mathbb{R}^n \to \mathbb{R}$ ist der Gradient in einem Punkt $x_0$ ein Vektor in $\mathbb{R}^n$, der eine spezielle *geometrische* Eigenschaft hat.

Um diese Eigenschaft zu untersuchen, benutzen wir die Cauchy-Bunyakovsky-Schwarzsche Ungleichung ([32, Korollar VII.29]) zwischen dem euklidischen Skalarprodukt

$$\langle x, y \rangle := \sum_{i=1}^n x_i y_i, \quad (x_i)_{i=1}^n,\ (y_i)_{i=1}^n \in \mathbb{R}^n, \tag{6.3}$$

von $x$ und $y$ und ihren euklidischen Normen:

$$|\langle x, y \rangle| \leq \|x\|\, \|y\|.$$

Demnach gibt es ein $\alpha =: \sphericalangle(x, y) \in [0, \frac{\pi}{2}]$, das man als Winkel zwischen $x$ und $y$ bezeichnet, so dass ([10, S. 278, $(*')$]:

$$|\langle x, y \rangle| = \|x\|\, \|y\| \cos \sphericalangle(x, y); \tag{6.4}$$

insbesondere ist $x$ *orthogonal* zu $y$, $x \perp y$, wenn $\sphericalangle(x, y) = \frac{\pi}{2}$, d.h., wenn $\langle x, y \rangle = 0$.

**Korollar II.24**

Ist $D_f \subset \mathbb{R}^n$ offen, $f: D_f \to \mathbb{R}$ (total) differenzierbar und $v \in \mathbb{R}^n$ beliebig, dann gilt

$$\mathrm{D}f(x_0)v = \langle \mathrm{grad}\, f(x_0), v \rangle, \quad x_0 \in D_f;$$

ist $\mathrm{grad}\, f(x_0) \neq 0$, zeigt $\mathrm{grad}\, f(x_0)$ in Richtung des größten Anstiegs von $f$ in $x_0$.

*Beweis.* Die erste Behauptung folgt direkt aus (6.1) mit der Definition des Skalarprodukts $\langle \cdot, \cdot \rangle$ in (6.3). Mit Satz II.18 und (6.4) folgt weiter:

$$\left| \frac{\partial f}{\partial v}(x_0) \right| = |\mathrm{D}f(x_0)v| = |\langle \mathrm{grad}\, f(x_0), v \rangle| = \|\mathrm{grad}\, f(x_0)\|\, \|v\| \cos \alpha,$$

wobei $\alpha \in [0, \frac{\pi}{2}]$ der Winkel zwischen $\mathrm{grad}\, f(x_0)$ und $v$ ist. Für $\|v\| = 1$ wird $\left|\frac{\partial f}{\partial v}(x_0)\right|$ maximal genau dann, wenn $\cos \alpha = 1$ ist, d.h., wenn $\alpha = 0$. $\square$

**Definition II.25** Es seien $D_f \subset \mathbb{R}^n$ offen und $f = (f_i)_{i=1}^m : D_f \to \mathbb{R}^m$. Ist $f$ in $x_0 \in D_f$ partiell differenzierbar, so heißt die $m \times n$ Matrix

$$J_f(x_0) := \begin{pmatrix} \frac{\partial f_1}{\partial x_1}(x_0) & \dots & \frac{\partial f_1}{\partial x_n}(x_0) \\ \vdots & & \vdots \\ \frac{\partial f_m}{\partial x_1}(x_0) & \dots & \frac{\partial f_m}{\partial x_n}(x_0) \end{pmatrix} \in \mathbb{R}^{m\times n}$$

*Jacobi*[1]*-Matrix* oder *Funktionalmatrix von $f$ in $x_0$*.

**Korollar II.26** Es seien $D_f \subset \mathbb{R}^n$ offen, $f = (f_i)_{i=1}^m : D_f \to \mathbb{R}^m$. Ist $f$ in $x_0 \in D_f$ (total) differenzierbar, so sind $f_1, \dots, f_m$ in $x_0$ (total) differenzierbar in $x_0$, also insbesondere partiell differenzierbar in $x_0$, und es gilt:

$$\mathrm{D}f(x_0)v = J_f(x_0)v, \quad v \in \mathbb{R}^n; \tag{6.5}$$

d.h., die Jacobi-Matrix $J_f(x_0)$ ist die Matrixdarstellung der linearen Abbildung $\mathrm{D}f(x_0): \mathbb{R}^n \to \mathbb{R}^m$ bezüglich der Standardbasen in $\mathbb{R}^n$ und $\mathbb{R}^m$.

*Beweis.* Da eine lineare Abbildung von $\mathbb{R}^n$ nach $\mathbb{R}^m$ eindeutig durch die Bilder der Basisvektoren $e_1, \dots, e_n$ festgelegt ist ([10, Abschnitt 2.4.1]), müssen wir nur zeigen:

$$\mathrm{D}f(x_0)e_i = J_f(x_0)e_i, \quad i = 1, \dots, n.$$

Nach Satz II.23 (ii) und Satz II.18 gilt für $i = 1, \dots, n$:

$$\mathrm{D}f(x_0)e_i = \left(\mathrm{D}f_j(x_0)e_i\right)_{j=1}^m = \left(\frac{\partial f_j}{\partial x_i}(x_0)\right)_{j=1}^m = J_f(x_0)e_i. \qquad \square$$

Als erstes Beispiel berechnen wir die Jacobi-Matrix der sog. Polarkoordinatentransformation. Dazu lernen wir zuerst für komplexe Zahlen $z \in \mathbb{C}$ bzw. $(x, y) \in \mathbb{R}^2$ eine alternative Darstellung kennen, die sog. Polarkoordinatendarstellung.

**Satz II.27** *Für jedes $z \in \mathbb{C} \setminus \{0\}$ existieren eindeutige $r \in (0,\infty)$, $\varphi \in (-\pi, \pi]$ mit*

$$z = r\,\mathrm{e}^{\mathrm{i}\varphi};$$

*man nennt $(r, \varphi) \in (0,\infty) \times (-\pi, \pi]$ die* Polarkoordinaten *von $z$.*

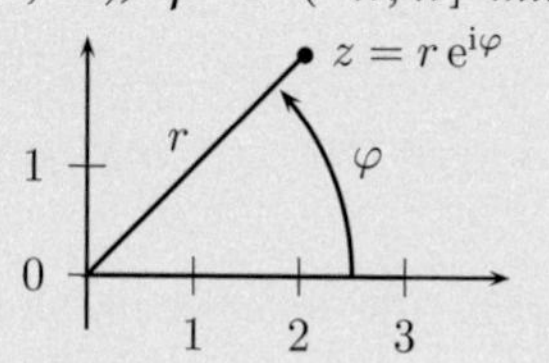


*Beweis.* Es sei $z \in \mathbb{C} \setminus \{0\}$. Wir setzen $r := |z|$. Dann ist $\left|\frac{z}{r}\right| = 1$, und für $(r, \varphi) \in (0,\infty) \times (-\pi, \pi]$ gilt:

$$z = r\,\mathrm{e}^{\mathrm{i}\varphi} \iff \frac{z}{r} = \cos(\varphi) + \mathrm{i}\sin(\varphi) \iff \cos(\varphi) = \operatorname{Re}\frac{z}{r}, \ \sin(\varphi) = \operatorname{Im}\frac{z}{r}.$$

[1] Carl Gustav Jacob Jacobi, ∗ 10. Dezember 1804 in Potsdam, † 18. Februar 1851 in Berlin, deutscher Mathematiker, der sich hautpsächlich mit elliptischen Funktionen und partiellen Differentialgleichungen beschäftigte.

Die Behauptung folgt dann mit

$$\varphi := \begin{cases} \arccos\left(\operatorname{Re}\frac{z}{r}\right) \in [0,\pi], & \operatorname{Im} z \geq 0, \\ -\arccos\left(\operatorname{Re}\frac{z}{r}\right) \in (-\pi, 0), & \operatorname{Im} z < 0. \end{cases}$$

Zu beachten ist dabei, dass für $\operatorname{Im} z < 0$ immer $|\operatorname{Re}\frac{z}{r}| \neq 1$, also $-\arccos\left(\operatorname{Re}\frac{z}{r}\right) \in (-\pi, 0)$, gilt und dass z.B. im Fall $\varphi \in [0,\pi]$ gilt:

$$\cos(\varphi) = \operatorname{Re}\frac{z}{r},$$

$$\sin(\varphi) = \sqrt{1-\cos^2(\varphi)} = \sqrt{\left|\frac{z}{r}\right|^2 - \left(\operatorname{Re}\frac{z}{r}\right)^2} = \sqrt{\left(\operatorname{Im}\frac{z}{r}\right)^2} = \operatorname{Im}\frac{z}{r}. \qquad \square$$

Korollar II.28

Für $z = r\,e^{i\varphi}$ gilt $z = x + iy$ mit $x = r\cos(\varphi)$, $y = r\sin(\varphi) \in \mathbb{R}$.

Beispiel II.29

**Polarkoordinatenabbildung.** Die Polarkoordinatenabbildung in $\mathbb{R}^2$,

$$\Psi_2\colon [0,\infty) \times (-\pi,\pi] \to \mathbb{R}^2, \quad \Psi_2(r,\varphi) = \big(r\cos(\varphi),\ r\sin(\varphi)\big),$$

hat auf auf der offenen Menge $D_{\Psi_2} = (0,\infty) \times (-\pi,\pi) \subset \mathbb{R}^2$ die Jacobi-Matrix

$$J_{\Psi_2}(r,\varphi) = \begin{pmatrix} \cos(\varphi) & -r\sin(\varphi) \\ \sin(\varphi) & r\cos(\varphi) \end{pmatrix}.$$

Für die totale Differenzierbarkeit einer Funktion $f$ in einem Punkt $x_0$ war die Existenz aller partiellen Ableitungen in $x_0$ nicht hinreichend. Wenn diese aber existieren und *zusätzlich* stetig in $x_0$ sind, folgt die totale Differenzierbarkeit:

Satz II.30

*Es seien $D_f \subset \mathbb{R}^n$ offen, $f\colon D_f \to \mathbb{R}^m$ und $x_0 \in D_f$. Ist $f$ partiell differenzierbar in $D_f$ und sind alle partiellen Ableitungen $\frac{\partial f}{\partial x_i}$, $i = 1, \ldots, n$, stetig in $x_0$, so ist $f$ (total) differenzierbar in $x_0$, und die Ableitung $\mathrm{D}f$ ist stetig in $x_0$.*

*Beweis.* Nach Satz II.23 (ii) und Aufgabe I.12 reicht es, den Fall $m = 1$ zu betrachten. Definiere

$$T_{x_0}h := \sum_{i=1}^{n} h_i \frac{\partial f}{\partial x_i}(x_0), \quad h = (h_i)_{i=1}^n \in \mathbb{R}^n.$$

Weil $\mathbb{R}^n$ endlichdimensional ist, ist $T_{x_0}$ stetig nach Satz II.10, also $T_{x_0} \in L(\mathbb{R}^n, \mathbb{R})$. Weil $D_f$ offen ist, gibt es ein $\varepsilon > 0$ mit $B_\varepsilon(x_0) \subset D_f$. Es ist noch zu zeigen, dass

$$\lim_{h\to 0} \frac{f(x_0+h) - f(x_0) - T_{x_0}h}{\|h\|} = 0. \tag{6.6}$$

Für $h = (h_i)_{i=1}^n \in \mathbb{R}^n$ mit $\|h\| < \varepsilon$ setze

$$x_0^i := x_0 + \sum_{j=1}^{i} h_j e_j, \quad i = 1, \ldots, n.$$

Dann gilt $x_0^i \in B_\varepsilon(x_0) \subset D_f$, $i = 1, \ldots, n$, und $x_0^i \to x_0$, $h \to 0$. Weiter ist

$$f(x_0 + h) - f(x_0) = f(x_0^n) - f(x_0) = \sum_{i=1}^{n} \big( f(x_0^i) - f(x_0^{i-1}) \big). \tag{6.7}$$

Weiter definieren wir die Hilfsfunktionen

$$g_i \colon [0, 1] \to \mathbb{R}, \quad g_i(t) = f(x_0^{i-1} + t\, h_i\, e_i), \quad i \in \{1, \ldots, n\}.$$

Da alle partiellen Ableitungen von $f$ existieren, sind sämtliche Funktionen $g_i$, $i = 1, \ldots, n$, auf $[0, 1]$ nach der Kettenregel aus Analysis I ([32, Satz VII.8]) differenzierbar mit Ableitung

$$g_i'(t) = h_i \frac{\partial f}{\partial x_i}(x_0^{i-1} + t\, h_i e_i), \quad t \in [0, 1].$$

Wegen $g_i(0) = f(x_0^{i-1})$ und $g_i(1) = f(x_0^{i-1} + h_i e_i) = f(x_0^i)$ gibt es nach dem Mittelwertsatz ([32, Satz VII.19]) angewendet auf $g_i$ ein $\xi_i \in (0, 1)$, so dass für $\eta_i := x_0^{i-1} + \xi_i h_i e_i$ gilt:

$$h_i \frac{\partial f}{\partial x_i}(\eta_i) = g_i'(\xi_i) = \frac{g_i(1) - g_i(0)}{1 - 0} = f(x_0^i) - f(x_0^{i-1}), \qquad i = 1, \ldots, n.$$

Damit und mit (6.7) folgt

$$f(x_0 + h) - f(x_0) = \sum_{i=1}^{n} h_i \frac{\partial f}{\partial x_i}(\eta_i) = T_{x_0} h + \sum_{i=1}^{n} h_i \left( \frac{\partial f}{\partial x_i}(\eta_i) - \frac{\partial f}{\partial x_i}(x_0) \right).$$

Mit der Dreiecksungleichung und der Cauchy-Bunyakovsky-Schwarzschen Ungleichung ([32, Korollar VII.29]) erhalten wir somit

$$\begin{aligned} \big\| f(x_0 + h) - f(x_0) - T_{x_0} h \big\| &\le \sum_{i=1}^{n} |h_i| \left| \frac{\partial f}{\partial x_i}(\eta_i) - \frac{\partial f}{\partial x_i}(x_0) \right| \\ &\le \|h\| \left( \sum_{i=1}^{n} \left| \frac{\partial f}{\partial x_i}(\eta_i) - \frac{\partial f}{\partial x_i}(x_0) \right|^2 \right)^{\frac{1}{2}}. \end{aligned} \tag{6.8}$$

Für $h \to 0$ gilt $x_0^i \to x_0$ und folglich auch $\eta_i \to x_0$, $i = 1, \ldots, n$. Da nach Voraussetzung alle partiellen Ableitungen $\frac{\partial f}{\partial x_i}$ in $x_0$ stetig sind, folgt

$$\frac{\partial f}{\partial x_i}(\eta_i) \longrightarrow \frac{\partial f}{\partial x_i}(x_0), \quad h \to 0,$$

und damit aus (6.8) die Behauptung (6.6). Nach Definition und Eindeutigkeit der Ableitung ist dann

$$\mathrm{D}f(x_0)h = T_{x_0} h = \sum_{i=1}^{n} h_i \frac{\partial f}{\partial x_i}(x_0), \quad h = (h_i)_{i=1}^n; \tag{6.9}$$

da nach Voraussetzung alle $\frac{\partial f}{\partial x_i}$ stetig in $x_0$ sind, ist auch $\mathrm{D}f$ stetig in $x_0$. □

**Bemerkung.** Satz II.30 kann auch für $f \colon \mathbb{R}^n \subset D_f \to F$ mit einem beliebigen normierten (nicht notwendig endlichdimensionalen) Raum $F$ bewiesen werden. Für den Beweis braucht man dann allerdings einen allgemeineren Mittelwertsatz für Funktionen mit Werten in $F$ (siehe den späteren Satz II.43).

Aus Satz II.23 und Satz II.30 erhält man folgendes wichtige Kriterium, um eine gegebene Funktion mit Hilfe der partiellen Ableitungen auf (totale stetige) Differenzierbarkeit zu prüfen:

**Korollar II.31**

Es seien $D_f \subset \mathbb{R}^n$ offen und $f: D_f \to \mathbb{R}^m$. Dann gilt:

$$f \text{ ist stetig differenzierbar in } D_f \iff f \text{ stetig partiell differenzierbar in } D_f.$$

**Beispiele**

(i) Polynome in $n$ Variablen

$$p: \mathbb{R}^n \to \mathbb{R}, \quad p(x_1, \dots, x_n) = \sum_{\substack{\alpha_j \in \{0,1,\dots,m_j\} \\ j=1,\dots,n}} a_{\alpha_1 \dots \alpha_n} x_1^{\alpha_1} \cdots x_n^{\alpha_n},$$

mit $m_j \in \mathbb{N}_0$ und $a_{\alpha_1 \dots \alpha_n} \in \mathbb{R}$ sind stetig differenzierbar in $\mathbb{R}^n$, weil sie stetig partiell differenzierbar in $\mathbb{R}^n$ sind.

(ii) Die Polarkoordinatenabbildung (Beispiel II.29) ist stetig differenzierbar, da die Einträge ihrer Jacobi-Matrix $J_{\Psi_2}$ (d.h. die partiellen Ableitungen) stetig sind.

## 7 Rechenregeln

In diesem Abschnitt beweisen wir Rechenregeln für Ableitungen von Funktionen mehrerer Variablen, analog zu den Regeln für Funktionen einer Variablen ([32, Sätze VII.6 und VII.8]).

Es sei dabei im Folgenden wieder $K = \mathbb{R}$ oder $\mathbb{C}$, und $E$, $F$, $G$ seien normierte Räume über $K$.

**Satz II.32**

**Linearität.** *Es seien $D \subset E$ offen, $f, g: D \to F$, $x_0 \in D$ und $\alpha, \beta \in K = \mathbb{R}$ oder $\mathbb{C}$. Sind $f$ und $g$ differenzierbar in $x_0$, so auch $\alpha f + \beta g$, und es gilt:*

$$\mathrm{D}(\alpha f + \beta g)(x_0) = \alpha \, \mathrm{D}f(x_0) + \beta \, \mathrm{D}g(x_0).$$

*Beweis.* Da $f$ und $g$ differenzierbar in $x_0$ sind, existieren nach Satz II.12 in $x_0$ stetige Funktionen $r_{x_0}, s_{x_0}: D \to F$, $r_{x_0}(x_0) = s_{x_0}(x_0) = 0$, mit

$$f(x) = f(x_0) + \mathrm{D}f(x_0)(x - x_0) + r_{x_0}(x)\, \|x - x_0\|, \quad x \in D,$$
$$g(x) = g(x_0) + \mathrm{D}g(x_0)(x - x_0) + s_{x_0}(x)\, \|x - x_0\|, \quad x \in D.$$

Damit folgt für alle $x \in D$:

$$(\alpha f + \beta g)(x) = (\alpha f + \beta g)(x_0) + \big(\alpha \, \mathrm{D}f(x_0) + \beta \, \mathrm{D}g(x_0)\big)(x - x_0) + t_{x_0}(x)\|x - x_0\|,$$

wobei $t_{x_0}: D \to F$, $t_{x_0}(x) := \alpha\, r_{x_0}(x) + \beta\, s_{x_0}(x)$. Weil dann $t_{x_0}$ in $x_0$ stetig ist mit $t_{x_0}(x_0) = 0$, folgt die Behauptung aus Satz II.12. □

**Korollar II.33** Es sei $X \subset E$ offen. Dann ist der Raum

$$C^1(X, F) := \{f: X \to F: f \text{ stetig differenzierbar}\}$$

ein Untervektorraum von $C(X, F) = \{f: X \to F: f \text{ stetig}\}$, und die Ableitung

$$\mathrm{D}: C^1(X, F) \to L(E, F), \quad f \mapsto \mathrm{D}f,$$

ist eine lineare Abbildung.

**Satz II.34** **Kettenregel.** *Es seien $D_f \subset E$, $D_g \subset F$ offen und $f: D_f \to F$, $g: D_g \to G$ Funktionen mit $f(D_f) \subset D_g$ sowie $x_0 \in D_f$. Ist $f$ differenzierbar in $x_0$ und ist $g$ differenzierbar in $f(x_0)$, so ist $g \circ f$ differenzierbar in $x_0$ mit*

$$\underbrace{\mathrm{D}(g \circ f)(x_0)}_{\in L(E,G)} = \underbrace{\mathrm{D}g(f(x_0))}_{\in L(F,G)}\, \underbrace{\mathrm{D}f(x_0)}_{\in L(E,F)}.$$

*Beweis.* Nach Satz II.12 existieren Funktionen $r_{x_0}: D_f \to F$, stetig in $x_0$, sowie $s_{f(x_0)}: D_g \to G$, stetig in $f(x_0)$, mit $r_{x_0}(x_0) = 0$, $s_{f(x_0)}(f(x_0)) = 0$ und

$$f(x) = f(x_0) + \mathrm{D}f(x_0)(x - x_0) + r_{x_0}(x)\|x - x_0\|, \qquad x \in D_f,$$
$$g(y) = g(f(x_0)) + \mathrm{D}g(f(x_0))(y - f(x_0)) + s_{f(x_0)}(y)\|y - f(x_0)\|, \qquad y \in D_g.$$

Der weitere Beweis verläuft völlig analog zum Beweis der Kettenregel für Funktionen mit Definitionsbereich in $\mathbb{R}$ ([32, Satz VII.8]). Dabei beachte man, dass $\mathrm{D}g(f(x_0))\mathrm{D}f(x_0) \in L(E, G)$ nach Proposition II.7 gilt. □

**Korollar II.35** Im Fall $E = \mathbb{R}^n$, $F = \mathbb{R}^m$ und $G = \mathbb{R}^k$ gilt für die Jacobi-Matrizen von $f$, $g$ und $g \circ f$:

$$J_{g\circ f}(x_0) = J_g(f(x_0)) \cdot J_f(x_0).$$

*Beweis.* Die Behauptung folgt direkt aus Satz II.34 und Korollar II.26. □

**Satz II.36** **Produktregel.** *Es seien $D \subset E$ offen, $f, g: D \to K = \mathbb{R}$ oder $\mathbb{C}$ Funktionen und $x_0 \in D$. Sind $f$ und $g$ differenzierbar in $x_0$, dann ist auch ihr Produkt $f \cdot g$ differenzierbar in $x_0$, und es gilt*

$$\mathrm{D}(f \cdot g)(x_0) = f(x_0)\mathrm{D}g(x_0) + g(x_0)\mathrm{D}f(x_0).$$

*Beweis.* Definiert man die beiden Abbildungen

$$h: D \to K^2, \quad h(x) = \big(f(x), g(x)\big), \qquad x \in D,$$
$$m: K^2 \to K, \quad m(y_1, y_2) = y_1 y_2, \qquad (y_1, y_2) \in K^2,$$

so gilt $f \cdot g = m \circ h$, denn $(f \cdot g)(x) = f(x)g(x) = m\big(f(x), g(x)\big), x \in D$. Nach Satz II.23 sind $h$ und $m$ differenzierbar mit

$$\begin{aligned} Dh(x) &= \big(Df(x), Dg(x)\big)^{t}, && x \in D, \\ Dm(y_1, y_2) &= \operatorname{grad} m(y_1, y_2) = \big(y_2 \; y_1\big), && (y_1, y_2) \in K^2. \end{aligned}$$

Also ist nach der Kettenregel (Satz II.34) auch $f \cdot g$ differenzierbar mit

$$\begin{aligned} D(f \cdot g)(x_0) &= D\, m(h(x_0))\, Dh(x_0) = \big(g(x_0)\; f(x_0)\big) \begin{pmatrix} Df(x_0) \\ Dg(x_0) \end{pmatrix} \\ &= g(x_0) Df(x_0) + f(x_0) Dg(x_0). \end{aligned}$$

□

**Korollar II.37** Im Fall $E = \mathbb{R}^n$ gilt für differenzierbare $f, g$ in ihrem Definitionsbereich $D$:

$$\operatorname{grad}(f \cdot g) = f \operatorname{grad} g + g \operatorname{grad} f.$$

*Beweis.* Die Behauptung folgt aus Satz II.36, denn z.B. ist $J_{f \cdot g}(x) = \operatorname{grad}(f \cdot g)(x) \in \mathbb{R}^{1 \times n}$ die Matrixdarstellung von $D(f \cdot g)(x)$. □

**Satz II.38** **Quotientenregel.** *Es seien $D_f \subset E$ offen, $f: D_f \to K = \mathbb{R}$ oder $\mathbb{C}$ und $x_0 \in D_f$. Ist $f$ differenzierbar in $x_0$ und $f(x_0) \neq 0$, so ist der Quotient $\frac{1}{f}$ in einer Umgebung von $x_0$ definiert und differenzierbar in $x_0$ mit*

$$D\Big(\frac{1}{f}\Big)(x_0) = -\frac{1}{f(x_0)^2} Df(x_0).$$

*Beweis.* Eine gute Übung und Erinnerung an die Quotientenregel für Funktionen einer reellen Variablen ([32, Satz VII.6 iii]). □

Kurven sind Funktionen einer reellen Variablen mit Werten in $\mathbb{R}^m$. Als Beispiel für die Kettenregel betrachten wir Parametertransformationen für Kurven in $\mathbb{R}^m$.

**Definition II.39** Es sei $I \subset \mathbb{R}$ ein Intervall. Eine stetige Abbildung $f: I \to \mathbb{R}^m$ heißt *Kurve* in $\mathbb{R}^m$, und $\operatorname{Sp}(f) := f(I)$ heißt *Spur* von $f$.

**Bemerkung.** Stetigkeit und Differenzierbarkeit einer Kurve $f = (f_i)_{i=1}^m : I \to \mathbb{R}^m$ sind nach Aufgabe I.12 und Satz II.23 dasselbe wie komponentenweise Stetigkeit und Differenzierbarkeit; insbesondere gilt für differenzierbare Kurven $f$:

$$f'(t) = \big(f_i'(t)\big)_{i=1}^m, \quad t \in I.$$

*Geometrisch* ist $f'(t)$ der Tangentialvektor von $f$ in $t$. *Physikalisch* ist $f'(t)$ der Geschwindigkeitsvektor der durch $f$ beschriebenen Bewegung zur Zeit $t$, und $\|f'(t)\|$ ist der Betrag der Geschwindigkeit.

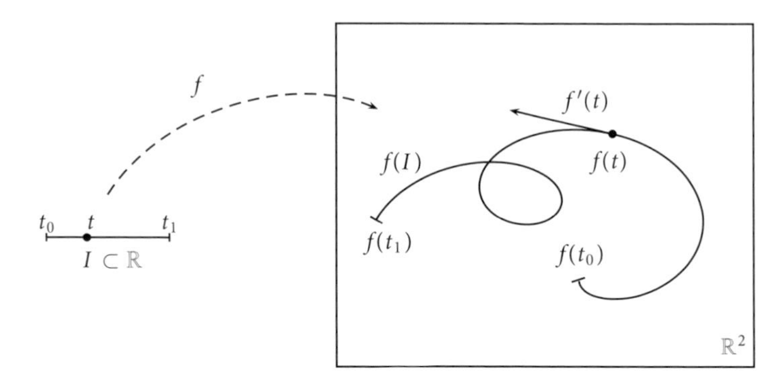


Abb. 7.1: Eine Kurve in $\mathbb{R}^2$ mit Tangentialvektor in $t \in I$

**Beispiele**

– Ist $g: I \to \mathbb{R}$ stetig, so ist der Graph von $g$ die Spur der Kurve

$$f: I \to \mathbb{R}^2, \quad f(t) = \big(t, g(t)\big).$$

– Kreislinie in $\mathbb{R}^2$ mit Radius $r > 0$:

$$f: [0, 2\pi] \to \mathbb{R}^2, \quad f(t) = \big(r\cos(t),\ r\sin(t)\big).$$

– Schraubenlinie in $\mathbb{R}^3$ mit $r > 0, c \in \mathbb{R} \setminus \{0\}$:

$$f: \mathbb{R} \to \mathbb{R}^3, \quad f(t) = \big(r\cos(t),\ r\sin(t),\ c\,t\big).$$

**Definition II.40** Es seien $I \subset \mathbb{R}$ ein Intervall und $f: I \to \mathbb{R}^m$ eine stetig differenzierbare Kurve. Dann heißt

(i) $f$ *regulär* $:\Longleftrightarrow\ \forall\, t \in I: f'(t) \neq 0$;

(ii) $t_0 \in I$ *singulärer Punkt* von $f$ $:\Longleftrightarrow\ f'(t_0) = 0$;

(iii) $L(f) := \displaystyle\int_I \|f'(t)\|\ \mathrm{d}t$ *Bogenlänge* von $f$,

wobei $\|\cdot\|$ die euklidische Norm auf $\mathbb{R}^m$ ist.

**Beispiel** **Kreisbogenlänge.** Die Einheitskreislinie ist die Spur der Kurve

$$f: [0, 2\pi] \to \mathbb{R}^2, \quad f(t) = \big(\cos(t),\ \sin(t)\big),$$

mit Ableitung $f'(t) = (-\sin(t),\ \cos(t))$, $t \in [0, 2\pi]$. Die Länge des Kreisbogens mit Winkel $\varphi$ ist also gleich

$$L(f|_{[0,\varphi]}) = \int_0^{\varphi} \|f'(t)\|\ \mathrm{d}t = \int_0^{\varphi} \underbrace{\sqrt{\sin^2(t) + \cos^2(t)}}_{=1}\ \mathrm{d}t = \varphi;$$

speziell ist der Umfang des Einheitskreises $L(f) = 2\pi$.

**Definition II.41** Es seien $I, \widetilde{I} \subset \mathbb{R}$ Intervalle, $\varphi: \widetilde{I} \to I$ bijektiv und stetig sowie $f: I \to \mathbb{R}^m$ eine Kurve. Dann sagt man, dass die Kurve

$$g: \widetilde{I} \to \mathbb{R}^m, \quad g := f \circ \varphi$$

*aus $f$ durch die Parametertransformation $\varphi$ hervorgeht* (man beachte, dass $g$ dieselbe Spur wie $f$ hat). Sind $\varphi$ und $\varphi^{-1}$ stetig differenzierbar, so heißt $\varphi$ eine *$C^1$-Parametertransformation.*

**Satz II.42** *Es seien $I, \widetilde{I} \subset \mathbb{R}$ Intervalle, $\varphi: \widetilde{I} \to I$ eine $C^1$-Parametertransformation sowie $f: I \to \mathbb{R}^m$ eine stetig differenzierbare Kurve. Dann ist die transformierte Kurve $g$ stetig differenzierbar mit*

$$g'(\tau) = f'(\varphi(\tau)) \cdot \varphi'(\tau), \quad \tau \in \widetilde{I}, \tag{7.1}$$

*und es gilt $L(g) = L(f)$.*

*Beweis.* Formel (7.1) folgt direkt aus der Kettenregel (Satz II.34), und die Gleichheit der Bogenlängen folgt aus (7.1) mit Substitution für Funktionen einer Variablen ([32, Satz VIII.23]). □

# 8 Mittelwertsatz und Satz von Taylor

Als Nächstes wollen wir den Mittelwertsatz und den Satz von Taylor von Funktionen einer reellen Variablen auf Funktionen mehrerer Variablen verallgemeinern.

Der Mittelwertsatz für Funktionen $f: (a, b) \to \mathbb{R}$ einer reellen Variablen mit Werten in $\mathbb{R}$ besagt ([32, Satz VII.19]): Ist $f$ stetig auf $[a, b]$ und differenzierbar auf $(a, b)$, so gibt es zu $x, y \in (a, b), x < y$, ein $\xi \in (x, y)$ mit

$$\frac{f(y) - f(x)}{y - x} = f'(\xi).$$

Bereits für vektorwertige Funktionen $f: (a, b) \to \mathbb{R}^m$ mit $m > 1$ (also auch für komplexwertige!) gilt keine analoge Aussage mehr ([1, Abschnitt IV.2] und Aufgabe II.17), sondern nur noch eine Abschätzung. Diese lässt sich dann allgemeiner auch für Funktionen mehrerer Variablen zeigen:

**Satz II.43** **Allgemeiner Mittelwertsatz.** *Sind $K = \mathbb{R}$ oder $\mathbb{C}$, $E$, $F$ normierte Räume über $K$, $D_f \subset E$ offen und $f: D_f \to F$ differenzierbar, dann gilt für beliebige $x, y \in D_f$ mit $S_{xy} := \{x + t(y - x): t \in [0, 1]\} \subset D_f$:*

$$\|f(y) - f(x)\| \le \Big( \sup_{t \in [0,1]} \big\| Df\big(x + t(y - x)\big)\big\| \Big) \|y - x\|. \tag{8.1}$$

*Beweis.* Da nach Voraussetzung $S_{xy} \subset D_f$ gilt, ist die Abbildung

$$g\colon [0,1] \to F, \qquad g(t) = f\big(x + t(y-x)\big),$$

wohldefiniert mit $g(0) = f(x)$, $g(1) = f(y)$. Nach der Kettenregel aus Analysis I ([32, Satz VII.8]) ist $g$ differenzierbar mit Ableitung

$$g'(t) = \underbrace{\mathrm{D}f\big(x + t(y-x)\big)}_{\in L(E,F)} \underbrace{(y-x)}_{\in E} \in F, \quad t \in [0,1]. \tag{8.2}$$

Setze

$$M_{xy} := \Big( \sup_{t\in[0,1]} \big\| \mathrm{D}f\big(x + t(y-x)\big) \big\| \Big) \|y - x\|.$$

Die Abschätzung (8.1) ist gezeigt, wenn wir bewiesen haben:

$$\forall\, \varepsilon > 0\colon \ \|g(1) - g(0)\| \le M_{xy} + \varepsilon.$$

Dazu sei $\varepsilon > 0$ beliebig vorgegeben. Wir definieren

$$A := \big\{ \tau \in [0,1]\colon \|g(t) - g(0)\| \le t(M_{xy} + \varepsilon),\ t \in [0,\tau] \big\} \subset [0,1]$$

und müssen $1 \in A$ zeigen. Zuerst beweisen wir, dass $A$ ein abgeschlossenes Intervall der Form $[0, \tau_0]$ mit $\tau_0 \ge 0$ ist.

- $0 \in A$ ist klar.
- $A$ ist ein Intervall, denn $\tau_0 \in A$ impliziert $\tau \in A$ für alle $\tau \le \tau_0$.
- $A$ ist abgeschlossen, denn ist $[0, \tau_0) \subset A$, dann gibt es eine Folge $(\tau_n)_{n\in\mathbb{N}} \subset [0, \tau_0)$ mit $\tau_n \to \tau_0$, $n \to \infty$. Da $\tau_n \in A$, $n \in \mathbb{N}$, gilt

  $$\|g(\tau_n) - g(0)\| \le \tau_n(M_{xy} + \varepsilon), \quad n \in \mathbb{N}.$$

  Weil sowohl $g$ als auch $\|\cdot\|$ stetig sind, folgt durch Übergang zum Grenzwert:

  $$\|g(\tau_0) - g(0)\| \le \tau_0(M_{xy} + \varepsilon),$$

  also $\tau_0 \in A$.

Jetzt ist noch zu zeigen, dass $\tau_0 := \max A = 1$. Angenommen, $\tau_0 < 1$. Da $g$ differenzierbar in $\tau_0$ ist, existiert ein $\delta > 0$ mit $[\tau_0, \tau_0 + \delta] \subset [0,1]$, so dass

$$\frac{\|g(t) - g(\tau_0) - g'(\tau_0)(t - \tau_0)\|}{t - \tau_0} < \varepsilon, \quad t \in [\tau_0, \tau_0 + \delta]. \tag{8.3}$$

Nach (8.2) und der Definition von $M_{xy}$ gilt:

$$\|g'(\tau_0)\| \le \big\|\mathrm{D}f\big(x + \tau_0(y-x)\big)\big\|\, \|y - x\| \le M_{xy}.$$

Mit der Dreiecksungleichung folgt aus (8.3) für $t \in [\tau_0, \tau_0 + \delta]$:

$$\|g(t) - g(\tau_0)\| < \|g'(\tau_0)\|\,(t - \tau_0) + \varepsilon(t - \tau_0) \le (M_{xy} + \varepsilon)(t - \tau_0)$$

und weiter

$$\begin{aligned} \|g(t) - g(0)\| &\le \|g(t) - g(\tau_0)\| + \overbrace{\|g(\tau_0) - g(0)\|}^{\le \tau_0(M_{xy}+\varepsilon),\ \text{da } \tau_0 \in A} \\ &< (M_{xy} + \varepsilon)(t - \tau_0) + \tau_0(M_{xy} + \varepsilon) \\ &= t(M_{xy} + \varepsilon). \end{aligned}$$

Also folgt $\tau_0 + \delta \in A$ im Widerspruch zur Annahme $\tau_0 = \max A$. □

Bemerkung II.44

Ist $f: E \supset D_f \to F$ differenzierbar, so folgt aus dem allgemeinen Mittelwertsatz sofort:

(i) $D_f$ konvex, $\mathrm{D}f: D_f \to L(E,F)$ beschränkt $\Longrightarrow$ $f$ Lipschitz-stetig;

(ii) $D_f$ zusammenhängend, $\mathrm{D}f \equiv 0 \Longrightarrow f$ konstant auf $D_f$;

der Spezialfall $f: [a,b] \to \mathbb{R}$ von (ii) ist [32, Korollar VII.20].

Für stetig differenzierbare Funktionen kann die Abschätzung (8.1) im allgemeinen Mittelwertsatz zu einer Gleichheit in Integralform gemacht werden:

Korollar II.45

**Mittelwertsatz in Integralform.** Ist $f: E \supset D_f \to K$ sogar stetig differenzierbar, so gilt für $x, y \in D_f$ mit $S_{xy} = \{x + t(y-x) : t \in [0,1]\} \subset D_f$:

$$f(y) - f(x) = \int_0^1 \mathrm{D}f\big(x + t(y-x)\big)(y-x)\,\mathrm{d}t.$$

*Beweis.* Die Funktion $g$ aus dem Beweis von Satz II.43 ist dann auch stetig differenzierbar; darauf wendet man den Fundamentalsatz der Differential- und Integralrechnung ([32, Satz VIII.21]) komponentenweise an. □

Bemerkung II.46

Korollar II.45 gilt auch für $f: E \supset D_f \to F$ mit Werten in einem normierten Raum $F$, wenn man das Riemann-Integral für solche Funktionen einführt ([2, Abschnitt VI.3]).

## Höhere Ableitungen

Es seien wieder $K = \mathbb{R}$ oder $\mathbb{C}$, $E$, $F$ normierte Räume über $K$ und $D_f \subset E$ offen.

Ist eine Funktion $f: D_f \to F$ einmal differenzierbar, so ist die erste Ableitung von $f$ eine Funktion $\mathrm{D}f: D_f \to L(E,F)$, also

$$\mathrm{D}f(x) \in L(E,F), \quad x \in D_f.$$

Ist $f: D_f \to F$ zweimal differenzierbar, so ist die Ableitung der Funktion $Df$, d.h. die zweite Ableitung von $f$, eine Funktion $\mathrm{D}^2 f = \mathrm{D}(\mathrm{D}f): D_f \to L(E, L(E,F))$, also

$$\mathrm{D}^2 f(x) \in L(E, L(E,F)), \quad x \in D_f.$$

Ist allgemein $f: D_f \to F$ $k$-mal differenzierbar, so ist die Ableitung der Funktion $D^{k-1}f$, d.h. die $k$-te Ableitung von $f$, eine Funktion $\mathrm{D}^k f = \mathrm{D}(\mathrm{D}\ldots(\mathrm{D}f)\ldots): D_f \to L(E, L(E, L(\ldots, L(E,F)\ldots)$, also

$$\mathrm{D}^k f(x) \in L(E, L(E, L(\ldots, L(E,F)\ldots), \quad x \in D_f.$$

Die Räume, zu denen die höheren (totalen) Ableitungen gehören, werden also scheinbar immer komplexer! Tatsächlich sind diese aber isomorph zu einfacher strukturierten Räumen:

**Definition II.47** Es seien $K = \mathbb{R}$ oder $\mathbb{C}$ und $E_1, \ldots, E_k$, $F$ normierte Räume über $K$. Eine Abbildung $\varphi\colon E_1 \times \cdots \times E_k \to F$ heißt *multilinear*, wenn für jedes $i \in \{1, \ldots k\}$ und alle $x_j \in E_j, j \neq i$, die Abbildung

$$\varphi(x_1, \ldots, x_{i-1}, \underset{\substack{\uparrow \\ i\text{-te Komp.}}}{\cdot}, x_{i+1}, \ldots, x_k)\colon E_i \to F$$

linear ist. Im Fall $k = 2$ nennt man $\varphi$ auch *bilinear*. Eine multilineare Abbildung heißt *symmetrisch*, wenn für jede Permutation $\sigma$ von $\{1, \ldots, k\}$ gilt:

$$\varphi(x_{\sigma(1)}, \ldots x_{\sigma(k)}) = \varphi(x_1, \ldots x_k),$$

und sie heißt *beschränkt*

$$:\Longleftrightarrow \quad \exists\, C > 0\ \forall\, x_i \in E_i,\ i = 1, \ldots, k\colon \|\varphi(x_1, \ldots, x_k)\| \leq C\, \|x_1\| \cdots \|x_k\|.$$

**Beispiel** Das euklidische Skalarprodukt $\langle \cdot\,, \cdot \rangle$ in (6.3) ist eine symmetrische bilineare Abbildung $\mathbb{R}^n \times \mathbb{R}^n \to \mathbb{R}$.

**Bemerkung.** – Der lineare Raum $E_1 \times \cdots \times E_k$ ist mit

$$\big\|(x_1, \ldots, x_n)\big\| := \max\big\{\|x_1\|, \ldots, \|x_k\|\big\}, \quad (x_1, \ldots, x_n) \in E_1 \times \cdots \times E_k,$$

ein normierter Raum. Damit sind auch für multilineare Abbildungen Stetigkeit und Differenzierbarkeit definiert.

– Für multilineare Abbildungen gilt eine analoge Charakterisierung der Stetigkeit wie bei linearen Abbildungen (vgl. Satz II.3, überlegen Sie sich warum!).

– Der Raum der stetigen multilinearen Abbildungen $E_1 \times \cdots \times E_k \to F$ wird mit $L(E_1, \ldots, E_k;\, F)$ bezeichnet.

**Proposition II.48** *Die Räume $L(E_1, E_2, \ldots, E_k;\, F)$ und $L(E_1, L(E_2, \ldots, L(E_k, F)\ldots)$ sind topologisch isomorph (sogar isometrisch).*

*Beweis.* Es reicht, $k = 2$ zu betrachten; für $k > 2$ folgt die Behauptung dann durch Induktion. Zu $T \in L(E_1, L(E_2, F))$ definiere die multilineare Abbildung

$$\varphi_T\colon E_1 \times E_2 \to F, \quad \varphi(x_1, x_2) := (Tx_1)x_2.$$

Umgekehrt definiere zu $\varphi \in L(E_1, E_2; F)$ die lineare Abbildung

$$T_\varphi\colon E_1 \to L(E_2, F), \quad T_\varphi(x_1) := \varphi(x_1, \cdot\,) \in L(E_2, F).$$

Die gesuchte Isomorphie ist damit gegeben durch die Abbildungen

$$\Phi_1\colon L(E_1, L(E_2, F)) \to L(E_1, E_2; F), \quad T \mapsto \varphi_T,$$

$$\Phi_2\colon L(E_1, E_2; F) \to L(E_1, L(E_2, F)), \quad \varphi \mapsto T_\varphi,$$

die linear, stetig und zueinander invers sind (überlegen Sie sich, warum!). □

**Definition II.49** Sind $E$, $F$ normierte Räume, $X \subset E$ offen und $k \in \mathbb{N}$, so setze

$$C^k(X, F) := \{f: X \to F: f \text{ ist } k\text{-mal stetig differenzierbar}\}.$$

**Bemerkung II.50**

(i) Die zweite Ableitung $D^2f(x)$ einer zweimal differenzierbaren Funktion $f: E \supset D_f \to F$ kann als bilineare Abbildung $D^2f(x): E \times E \to F$ aufgefasst werden vermöge

$$D^2f(x)(h, k) = \big(D^2f(x)h\big)k, \quad h, k \in E.$$

(ii) Im Spezialfall $D_f \subset \mathbb{R}^n$ folgt mit Satz II.18 für $x \in D_f$:

$$D^2f(x)(e_i, e_j) = \frac{\partial}{\partial x_i}\left(\frac{\partial f}{\partial x_j}\right)(x), \quad i, j = 1, \ldots, n.$$

Eine wichtige Eigenschaft einer zweimal *stetig* differenzierbaren Funktion $f: \mathbb{R}^n \supset D_f \to \mathbb{R}^m$ ist, dass ihre partiellen Ableitungen zweiter Ordnung vertauschen (dies hatten wir, ohne es zu wissen, schon in Beispiel II.22 verifiziert).

**Satz II.51** **von Schwarz.** *Es sei $D_f \subset \mathbb{R}^n$ offen. Dann gilt für $f \in C^2(D_f, \mathbb{R}^m)$:*

$$\frac{\partial}{\partial x_i}\frac{\partial f}{\partial x_j} = \frac{\partial}{\partial x_j}\frac{\partial f}{\partial x_i}, \quad i, j = 1, \ldots, n. \tag{8.4}$$

*Vorsicht:* Der Satz von Schwarz gilt nicht, wenn die zweite Ableitung von $f$ zwar existiert, aber nicht stetig ist (siehe Aufgabe II.18).

*Beweis.* Nach Satz II.23 (ii) genügt es, den Fall $m = 1$ zu betrachten; weiter kann ohne Einschränkung $n = 2$ angenommen werden. Es sei also $f: \mathbb{R}^2 \supset D_f \to \mathbb{R}$, und $x, y$ seien die Variablen in $\mathbb{R}^2$. Dann ist zu zeigen:

$$f_{xy} := \frac{\partial}{\partial y}\frac{\partial f}{\partial x} = \frac{\partial}{\partial x}\frac{\partial f}{\partial y} =: f_{yx}.$$

Dazu sei $(x_0, y_0) \in D_f$ beliebig. Da $D_f$ offen ist, existiert ein $t > 0$ so, dass gilt

$$[x_0, x_0 + t] \times [y_0, y_0 + t] \subset D_f:$$

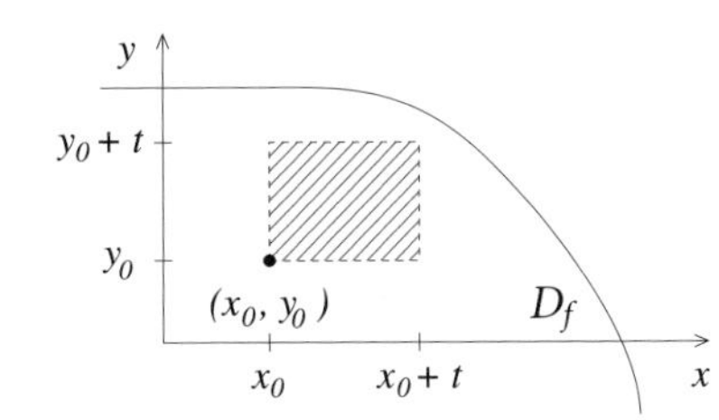


Definiere

$$g_1(x) := f(x, y_0 + t) - f(x, y_0), \quad x \in [x_0, x_0 + t],$$
$$g_2(y) := f(x_0 + t, y) - f(x_0, y), \quad y \in [y_0, y_0 + t].$$

Damit ist

$$h(t) := f(x_0+t, y_0+t) - f(x_0+t, y_0) - f(x_0, y_0+t) + f(x_0, y_0)$$
$$= g_1(x_0+t) - g_1(x_0) \qquad (8.5)$$
$$= g_2(y_0+t) - g_2(y_0). \qquad (8.6)$$

Da $f \in C^2(D_f, \mathbb{R}) \subset C^1(D_f, \mathbb{R})$ ist, sind die Funktionen $g_1$ und $g_2$ nach Kettenregel (Satz II.34) differenzierbar auf $[x_0, x_0+t]$ bzw. $[y_0, y_0+t]$ mit

$$g_1'(x) = f_x(x, y_0+t) - f_x(x, y_0), \quad x \in [x_0, x_0+t],$$
$$g_2'(y) = f_y(x_0+t, y) - f_y(x_0, y), \quad y \in [y_0, y_0+t].$$

Nach dem Mittelwertsatz aus Analysis I ([32, Satz VII.19]) existiert ein $\xi_1 \in [x_0, x_0+t]$ mit

$$g_1(x_0+t) - g_1(x_0) = g_1'(\xi_1)\, t = \big(f_x(\xi_1, y_0+t) - f_x(\xi_1, y_0)\big)\, t. \qquad (8.7)$$

Da $f \in C^2(D_f, \mathbb{R})$ ist, ist insbesondere $f_x(\xi_1, \cdot)$ differenzierbar auf $[y_0, y_0+t]$. Wieder nach dem Mittelwertsatz aus Analysis I ([32, Satz VII.19]) existiert ein $\eta_1 \in [y_0, y_0+t]$ mit

$$f_x(\xi_1, y_0+t) - f_x(\xi_1, y_0) = f_{xy}(\xi_1, \eta_1)\, t.$$

Insgesamt folgt mit (8.5) und (8.7):

$$h(t) = g_1(x_0+t) - g_1(x_0) = f_{xy}(\xi_1, \eta_1)\, t^2.$$

Analog zeigt man mittels $g_2$ die Existenz von $\xi_2 \in [x_0, x_0+t]$, $\eta_2 \in [y_0, y_0+t]$ mit

$$h(t) = f_{yx}(\xi_2, \eta_2)\, t^2.$$

Da $t \neq 0$ war, folgt

$$f_{xy}(\xi_1, \eta_1) = f_{yx}(\xi_2, \eta_2).$$

Für $t \to 0$ hat man $\xi_1, \xi_2 \to x_0$ und $\eta_1, \eta_2 \to y_0$. Da $f \in C^2(D_f, \mathbb{R})$ ist, sind die zweiten Ableitungen $f_{xy}$ und $f_{yx}$ stetig, also folgt $f_{xy}(x_0, y_0) = f_{yx}(x_0, y_0)$. □

Durch Nachrechnen erhält man aus dem Satz von Schwarz sofort:

**Korollar II.52** Für $D \subset \mathbb{R}^3$ offen und $g = (g_i)_{i=1}^3 : D \to \mathbb{R}^3$ partiell differenzierbar definiere

$$\operatorname{div} g := \frac{\partial g_1}{\partial x_1} + \frac{\partial g_2}{\partial x_2} + \frac{\partial g_3}{\partial x_3}, \qquad \operatorname{rot} g := \begin{pmatrix} \dfrac{\partial g_3}{\partial x_2} - \dfrac{\partial g_2}{\partial x_3} \\ \dfrac{\partial g_1}{\partial x_3} - \dfrac{\partial g_3}{\partial x_1} \\ \dfrac{\partial g_2}{\partial x_1} - \dfrac{\partial g_1}{\partial x_2} \end{pmatrix}.$$

Dann gilt für $f \in C^2(D, \mathbb{R})$ und $g \in C^2(D, \mathbb{R}^3)$ nach Satz II.51 von Schwarz:

$$\operatorname{rot} \operatorname{grad} f = 0, \qquad \operatorname{div} \operatorname{rot} g = 0.$$

Nach Bemerkung II.50 (ii) ist der Satz von Schwarz der Spezialfall $E = \mathbb{R}^n$, $F = \mathbb{R}^m$, $h = e_i$, $k = e_j$ des folgenden allgemeineren Satzes für Funktionen mit Werten in einem normierten Raum $F$, den wir hier nur zitieren wollen:

**Satz II.53**

*Es seien $K = \mathbb{R}$ oder $\mathbb{C}$, $E, F$ normierte Räume über $K$ und $D_f \subset E$ offen. Ist $f \in C^2(D_f, F)$, so gilt:*

$$\mathrm{D}^2 f(x)(h,k) = \mathrm{D}^2 f(x)(k,h), \qquad h, k \in E.$$

*Beweis.* Der Beweis kann mit Hilfe des Analogons des Mittelwertsatzes in Integralform für $F$-wertige Funktionen geführt werden (Bemerkung II.46 und [2, Theorem VII.5.2]). □

Induktiv ergibt sich aus dem Satz von Schwarz sofort die Vertauschbarkeit sämtlicher partieller Ableitungen der Ordnung $k$, wenn $f$ $k$-mal stetig differenzierbar ist:

**Korollar II.54**

Für $f \in C^k(D_f, F)$ kann die Reihenfolge der partiellen Ableitungen $\dfrac{\partial^k f}{\partial x_{i_1} \cdots \partial x_{i_k}}$ beliebig vertauscht werden.

**Beispiel**

Für $f \in C^6(D_f, \mathbb{R}^m)$ gilt $\dfrac{\partial^6 f}{\partial x \partial y \partial x \partial^2 y \partial x} = \dfrac{\partial^6 f}{\partial x^3 \partial y^3} = \dfrac{\partial^6 f}{\partial y^3 \partial x^3}$.

Um höhere partielle Ableitungen effizient schreiben zu können, benutzt man die folgende sog. Multiindex-Schreibweise:

**Definition II.55**

Es sei $n \in \mathbb{N}$. Ein $n$-Tupel $(\alpha_1, \ldots, \alpha_n) \in \mathbb{N}_0^n$ heißt *Multiindex*, und man definiert für $\alpha = (\alpha_1, \ldots, \alpha_n) \in \mathbb{N}_0^n$:

(i) $|\alpha| := \alpha_1 + \cdots + \alpha_n$ (*Ordnung* von $\alpha$),

(ii) $\alpha! := \alpha_1! \cdots \alpha_n!$,

(iii) $x^\alpha := x_1^{\alpha_1} \cdots x_n^{\alpha_n}$, $x = (x_1, \ldots, x_n) \in \mathbb{R}^n$,

(iv) $\partial^\alpha f := \dfrac{\partial^{|\alpha|} f}{\partial x_1^{\alpha_1} \cdots \partial x_n^{\alpha_n}}$, $f \in C^{|\alpha|}(D_f, \mathbb{R}^m)$ mit $D_f \subset \mathbb{R}^n$ offen.

**Bemerkung.** Die Multiindex-Schreibweise bietet sich auch bei der allgemeinen Form von Polynomen in mehreren Variablen vom Grad $\leq k$ an:

$$p\colon \mathbb{R}^n \to \mathbb{R}, \quad p(x) = \sum_{\substack{\alpha \in \mathbb{N}_0^n \\ |\alpha| \leq k}} a_\alpha x^\alpha \quad \text{mit } a_\alpha \in \mathbb{R}.$$

**Beispiel**

Alle möglichen Multiindizes der Ordnung $\leq 2$ sind

$$(0,0), \quad (1,0), \quad (0,1), \quad (2,0), \quad (1,1), \quad (0,2).$$

Damit hat jedes Polynom $P\colon \mathbb{R}^2 \to \mathbb{R}$ vom Grad $\leq 2$ die Form

$$P(x_1, x_2) = a_{(0,0)} + a_{(1,0)} x_1 + a_{(0,1)} x_2 + a_{(2,0)} x_1^2 + a_{(1,1)} x_1 x_2 + a_{(0,2)} x_2^2.$$

Nächstes Ziel ist die Herleitung des Satzes von Taylor im Mehrdimensionalen. Dazu betrachten wir nun Funktionen von $n$ Variablen mit Werten in $\mathbb{R}$ (d.h. $m = 1$).

**Proposition II.56** *Es seien $D_f \subset \mathbb{R}^n$ offen, $k \in \mathbb{N}$, $f \in C^k(D_f, \mathbb{R})$ und $x_0 \in D_f$. Ist $v \in \mathbb{R}^n$ so, dass $S_{x_0,v} := \{x_0 + tv : t \in [0,1]\} \subset D_f$, dann ist die Funktion*

$$g : [0,1] \to \mathbb{R}, \quad g(t) = f(x_0 + tv),$$

*$k$-mal stetig differenzierbar und*

$$g^{(k)}(t) = \sum_{\substack{\alpha \in \mathbb{N}_0^n \\ |\alpha| = k}} \frac{k!}{\alpha!} \partial^\alpha f(x_0 + tv)\, v^\alpha, \qquad t \in [0,1].$$

*Beweis.* Definiert man $\varphi : [0,1] \to \mathbb{R}^n$, $t \mapsto x_0 + tv$, so ist $g = f \circ \varphi$. Wir zeigen zunächst durch Induktion nach $k$, dass mit $v = (v_i)_{i=1}^n$ gilt:

$$g^{(k)}(t) = \sum_{i_1,\ldots,i_k=1}^{n} \frac{\partial^k f}{\partial x_{i_k} \cdots \partial x_{i_1}}(x_0 + tv)\, v_{i_1} \cdots v_{i_k}, \qquad t \in [0,1].$$

$\underline{k = 1}$: Mit der Kettenregel (Satz II.34) und $\varphi'(t) = v$ folgt

$$g'(t) = J_f(x_0 + tv)v = \left\langle \operatorname{grad} f(x_0 + tv), v \right\rangle = \sum_{j=1}^{n} \frac{\partial f}{\partial x_j}(x_0 + tv)\, v_j.$$

$\underline{k - 1 \rightsquigarrow k}$: Nach Induktionsvoraussetzung und der Kettenregel (Satz II.34) folgt analog zu $k = 1$:

$$\begin{aligned} g^{(k)}(t) &= \frac{\mathrm{d}}{\mathrm{d}t}\Bigg( \sum_{i_1,\ldots,i_{k-1}=1}^{n} \frac{\partial^{k-1} f}{\partial x_{i_{k-1}} \cdots \partial x_{i_1}}(x_0 + tv)\, v_{i_1} \cdots v_{i_{k-1}} \Bigg) \\ &= \sum_{j=1}^{n} \frac{\partial}{\partial x_j}\Bigg( \sum_{i_1,\ldots,i_{k-1}=1}^{n} \frac{\partial^{k-1} f}{\partial x_{i_{k-1}} \cdots \partial x_{i_1}}(x_0 + tv)\, v_{i_1} \cdots v_{i_{k-1}} \Bigg) v_j \\ &\overset{i_k := j}{=} \sum_{i_1,\ldots,i_k=1}^{n} \frac{\partial^k f}{\partial x_{i_k} \partial x_{i_{k-1}} \cdots \partial x_{i_1}}(x_0 + tv)\, v_{i_1} \cdots v_{i_{k-1}} v_{i_k}. \end{aligned}$$

Da $f \in C^k(D_f, \mathbb{R})$, dürfen nach dem Satz von Schwarz (Satz II.51) die partiellen Ableitungen der Ordnung $k$ beliebig umgeordnet werden. Also gibt es zu jedem $k$-Tupel $(i_1, \ldots, i_k) \in \mathbb{N}^k$ genau einen Multiindex $\alpha = (\alpha_1, \ldots, \alpha_n) \in \mathbb{N}_0^n$, $|\alpha| = k$, mit

$$\frac{\partial^k f}{\partial x_{i_k} \cdots \partial x_{i_i}} = \frac{\partial^k f}{\partial x_1^{\alpha_1} \cdots \partial x_n^{\alpha_n}} = \partial^\alpha f. \tag{8.8}$$

Insgesamt gibt es $\frac{k!}{\alpha!}$ Permutationen $\sigma$ von $(i_1, \ldots, i_k)$, so dass (8.8) mit $\sigma(i_1), \ldots, \sigma(i_k)$ statt $i_1, \ldots, i_k$ gilt (man benutze z.B. [32, Satz II.15]). □

Die folgende erste Variante des Satzes von Taylor mit Richtungsableitungen ist die direkte Übertragung des Satzes von Taylor für Funktionen einer reellen Variablen mit der Lagrangeschen Form des Restgliedes ([32, Satz IX.1 und IX.5]).

Satz II.57

**von Taylor.** *Es seien $D_f \subset \mathbb{R}^n$ offen, $k \in \mathbb{N}$, $f \in C^{k+1}(D_f, \mathbb{R})$ und $x_0 \in D_f$. Ist $v \in \mathbb{R}^n$ so, dass $S_{x_0,v} := \{x_0 + tv : t \in [0,1]\} \subset D_f$, dann existiert ein $\xi \in [0,1]$ mit*

$$f(x_0+v) = \sum_{\substack{\alpha\in\mathbb{N}_0^n \\ |\alpha|\le k}} \frac{\partial^\alpha f(x_0)}{\alpha!} v^\alpha + \sum_{\substack{\alpha\in\mathbb{N}_0^n \\ |\alpha|=k+1}} \frac{\partial^\alpha f(x_0+\xi v)}{\alpha!} v^\alpha.$$

*Beweis.* Nach Proposition II.56 und wegen $f \in C^{k+1}(D_f, \mathbb{R})$ ist

$$g: [0,1] \to \mathbb{R}, \quad g(t) := f(x_0 + tv),$$

$(k+1)$-mal stetig differenzierbar. Also existiert nach dem Satz von Taylor in $\mathbb{R}$ mit der Lagrangeschen Form des Restglieds ([32, Satz IX.1 und IX.5], Entwicklung in $t_0 = 0$ für $t = 1$) ein $\xi \in [0,1]$ mit:

$$f(x_0+v) = g(1) = \sum_{m=0}^{k} \frac{g^{(m)}(0)}{m!}(1-0)^m + \frac{g^{(k+1)}(\xi)}{(k+1)!}(1-0)^{k+1}.$$

Nach Proposition II.56 ist weiter für $m = 0, 1, \ldots, k$:

$$\frac{g^{(m)}(0)}{m!} = \sum_{\substack{\alpha\in\mathbb{N}_0^n \\ |\alpha|=m}} \frac{\partial^\alpha f(x_0)}{\alpha!} v^\alpha, \quad \frac{g^{(k+1)}(\xi)}{(k+1)!} = \sum_{\substack{\alpha\in\mathbb{N}_0^n \\ |\alpha|=k+1}} \frac{\partial^\alpha f(x_0+\xi v)}{\alpha!} v^\alpha. \qquad \square$$

Definition II.58

Ist $D_f \subset \mathbb{R}^n$ offen, $k \in \mathbb{N}$, $f \in C^k(D_f, \mathbb{R})$ und $x_0 \in D_f$, so ist das *Taylorpolynom von $f$ in $x_0$ der Ordnung $k$* definiert als

$$P_k(x) := \sum_{\substack{\alpha\in\mathbb{N}_0^n \\ |\alpha|\le k}} \frac{\partial^\alpha f(x_0)}{\alpha!}(x-x_0)^\alpha, \quad x \in \mathbb{R}^n. \tag{8.9}$$

**Bemerkung.** Ist $f \in C^{k+1}(D_f, \mathbb{R})$ und $\delta > 0$ mit $B_\delta(x_0) \subset D_f$, so gilt:

$$f(x) = P_k(x) + \mathrm{O}\big(\|x-x_0\|^{k+1}\big) = P_k(x) + \mathrm{o}\big(\|x-x_0\|^k\big), \quad x \in B_\delta(x_0),$$

mit den Landauschen Symbolen $\mathrm{O}(\cdot)$, $\mathrm{o}(\cdot)$ ([32, Definition IX.8]).

Im Folgenden wollen wir die ersten drei Terme der Taylorentwicklung, also die Koeffizienten des zweiten Taylorpolynoms $P_2$, explizit bestimmen. Dazu fassen wir die linearen, quadratischen etc. Terme in $P_k$ zusammen:

**Bemerkung.** Das Taylorpolynom $P_k$ lässt sich schreiben als

$$P_k(x) = \sum_{l=0}^{k} Q_l(x), \quad Q_l(x) := \sum_{\substack{\alpha\in\mathbb{N}_0^n \\ |\alpha|=l}} \frac{\partial^\alpha f(x_0)}{\alpha!}(x-x_0)^\alpha,$$

wobei $Q_l$ Polynome vom Grad $l$ sind, die homogen vom Grad $l$ sind, d.h.

$$\forall\, \lambda \in \mathbb{R}\ \forall\, x \in \mathbb{R}^n\colon\ Q_l(\lambda x) = \lambda^l Q_l(x).$$

Um die Polynome $Q_0$, $Q_1$ und $Q_2$ und damit das Taylorpolynom $P_2$ zu bestimmen, seien nun $x = (x_j)_{j=1}^n$, $x_0 = (x_{0,j})_{j=1}^n$:

$\underline{l = 0}$: Ist $|\alpha| = 0$, so ist $\alpha = (0, \ldots, 0)$, also

$$Q_0(x) = f(x_0)$$

und damit nach Bemerkung II.58:

$$f(x) = f(x_0) + \mathrm{O}(\|x - x_0\|).$$

$\underline{l = 1}$: Ist $|\alpha| = 1$, so ist $\alpha \in \{e_j := (0, \ldots, 0, 1, 0, \ldots, 0) : j \in \{1, \ldots, n\}\}$, also

$$Q_1(x) = \sum_{j=1}^{n} \frac{\partial f}{\partial x_j}(x_0)(x_j - x_{0,j}) = \big\langle \operatorname{grad} f(x_0), (x - x_0) \big\rangle$$

und damit nach Bemerkung II.58:

$$f(x) = f(x_0) + \big\langle \operatorname{grad} f(x_0), (x - x_0) \big\rangle + \mathrm{O}\big(\|x - x_0\|^2\big).$$

Das ist genau die lineare Approximierbarkeit von $f$ in $x_0$ (siehe Satz II.12)!

$\underline{l = 2}$: Ist $|\alpha| = 2$, so ist $\alpha \in \{e_i + e_j : i, j \in \{1, \ldots, n\}\}$. Im Fall $i = j$ ist $\alpha = (0, \ldots, 0, 2, 0, \ldots, 0)$, also $\alpha! = 2$. Im Fall $i \neq j$ ist $\alpha = (0, \ldots, 1, \ldots, 1, \ldots, 0)$, also $\alpha! = 1$. Damit ergibt sich:

$$\begin{aligned} Q_2(x) &= \frac{1}{2} \sum_{j=1}^{n} \frac{\partial^2 f}{\partial x_j^2}(x_0)\,(x_j - x_{0,j})^2 + \sum_{\substack{i,j=1 \\ i<j}}^{n} \frac{\partial^2 f}{\partial x_i \partial x_j}(x_0)\,(x_i - x_{0,i})(x_j - x_{0,j}) \\ &= \frac{1}{2} \sum_{i,j=1}^{n} \frac{\partial^2 f}{\partial x_i \partial x_j}(x_0)\,(x_i - x_{0,i})(x_j - x_{0,j}) \\ &= \frac{1}{2} \left\langle \left( \frac{\partial^2 f}{\partial x_i \partial x_j}(x_0) \right)_{i,j=1}^{n} (x - x_0), (x - x_0) \right\rangle, \end{aligned} \tag{8.10}$$

und folglich nach Bemerkung II.58:

$$f(x) = f(x_0) + \big\langle \operatorname{grad} f(x_0), (x - x_0) \big\rangle + \frac{1}{2} \big\langle H_f(x_0)(x - x_0), (x - x_0) \big\rangle + \mathrm{O}(\|x - x_0\|^3), \tag{8.11}$$

wobei wir die folgende Bezeichnung für die $n \times n$-Matrix in (8.10) benutzt haben:

**Definition II.59** Sind $D_f \subset \mathbb{R}^n$ offen, $f \in C^2(D_f, \mathbb{R})$ und $x \in D_f$, so heißt

$$H_f(x) := \left( \frac{\partial^2 f}{\partial x_i \partial x_j}(x) \right)_{i,j=1}^{n} = \begin{pmatrix} \frac{\partial^2 f}{\partial x_1^2}(x) & \cdots & \frac{\partial^2 f}{\partial x_1 \partial x_n}(x) \\ \vdots & & \vdots \\ \frac{\partial^2 f}{\partial x_n \partial x_1}(x) & \cdots & \frac{\partial^2 f}{\partial x_n^2}(x) \end{pmatrix} \in \mathbb{R}^{n \times n}$$

*Hesse*[2]*-Matrix von $f$ in $x$.*

---

[2] Ludwig Otto Hesse, ∗ 22. April 1811 in Königsberg, † 4. August 1874 in München, deutscher Mathematiker, der sich der Theorie der algebraischen Funktionen und Invarianten widmete.

**Bemerkung.** – $H_f(x)$ ist symmetrisch nach Satz II.51 von Schwarz.

– $H_f(x)$ ist die Matrixdarstellung der symmetrischen Bilinearform $D^2f(x)$:

$$D^2f(x)(e_i, e_j) = \frac{\partial^2 f}{\partial x_i \partial x_j}(x), \qquad i, j = 1, \ldots, n.$$

Nach Bemerkung II.50 ist dadurch festgelegt:

$$D^2f(x)(h, k) = \langle H_f(x)h\,,\, k\rangle = \langle h\,,\, H_f(x)k\rangle, \qquad h, k \in \mathbb{R}^n.$$

## 9 Lokale Extrema

In diesem Abschnitt lernen wir, wie man lokale Extremstellen einer reellwertigen Funktion mehrerer Variablen findet. Wie bei Funktionen einer Variablen bestimmt man kritische Punkte mit Hilfe der ersten Ableitung in Form des Gradienten, während zur Klassifizierung die zweite Ableitung in Form der Hesse-Matrix dient.

Lokale und globale sowie isolierte Extrema haben wir bereits in Analysis I für reellwertige Funktionen auf metrischen Räumen eingeführt ([32, DefinitionVII.15 ]):

Ist speziell $E$ ein normierter Raum, $D_f \subset E$, $f : D_f \to \mathbb{R}$ eine Funktion, so hat $f$ in $x_0 \in D_f$ ein *lokales Minimum* bzw. *Maximum*

$$:\Longleftrightarrow\ \exists\, \varepsilon > 0\ \forall\, x \in D_f,\ \|x - x_0\| < \varepsilon\colon\ f(x_0) \le f(x)\ \text{ bzw. }\ f(x_0) \ge f(x).$$

Analog zum Fall einer Funktion einer reellen Variablen ([32, Satz VII.16]) erhält man nun die folgende notwendige Bedingung für lokale Extrema:

**Satz II.60**

*Es seien $E$ ein normierter Raum über $\mathbb{R}$, $D_f \subset E$ offen, $f : D_f \to \mathbb{R}$ eine Funktion und $x_0 \in D_f$. Ist $x_0$ eine lokale Extremstelle von $f$ und $f$ differenzierbar in $x_0$, so ist*

$$Df(x_0) = 0.$$

*Beweis.* Ohne Einschränkung habe $f$ bei $x_0 \in D_f$ ein lokales Maximum (sonst betrachte $-f$). Dann gibt es ein $r > 0$ so dass $B_r(x_0) \subset D_f$ und $f(x_0) \ge f(x)$ für alle $x \in B_r(x_0)$. Zu zeigen ist, dass

$$Df(x_0)v = 0, \qquad v \in E.$$

Dazu sei $v \in E$ beliebig. Nach Satz II.18 ist

$$Df(x_0)v = \frac{\partial f}{\partial v}(x_0) = \lim_{t\to 0} \frac{f(x_0 + tv) - f(x_0)}{t}.$$

Da $f$ in $x_0$ ein lokales Maximum hat, gibt es ein $\varepsilon > 0$, $\varepsilon < r$, mit $f(x_0 + tv) \le f(x_0)$ für $|t| < \varepsilon$ und damit

$$Df(x_0)v \;=\; \underbrace{\lim_{t\nearrow 0} \frac{\overbrace{f(x_0 + tv) - f(x_0)}^{\le 0}}{\underbrace{t}_{<0}}}_{\ge 0} \;=\; \underbrace{\lim_{t\searrow 0} \frac{\overbrace{f(x_0 + tv) - f(x_0)}^{\le 0}}{\underbrace{t}_{>0}}}_{\le 0},$$

also $Df(x_0)v = 0$. □

**Korollar II.61** Es sei $D_f \subset \mathbb{R}^n$ offen, $f: D_f \to \mathbb{R}$ eine Funktion und $x_0 \in D_f$. Hat $f$ in $x_0$ eine lokale Extremstelle und ist $f$ differenzierbar in $x_0$, so gilt

$$\operatorname{grad} f(x_0) = 0.$$

**Definition II.62** Es seien $E$ ein normierter Raum über $\mathbb{R}$, $D_f \subset E$ offen und $f: D_f \to \mathbb{R}$ differenzierbar. Dann heißt $x_0 \in D_f$

(i) *kritischer Punkt* (oder *stationärer Punkt*) von $f$, wenn $\mathrm{D}f(x_0) = 0$;

(ii) *Sattelpunkt* von $f$, wenn $\mathrm{D}f(x_0) = 0$ und $f$ in $x_0$ keine lokale Extremstelle hat.

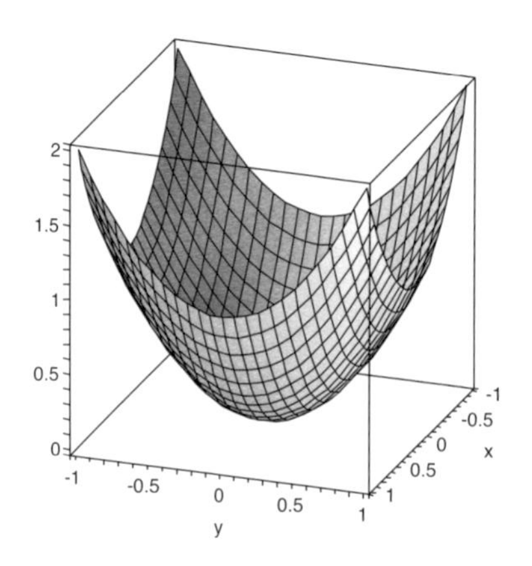


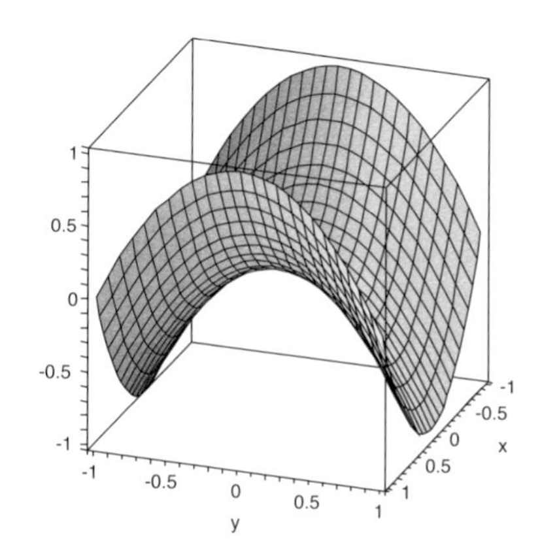


**Abb. 9.1:** Graphen von $f$ und $g$ aus Beispiel II.69 mit Minimum bzw. Sattelpunkt

**Bemerkung.** Wenn der Definitionsbereich $D_f$ einer Funktion $f: E \supset D_f \to \mathbb{R}$ nicht offen ist, können lokale und globale Extrema auch auf dem Rand $\partial D_f$ von $D_f$ auftreten. Diese findet man dann *nicht* mit Hilfe von $\mathrm{D}f$ bzw. $\operatorname{grad} f$. Wir lernen später für $E = \mathbb{R}^n$ noch eine Methode für diesen Fall kennen (siehe Satz III.13).

Als Nächstes leiten wir hinreichende Bedingungen für lokale Extremstellen her, die die Kriterien aus Analysis I direkt verallgemeinern ([32, Satz VII.23]). Dazu brauchen wir folgende Eigenschaften symmetrischer Matrizen ([10, 5.4.6, 5.7.3]).

**Definition II.63** Eine symmetrische Matrix $A \in \mathbb{R}^{n\times n}$ heißt

(i) *positiv definit* $:\Longleftrightarrow \ \forall\, x \in \mathbb{R}^n \setminus \{0\}\colon \langle Ax\,, x\rangle > 0$,

(ii) *positiv semidefinit* $:\Longleftrightarrow \ \forall\, x \in \mathbb{R}^n\colon \langle Ax\,, x\rangle \geq 0$,

(iii) *negativ (semi-)definit* $:\Longleftrightarrow \ -A$ positiv (semi-)definit,

(iv) *indefinit* $:\Longleftrightarrow \ \exists\, x, y \in \mathbb{R}^n\colon \langle Ax\,, x\rangle > 0 \wedge \langle Ay\,, y\rangle < 0$.

Eine symmetrische reelle Matrix hat reelle Eigenwerte ([10, 5.6.1]). Mit Hilfe der Eigenwerte von $A$ kann man die Definitheit folgendermaßen prüfen:

**Lemma II.64**

*Es sei $A \in \mathbb{R}^{n\times n}$ symmetrisch, und $\lambda_1, \dots, \lambda_n \in \mathbb{R}$ seien die Eigenwerte von $A$ (mit Vielfachheiten gezählt). Dann ist:*

$$\begin{aligned}
&A \text{ positiv definit} &&\iff \lambda_i > 0,\ i = 1, \dots, n,\\
&A \text{ positiv semidefinit} &&\iff \lambda_i \geq 0,\ i = 1, \dots, n,\\
&A \text{ negativ definit} &&\iff \lambda_i < 0,\ i = 1, \dots, n,\\
&A \text{ negativ semidefinit} &&\iff \lambda_i \leq 0,\ i = 1, \dots, n,\\
&A \text{ indefinit} &&\iff \exists\, i,j \in \{1, \dots, n\}\colon \lambda_i < 0 \wedge \lambda_j > 0.
\end{aligned}$$

*Beweis.* Da $A$ symmetrisch ist, existiert eine Orthonormalbasis $v_1, \dots, v_n$ aus Eigenvektoren zu den Eigenwerten $\lambda_i$ von $A$ ([10, 5.6.2]):

$$Av_i = \lambda_i v_i, \quad \langle v_i\,, v_j\rangle = \delta_{ij}, \quad i,j = 1, \dots, n.$$

Zu jedem $x \in \mathbb{R}^n$ gibt es daher eindeutige $\alpha_1, \dots, \alpha_n \in \mathbb{R}$ mit $x = \sum_{i=1}^n \alpha_i v_i$. Damit folgt

$$\langle Ax\,, x\rangle = \Big\langle \sum_{i=1}^n \alpha_i \overbrace{Av_i}^{=\lambda_i v_i}\,, \sum_{j=1}^n \alpha_j v_j \Big\rangle = \sum_{i,j=1}^n \lambda_i \alpha_i \alpha_j \underbrace{\langle v_i\,, v_j\rangle}_{=\delta_{ij}} = \sum_{i=1}^n \lambda_i \alpha_i^2.$$

Daraus folgen sämtliche Behauptungen. □

Ein weiteres praktisches Kriterium, um die Definitheit einer Matrix zu prüfen, ist:

**Satz II.65**

**von Hurwitz**[3]. *Ist $A = (a_{ij})_{i,j=1}^n \in \mathbb{R}^{n\times n}$ symmetrisch, so gilt:*

$$A \text{ positiv definit} \iff \forall\, k = 1, \dots, n\colon \det \begin{pmatrix} a_{11} & \dots & a_{1k} \\ \vdots & & \vdots \\ a_{k1} & \dots & a_{kk} \end{pmatrix} > 0.$$

*Beweis.* Einen Beweis findet man z.B. in [10, Abschnitt 6.7]. □

**Korollar II.66**

Für $A = \begin{pmatrix} a & b \\ b & d \end{pmatrix} \in \mathbb{R}^{2\times 2}$ gilt:

$$A \text{ positiv definit} \iff a > 0 \wedge \overbrace{ad - b^2}^{=\det A} > 0.$$

[3] Adolf Hurwitz, ∗ 26. März 1859 in Hildesheim, † 18. November 1919 in Zürich, deutscher Mathematiker, der sich mit Zahlentheorie und komplexer Analysis beschäftigte, darin u.a. mit dem Geschlecht Riemannscher Flächen.

Satz II.67 **Kriterien für lokale Extremstellen.** *Es seien* $D_f \subset \mathbb{R}^n$ *offen,* $f \in C^2(D_f, \mathbb{R})$ *und* $x_0 \in D_f$. *Ist* $x_0$ *ein kritischer Punkt von* $f$, *d.h.*

$$\operatorname{grad} f(x_0) = 0,$$

*und ist* $H_f(x_0)$ *die Hesse-Matrix von* $f$, *dann gilt:*

(i) $H_f(x_0)$ *positiv definit* $\Longrightarrow$ $f$ *hat ein lokales Minimum in* $x_0$.

(ii) $H_f(x_0)$ *negativ definit* $\Longrightarrow$ $f$ *hat ein lokales Maximum in* $x_0$.

(iii) $H_f(x_0)$ *indefinit* $\Longrightarrow$ $f$ *hat einen Sattelpunkt in* $x_0$.

*Achtung:* Wenn $H_f(x_0)$ nur semidefinit ist, kann man nichts aussagen!

*Beweis.* Nach dem Satz von Taylor (genauer Bemerkung II.58 und (8.11)) gilt in einer Umgebung von $x_0$:

$$f(x_0 + v) = f(x_0) + \Big\langle \overbrace{\operatorname{grad} f(x_0)}^{=0 \text{ nach Vor.}}, v \Big\rangle + \frac{1}{2} \big\langle H_f(x_0)v, v \big\rangle + R_2(v), \tag{9.1}$$

wobei $R_2(v) = o\big(\|v\|^2\big)$. Also existiert nach Definition der Landauschen Symbole ([32, Definition IX.8]) für jedes $\varepsilon > 0$ ein $\delta > 0$ mit

$$\forall\, v \in \mathbb{R}^n, \ \|v\| < \delta\colon \ \frac{|R_2(v)|}{\|v\|^2} < \varepsilon. \tag{9.2}$$

(i) Angenommen $H_f(x_0)$ ist positiv definit. Auf $S_1(0) = \{v \in \mathbb{R}^n\colon \|v\| = 1\}$ betrachten wir die Hilfsfunktion

$$\varphi\colon S_1(0) \to \mathbb{R}, \qquad \varphi(v) := \langle H_f(x_0)v\,, v\rangle > 0.$$

Dann ist $\varphi$ stetig, da die Bilinearform $(v, w) \mapsto \langle H_f(x_0)v\,, w\rangle$ beschränkt ist. Als beschränkte und abgeschlossene Teilmenge von $\mathbb{R}^n$ ist $S_1(0) = \partial B_1(0)$ kompakt (Satz I.17 und I.31). Daher nimmt $\varphi$ nach Satz I.37 vom Minimum und Maximum auf $S_1(0)$ sein Minimum an, und wegen der positiven Definitheit von $H_f(x_0)$ ist dieses positiv:

$$m_* := \min\Big\{\big\langle H_f(x_0)v\,, v\big\rangle v \in \mathbb{R}^n, \ \|v\| = 1\Big\} > 0.$$

Dann gilt für beliebiges $\xi \in \mathbb{R}^n \setminus \{0\}$:

$$\Big\langle H_f(x_0)\frac{\xi}{\|\xi\|}\,, \frac{\xi}{\|\xi\|}\Big\rangle \geq m_*, \quad \text{d.h.} \ \big\langle H_f(x_0)\xi\,, \xi\big\rangle \geq m_*\, \|\xi\|^2.$$

Wähle $\delta$ zu $\varepsilon = \frac{m_*}{4}$ so, dass (9.2) gilt. Dann folgt aus (9.1) für beliebiges $\xi \in \mathbb{R}^n \setminus \{0\}$, $\|\xi\| < \delta$:

$$\begin{aligned} f(x_0 + \xi) &= f(x_0) + \frac{1}{2}\underbrace{\big\langle H_f(x_0)\xi, \xi\big\rangle}_{\geq m_* \|\xi\|^2} + R_2(\xi) \geq f(x_0) + \frac{m_*}{2}\|\xi\|^2 - \underbrace{|R_2(\xi)|}_{< \frac{m_*}{4}\|\xi\|^2} \\ &> f(x_0) + \frac{m_*}{4}\|\xi\|^2 > f(x_0), \end{aligned}$$

also nimmt $f$ in $x_0$ ein lokales Minimum an.

(ii) Wendet man (i) auf $-f$ an, folgt die Behauptung (ii).

(iii) Angenommen $H_f(x_0)$ ist indefinit. Zu zeigen ist, dass für jedes $\delta > 0$ Elemente $x_1, x_2 \in B_\delta(x_0) \subset D_f$ existieren mit

$$f(x_1) < f(x_0) < f(x_2).$$

Weil $H_f(x_0)$ indefinit ist, existieren $\xi_1, \xi_2 \in \mathbb{R}^n \setminus \{0\}$ mit:

$$m_1 := \langle H_f(x_0)\xi_1\,,\, \xi_1\rangle < 0, \qquad m_2 := \langle H_f(x_0)\xi_2\,,\, \xi_2\rangle > 0.$$

Wähle $\delta_1 > 0$ zu $\varepsilon = \frac{|m_1|}{4\|\xi_1\|^2}$ so, dass (9.2) gilt. Dann folgt aus (9.1) für $t > 0$, $\|t\xi_1\| < \delta_1$:

$$\begin{aligned}
f(\underbrace{x_0 + t\xi_1}_{=:x_1}) &= f(x_0) + \frac{1}{2}\langle H_f(x_0)t\xi_1\,,\, t\xi_1\rangle + R_2(t\xi_1) \\
&\overset{m_1 = -|m_1|}{=} f(x_0) - \frac{|m_1|}{2}t^2 + R_2(t\xi_1) \\
&\leq f(x_0) - \frac{|m_1|}{2}t^2 + |R_2(t\xi_1)| \\
&< f(x_0) - \frac{|m_1|}{4}t^2 < f(x_0).
\end{aligned}$$

Analog zeigt man, dass ein $\delta_2 > 0$ existiert, so dass für $t > 0$ mit $\|t\xi_2\| < \delta_2$ gilt:

$$f(\underbrace{x_0 + t\xi_2}_{=:x_2}) > f(x_0).$$

□

Direkt mit dem Kriterium von Hurwitz (Korollar II.66) folgt im Fall $n = 2$:

**Korollar II.68**

Es seien $D_f \subset \mathbb{R}^2$ offen und $f \in C^2(D_f, \mathbb{R})$. Ist $x_0$ ein kritischer Punkt von $f$, dann gilt mit $f_{xx} = \frac{\partial^2 f}{\partial x^2}$:

(i) $\det H_f(x_0) > 0,\ f_{xx}(x_0) > 0 \implies f$ hat lokales Minimum in $x_0$.

(ii) $\det H_f(x_0) > 0,\ f_{xx}(x_0) < 0 \implies f$ hat lokales Maximum in $x_0$.

(iii) $\det H_f(x_0) < 0 \implies x_0$ ist Sattelpunkt von $f$.

*Beweis.* Alle Behauptungen folgen aus Satz II.67 mit Korollar II.66. □

**Beispiele II.69**

Betrachte die Funktionen von $\mathbb{R}^2$ nach $\mathbb{R}$ aus Abb. 9.1:

- $f(x, y) = x^2 + y^2 + c$, $(x, y) \in \mathbb{R}^2$, mit $c \in \mathbb{R}$:

$$\operatorname{grad} f(x, y) = (2x, 2y) = (0, 0) \iff (x, y) = (0, 0).$$

  $f$ nimmt in $(0, 0)$ ein lokales Minimum an, denn:

$$H_f(0, 0) = \begin{pmatrix} 2 & 0 \\ 0 & 2 \end{pmatrix} \implies \det H_f(0, 0) = 4 > 0,\ f_{xx}(0, 0) = 2 > 0.$$

- $g(x, y) = x^2 - y^2 + c$, $(x, y) \in \mathbb{R}^2$, mit $c \in \mathbb{R}$:

$$\operatorname{grad} g(x, y) = (2x, -2y) = (0, 0) \iff (x, y) = (0, 0).$$

$g$ hat in $(0,0)$ einen Sattelpunkt, denn:

$$\det H_g(0,0) = \det \begin{pmatrix} 2 & 0 \\ 0 & -2 \end{pmatrix} = -4 < 0.$$

## Aufgaben

**II.1.** Zeige, dass die Funktion

$$K\colon \mathbb{R}^n \times (0,\infty) \to \mathbb{R}, \quad K(x,t) = t^{-n/2} \exp\Big(-\frac{\|x\|^2}{4t}\Big) = t^{-n/2} \exp\Big(-\frac{|x_1| + \ldots + |x_n|^2}{4t}\Big),$$

auf ganz $\mathbb{R}^n \times (0,\infty)$ die sogenannte *Wärmeleitungsgleichung* erfüllt:

$$\sum_{j=1}^{n} \frac{\partial^2 K}{\partial x_j^2} = \frac{\partial K}{\partial t}.$$

**II.2.** Zeige, dass alle Richtungsableitungen von

$$f\colon \mathbb{R}^2 \to \mathbb{R}, \quad f(x,y) := \begin{cases} \dfrac{y^2 \sin(x)}{x^2 + y^4}, & (x,y) \neq (0,0), \\ 0, & (x,y) = (0,0), \end{cases}$$

im Punkt $(0,0)$ existieren, aber $f$ im Punkt $(0,0)$ nicht stetig ist.

**II.3.** **Dreidimensionale Kugelkoordinaten** a) Zeige, dass die Abbildung

$$\Psi_3\colon [0,\infty) \times [0,\pi] \times (-\pi,\pi] \longrightarrow \mathbb{R}^3,$$
$$\Psi_3(r, \vartheta, \varphi) = \big(r\sin(\vartheta)\cos(\varphi),\ r\sin(\vartheta)\sin(\varphi),\ r\cos(\vartheta)\big)$$

surjektiv ist und auf der offenen Menge $D_{\Psi_3} = (0,\infty) \times (0,\pi) \times (-\pi,\pi) \subset \mathbb{R}^3$ differenzierbar, und bestimme $D\Psi_3$.

b) Der *Laplace*[4]*-Operator* ist für zweimal differenzierbare Funktionen $f\colon \mathbb{R}^3 \supset D_f \to \mathbb{R}$ definiert als:

$$\Delta f = \frac{\partial^2 f}{\partial x^2} + \frac{\partial^2 f}{\partial y^2} + \frac{\partial^2 f}{\partial z^2}.$$

Zeige, dass für $G \subset \mathbb{R}^3 \setminus \{(0,0,z) : z \in \mathbb{R}\}$ und $f\colon G \to \mathbb{R}$ zweimal differenzierbar auch $\widetilde{f} := f \circ \Psi_3 \colon \Psi_3^{-1}(G) \to \mathbb{R}$ zweimal differenzierbar ist und

$$(\Delta f) \circ \Psi_3 = \Big(\frac{\partial^2}{\partial r^2} + \frac{2}{r}\frac{\partial}{\partial r} + \frac{1}{r^2}\frac{\partial^2}{\partial \vartheta^2} + \frac{1}{r^2}\frac{\cos(\vartheta)}{\sin(\vartheta)}\frac{\partial}{\partial \vartheta} + \frac{1}{r^2\sin^2(\vartheta)}\frac{\partial^2}{\partial \varphi^2}\Big)\widetilde{f}.$$

---

[4] Pierre-Simon Laplace, ∗ 28. März 1749 in Beaumont-en-Auge, † 5. März 1827 in Paris, französischer Mathematiker und Astronom, der wichtige Beiträge zu Wahrscheinlichkeitstheorie und Analysis sowie zur Stabilität des Sonnensystems lieferte.

**II.4.** Skizziere die Spuren der folgenden drei Kurven und berechne jeweils ihre Bogenlängen:

a) $\gamma_1 \colon [0,\ 2\pi] \to \mathbb{R}^2,\ \gamma_1(t) := \big((1-\cos t)\cos(t),\ (1-\cos(t))\sin(t)\big)$ (*Kardioide*),

b) $\gamma_2 \colon [a, b] \to \mathbb{R}^3,\ \gamma_2(t) := \big(r\cos(t), r\sin(t), ct\big)$ (*Schraubenlinie*),

c) $\gamma_3 \colon [-2\pi,\ 2\pi] \to \mathbb{R}^2,\ \gamma_3(t) := \mathrm{e}^{dt}\,\big(\cos(t), \sin(t)\big)$ (*Spirale*),

wobei $a, b, c, d \in \mathbb{R}$ sind mit $a < b$ und $d \neq 0$. Was ergibt sich für die Bogenlänge der Kurve $\gamma_3$ auf dem Intervall $[a, 2\pi]$ im Grenzwert $a \to -\infty$?

**II.5.** Zeige mit Hilfe der (nicht injektiven) Funktion

$$f \colon \mathbb{R} \to \mathbb{C}, \quad f(x) := \exp(ix),$$

dass der Mittelwertsatz für komplexwertige Funktionen $f \colon [a, b] \to \mathbb{C}$ (und folglich für Funktionen $f \colon [a, b] \to \mathbb{R}^m$ mit $m \geq 2$) nicht gilt.

**II.6.** Zeige, dass die Funktion

$$f \colon \mathbb{R}^2 \longrightarrow \mathbb{R}, \qquad f(x, y) = \begin{cases} \dfrac{xy(x^2 - y^2)}{x^2 + y^2}, & (x, y) \neq (0, 0), \\ 0, & (x, y) = (0, 0), \end{cases}$$

in $\mathbb{R}^2$ stetig differenzierbar ist, in $(0, 0)$ zweimal partiell differenzierbar ist und dass

$$\frac{\partial^2 f}{\partial x \partial y}(0,\ 0) \neq \frac{\partial^2 f}{\partial y \partial x}(0,\ 0)\,.$$

Ist $f$ in $(0, 0)$ total differenzierbar?

**II.7.** Bestimme die Taylorpolynome

a) zweiter Ordnung von $f \colon (0, \infty) \times (0, \infty) \to \mathbb{R}, f(x, y) = x^y$, im Punkt $(1, 1)$,

b) $n$-ter Ordnung von $g \colon (0, \infty) \times (0, \infty) \to \mathbb{R}, g(x, y) = \dfrac{x - y}{x + y}$, im Punkt $(1, 1)$.

**II.8.** Bestimme Lage und Art der lokalen und globalen Extremstellen der wie folgt gegebenen Funktion $f \colon \mathbb{R}^2 \supset D_f \to \mathbb{R}$:

$$D_f := \big\{(x, y) \in \mathbb{R}^2 \colon |x| \leq 2, |y| \leq 3\big\}, \quad f(x, y) := \frac{x^3 - 3x}{1 + y^2}.$$

# III Der Satz über implizite Funktionen

Die Lösung von Gleichungen oder Gleichungssystemen in mehreren Variablen ist in den seltensten Fällen explizit möglich. Eine Ausnahme bilden lineare Gleichungen oder Gleichungssysteme: in der Linearen Algebra lernt man Kriterien für die Lösbarkeit, die Struktur der Lösungsmengen und Verfahren zur Lösung kennen.

Für nichtlineare Gleichungen oder Gleichungssysteme gibt es keine analogen Aussagen, etwa wenn man eine Gleichung nach keiner Variablen auflösen kann, wie z.B.

$$10(2x^2 + y^2 + z^2 - 1)^3 - x^2z^3 - 10y^2z^3 = 0.$$

Dennoch kann man unter gewissen Voraussetzungen die Tangentialebene an die durch diese Gleichung „implizit definierte" Funktion zweier Variablen berechnen.

## 10 Die Ableitung der Umkehrfunktion

Von den Ableitungsregeln für Funktionen einer Variablen haben wir alle bis auf eine bereits verallgemeinert. Es fehlt noch diejenige für die Umkehrfunktion, die Folgendes besagt ([32, Satz VII.9]):

Angenommen $f\colon (a, b) \to \mathbb{R}$ ist stetig differenzierbar und für $x_0 \in (a, b)$ gilt $f'(x_0) \neq 0$, z.B. $f'(x_0) > 0$. Da $f'$ stetig ist, gibt es eine Umgebung $(x_0 - \varepsilon, x_0 + \varepsilon) =: U$ von $x_0$ mit $\varepsilon > 0$ so, dass $f'(x) > 0, x \in U$. Das heißt, $f|_U$ ist streng monoton und damit injektiv auf $U$, hat also eine Umkehrfunktion.

Mit $f|_U$ ist auch $(f|_U)^{-1}\colon f(U) \to U$ stetig und folglich $V := f(U)$ als Urbild der offenen Menge $U$ unter $f^{-1}$ offen. Dann ist $(f|_U)^{-1}$ differenzierbar, und es gilt:

$$(f|_U^{-1})'(y) = \frac{1}{f'(f^{-1}(y))}, \quad y \in V. \tag{10.1}$$

Da hier $f'(f^{-1}(y))$ eine Zahl ist, ist der Bruch auf der rechten Seite wohldefiniert.

Die Ableitung einer Funktion $f\colon \mathbb{R}^n \supset D_f \to \mathbb{R}^m$ dagegen ist eine lineare Abbildung von $\mathbb{R}^n$ nach $\mathbb{R}^m$. Um die Formel (10.1) verallgemeinern zu können, brauchen wir daher Informationen über die Inversen linearer Abbildungen.

Dazu betrachten wir im Folgenden immer vollständige normierte Räume (auch Banachräume genannt ([32, Definition IV.13 und IV.22]), d.h. normierte Räume, in denen jede Cauchy-Folge konvergiert.

**Satz III.1** *Es seien $K = \mathbb{R}$ oder $\mathbb{C}$ und $E$, $F$ normierte Räume über $K$. Ist $F$ vollständig, so ist auch $L(E, F)$ vollständig.*

*Beweis.* Es sei $(T_n)_{n\in\mathbb{N}} \subset L(E, F)$ eine Cauchy-Folge. Dann existiert zu jedem $x \in E \setminus \{0\}$ und $\varepsilon > 0$ ein $N_x \in \mathbb{N}$, so dass

$$\forall\, n, m \geq N_x\colon \|T_n - T_m\| < \frac{\varepsilon}{\|x\|}.$$

Damit folgt:

$$\forall\, n, m \geq N_x\colon \|T_n x - T_m x\| \leq \|T_n - T_m\|\, \|x\| < \varepsilon. \tag{10.2}$$

Also ist für jedes $x \in E$ auch $(T_n x)_{n\in\mathbb{N}} \subset F$ eine Cauchy-Folge. Da $F$ nach Voraussetzung vollständig ist, existiert $y := \lim_{n\to\infty} T_n x \in F$. Definiere damit:

$$T\colon E \to F, \qquad Tx = \lim_{n\to\infty} T_n x.$$

*Behauptung 1*: $T \in L(E, F)$.

*Beweis*: Die Linearität von $T$ ist klar. Weil $(T_n)_{n\in\mathbb{N}} \subset L(E, F)$ eine Cauchy-Folge ist, ist die Folge $(T_n)_{n\in\mathbb{N}}$ in $L(E, F)$ beschränkt ([32, Satz IV.14]), d.h., es existiert ein $M > 0$ mit $\|T_n\| \leq M$, $n \in \mathbb{N}$. Da $\|\cdot\|$ Lipschitz-stetig, also insbesondere stetig ist, vertauschen Limes und $\|\cdot\|$, und es folgt ([32, Satz IV.36]):

$$\|Tx\| = \|\lim_{n\to\infty} T_n x\| = \lim_{n\to\infty} \underbrace{\|T_n x\|}_{\leq \|T_n\|\cdot\|x\| \leq M\|x\|} \leq M\|x\|, \qquad x \in E.$$

*Behauptung 2*: $T_n \to T$, $n \to \infty$, in $L(E, F)$.

*Beweis*: Es sei $\varepsilon > 0$. Weil $(T_n)_{n\in\mathbb{N}} \subset L(E, F)$ ein Cauchy-Folge ist, gibt es ein $N \in \mathbb{N}$, so dass $\|T_n - T_m\| < \varepsilon$, $n, m \geq N$, d.h., für alle $x \in E$ mit $\|x\| = 1$ gilt:

$$\forall\, n, m \geq N\colon \|T_n x - T_m x\| < \varepsilon.$$

Für $m \to \infty$ folgt wieder wegen der Stetigkeit von $\|\cdot\|$:

$$\forall\, n \geq N\colon \|T_n x - Tx\| < \varepsilon.$$

Damit ist für alle $n \geq N$ nach Definition der Operatornorm (Definition II.4):

$$\|T_n - T\| = \sup\{\underbrace{\|(T_n - T)x\|}_{<\varepsilon}\colon x \in E,\ \|x\| = 1\} \leq \varepsilon. \qquad \square$$

**Korollar III.2** Für $K = \mathbb{R}$ oder $\mathbb{C}$ ist $L(E, K)$ immer ein Banachraum.

Im Folgenden seien immer $K = \mathbb{R}$ oder $\mathbb{C}$ sowie $E$, $F$, $G$ Banachräume über $K$ und $L(E) := L(E, E)$. Weiter bezeichne $I = I_E \in L(E)$ die jeweilige Identitätsabbildung in $E$, d.h. $Ix = I_E x = x$ für $x \in E$.

Ist $T \in L(E, F)$ injektiv, so existiert $T^{-1}\colon F \supset T(E) \to E$ mit $T^{-1}(Tx) := x$. Die Inverse $T^{-1}$ ist dann linear, muss aber nicht beschränkt (also stetig) sein. Die Stetigkeit von $T^{-1}$ ist aber z.B. in Anwendungen oder numerischen Berechnungen wichtig: Sind etwa

$y_1, y_2 \in F$ gegeben und $x_1, x_2 \in E$ Lösungen von

$$Tx_1 = y_1, \quad Tx_2 = y_2,$$

so ist eine stetige Abhängigkeit der Lösungen von $y_1, y_2$ wünschenswert, d.h.

$$\|y_1 - y_2\| \text{ „klein"} \implies \|T^{-1}(y_1 - y_2)\| = \|x_1 - x_2\| \text{ „klein"}.$$

Darum geht es im nächsten Satz:

Satz III.3

**Neumannsche Reihe.** *Es seien $E$ ein Banachraum und $T \in L(E)$ mit $\|T\| < 1$. Dann ist $I - T$ bijektiv, und $(I - T)^{-1}$ ist beschränkt mit*

$$(I - T)^{-1} = \sum_{j=0}^{\infty} T^j, \quad \|(I - T)^{-1}\| \leq \frac{1}{1 - \|T\|},$$

*wobei $T^0 := I_E$ und $T^j := T(T^{j-1}), j = 1, 2, \ldots,$ rekursiv definiert ist.*

*Beweis.* Da $\|T\| < 1$ ist, folgt mit der geometrischen Reihe ([32, Beispiel V.17]):

$$\sum_{j=0}^{\infty} \|T\|^j = \frac{1}{1 - \|T\|}.$$

Nach Proposition II.4 und Proposition II.7 gilt $\|T^j\| \leq \|T\|^j, j \in \mathbb{N}_0$, daher ist nach dem Majorantenkriterium ([32, Satz V.36]) die Reihe

$$S := \sum_{j=0}^{\infty} T^j$$

absolut konvergent in $L(E)$. Aus der absoluten Konvergenz folgt mit der verallgemeinerten Dreiecksungleichung ([32, Proposition V.35]):

$$\|S\| \leq \sum_{j=0}^{\infty} \|T^j\| \leq \sum_{j=0}^{\infty} \|T\|^j = \frac{1}{1 - \|T\|}.$$

Noch zu zeigen ist $S = (I - T)^{-1}$. Da $T$ stetig ist, folgt

$$TS = T \sum_{j=0}^{\infty} T^j = \sum_{j=1}^{\infty} T^j = \Big(\sum_{j=0}^{\infty} T^j\Big) T = ST$$

und damit

$$(I - T)S = S - TS = S - ST = S(I - T).$$

□

**Bezeichnung.** Für normierte Räume $E$ und $F$ sei

$$GL(E, F) := \{T \in L(E, F) \colon T \text{ bijektiv}, T^{-1} \text{ beschränkt}\} \subset L(E, F).$$

Bemerkung III.4

Sind $T_1 \in GL(E, F)$ und $T_2 \in GL(F, G)$, so gilt:

$$T_2 T_1 \in GL(E, G), \quad (T_2 T_1)^{-1} = T_1^{-1} T_2^{-1}.$$

Mit Hilfe unseres allgemeinen Differenzierbarkeitsbegriffs (Definition II.11) können wir jetzt die Abbildung $T \mapsto T^{-1}$ untersuchen:

**Satz III.5** *Sind E, F Banachräume, so gilt:*

(i) *$GL(E,F) \subset L(E,F)$ ist offen.*

(ii) *Die Abbildung*

$$\tau\colon GL(E,F) \to L(F,E), \qquad \tau(T) = T^{-1},$$

*ist beliebig oft differenzierbar. Für $T_0 \in GL(E,F)$ ist die Ableitung $D\tau(T_0) \in L\big(L(E,F), L(F,E)\big)$ gegeben durch*

$$D\tau(T_0)\,T = -T_0^{-1} T T_0^{-1}, \qquad T \in L(E,F). \tag{10.3}$$

**Bemerkung.** Für $E = F = \mathbb{R}$ ist (10.3) einfach die Formel $\left(\frac{1}{x}\right)' = -\frac{1}{x^2}$!

*Beweis.* (i) Es sei $T_0 \in GL(E,F)$. Für $T \in L(E,F)$ mit $\|T - T_0\| < \frac{1}{\|T_0^{-1}\|}$ folgt

$$\|T_0^{-1}(T - T_0)\| \le \|T_0^{-1}\|\,\|T - T_0\| < 1,$$

also gilt nach Satz III.3 über die Neumannsche Reihe und Bemerkung III.4:

$$T = T_0 + T - T_0 = \overbrace{T_0}^{\in GL(E,F)} \underbrace{\left(I + T_0^{-1}(T - T_0)\right)}_{\in GL(E,E) \text{ nach Satz III.3}} \in GL(E,F). \tag{10.4}$$

Damit ist gezeigt, dass $B_\rho(T_0) \subset GL(E,F)$ mit $\rho = \frac{1}{\|T_0^{-1}\|}$.

(ii) *Behauptung 1*: $\tau$ ist stetig.

*Beweis*: Es seien dazu $T_0 \in GL(E,F)$ und $\varepsilon > 0$ beliebig. Jedes $T \in L(E,F)$ mit

$$\|T - T_0\| < \min\left\{\frac{1}{2\|T_0^{-1}\|}, \frac{\varepsilon}{2\|T_0^{-1}\|^2}\right\} =: \delta < \frac{1}{\|T_0^{-1}\|} \tag{10.5}$$

ist nach (10.4) und Bemerkung III.4 invertierbar mit Inverser

$$T^{-1} = \left(I + T_0^{-1}(T - T_0)\right)^{-1} T_0^{-1}.$$

Damit folgt:

$$\begin{aligned}\tau(T) - \tau(T_0) &= T^{-1} - T_0^{-1} = -T^{-1}(T - T_0)T_0^{-1}\\ &= -\left(I + T_0^{-1}(T - T_0)\right)^{-1} T_0^{-1}(T - T_0)T_0^{-1}.\end{aligned}$$

Nach Satz III.3 über die Neumannsche Reihe und der Definition von $\delta$ in (10.5) ergibt sich für $T \in B_\delta(T_0)$:

$$\|\tau(T) - \tau(T_0)\| \le \frac{1}{1 - \underbrace{\|T_0^{-1}(T - T_0)\|}_{\le \frac{1}{2}}} \underbrace{\|T_0^{-1}\|\,\|T - T_0\|\,\|T_0^{-1}\|}_{< \frac{\varepsilon}{2}} < \varepsilon.$$

*Behauptung 2:* $\tau$ ist differenzierbar, und Formel (10.3) gilt.

*Beweis*: Es sei $T_0 \in GL(E,F)$. Dann gilt für $T \in GL(E,F)$ mit $\|T - T_0\| < \frac{1}{\|T_0^{-1}\|}$:

$$\begin{aligned}\tau(T_0 + T) - \tau(T_0) &= (T + T_0)^{-1} - T_0^{-1}\\ &= (T + T_0)^{-1}\big(T_0 - (T + T_0)\big)T_0^{-1} = -(T + T_0)^{-1} T T_0^{-1}.\end{aligned}$$

Damit ist

$$\frac{\|\tau(T+T_0)-\tau(T_0)-(-T_0^{-1}TT_0^{-1})\|}{\|T\|} = \frac{\|-(T+T_0)^{-1}TT_0^{-1}+T_0^{-1}TT_0^{-1}\|}{\|T\|}$$

$$= \frac{\|-\overbrace{\big((T+T_0)^{-1}-T_0^{-1}\big)}^{=\tau(T_0+T)-\tau(T_0)}TT_0^{-1}\|}{\|T\|} \leq \frac{\|\tau(T_0+T)-\tau(T_0)\|\,\|T\|\,\|T_0^{-1}\|}{\|T\|}$$

$$\leq \|\tau(T+T_0)-\tau(T_0)\|\,\|T_0^{-1}\| \longrightarrow 0, \qquad T \to T_0,$$

da $\tau$ stetig ist. Nach Definition II.11 der Ableitung folgt dann Behauptung 2.

*Behauptung 3:* $\tau \in C^\infty(GL(E,F), L(F,E))$.

*Beweis*: $D\tau$ ist stetig als Komposition stetiger Abbildungen ([32, Satz VI.12]). Dass $\tau$ beliebig oft stetig differenzierbar ist, folgt induktiv. □

**Satz III.6**

**über die Umkehrfunktion.** *Es seien $D_f \subset E$ offen, $k \in \mathbb{N}$ und $f \in C^k(D_f, F)$. Ist $x_0 \in D_f$ mit*

$$Df(x_0) \in GL(E,F), \tag{10.6}$$

*so existieren offene Umgebungen $U \subset D_f$ von $x_0$ und $V \subset F$ von $y_0 := f(x_0)$ mit:*

(i) *$f: U \to V$ ist bijektiv (mit Umkehrfunktion $f^{-1} := (f|_U)^{-1}$),*

(ii) *$f^{-1} \in C^k(V,U)$ und $Df^{-1}(y) = \big(Df(f^{-1}(y))\big)^{-1}$, $y \in V$.*

**Bemerkung.** Im Fall $E = F = \mathbb{R}$, $D_f = (a,b)$ ist die Formel für die Ableitung der Umkehrfunktion $Df^{-1}(y)$ genau die Formel (10.1) aus Analysis I ([32, Satz VII.9])!

*Beweis.* Der Beweis von (i) und (ii) erfolgt in mehreren Schritten:

(i) *Reduktion auf den Fall $E = F$, $x_0 = 0$, $f(x_0) = 0$, $Df(x_0) = I_E$:*

Dazu setze $T := Df(x_0) \in GL(E,F)$ und definiere

$$\begin{aligned} D_h &:= \{x - x_0 : x \in D_f\} \subset E,\\ h: D_h &\to E, \quad h(x) := T^{-1}\big(f(x+x_0) - f(x_0)\big). \end{aligned}$$

Dann gilt $h = \varphi_1 \circ \varphi_2$ mit

$$\begin{aligned} \varphi_1: F &\to E, \quad \varphi_1(y) := T^{-1}y,\\ \varphi_2: D_h &\to F, \quad \varphi_2(x) := f(x+x_0) - f(x_0). \end{aligned}$$

Weil $T^{-1}$ eine lineare Abbildung ist, ist $\varphi_1$ nach Beispiel II.16 (ii) beliebig oft differenzierbar mit konstanter erster Ableitung; außerdem ist $\varphi_2 \in C^k(D_h, F)$ genau dann, wenn $f \in C^k(D_f, F)$ nach Kettenregel (Satz II.34):

$$\begin{aligned} (D\varphi_1)(y) &= T^{-1}, & (D^l\varphi_1)(y) &= 0, & l &= 2,3,\dots, & y &\in F,\\ (D\varphi_2)(x) &= (Df)(x+x_0), & (D^l\varphi_2)(x) &= (D^lf)(x+x_0), & l &= 2,3,\dots, & x &\in D_h. \end{aligned}$$

Also ist nach der Kettenregel (Satz II.34) auch $h \in C^k(D_h, E)$ genau dann, wenn $f \in C^k(D_f, F)$, mit

$$\mathrm{D}h(x) = \underbrace{(\mathrm{D}\varphi_1)(\varphi_2(x))}_{=T^{-1}}(\mathrm{D}\varphi_2)(x) = T^{-1}\big(\mathrm{D}f(x + x_0)\big)$$

und

$$h(0) = 0, \quad \mathrm{D}h(0) = T^{-1}\mathrm{D}f(x_0) = I_E. \tag{10.7}$$

Nach Definition von $h$ ist umgekehrt $f(x) = Th(x - x_0) + f(x_0)$, $x \in D_h$, also

$$\begin{aligned} f(x) = y \quad &\Longleftrightarrow \quad h(x - x_0) = T^{-1}\big(y - f(x_0)\big), \\ x = f^{-1}(y) \quad &\Longleftrightarrow \quad x = h^{-1}\big(T^{-1}\big(y - f(x_0)\big)\big) + x_0. \end{aligned}$$

Folglich ist nach der Kettenregel (Satz II.34)

$$(f|_U)^{-1} \in C^k(V, U) \quad \Longleftrightarrow \quad (h|_{U'})^{-1} \in C^k(V', U')$$

mit geeigneten Umgebungen $U \subset D_f$ von $x_0$, $V \subset F$ von $y_0$ bzw. $U' \subset D_h$ von 0, $V' \subset F$ von 0. Daher und wegen (10.7) können wir also im Folgenden annehmen:

$$E = F, \quad x_0 = 0, \quad f(x_0) = 0, \quad \mathrm{D}f(x_0) = I_E. \tag{10.8}$$

*Behauptung 1:* Es gibt offene Umgebungen $U \subset D_f$ und $V \subset F = E$ von 0, so dass $f|_U: U \to V$ bijektiv ist (also (i) gilt), d.h., so dass

$$\forall\, y \in V \;\exists!\, x \in U: f(x) = y.$$

Definiert man für $y \in F$ jeweils die Abbildung

$$g_y: U \to V, \quad g_y(x) := x - f(x) + y,$$

so kann Behauptung 1 äquivalent formuliert werden als:

*Behauptung 1′:* Es gibt Umgebungen $U \subset D_f$ von 0, $V \subset F$ von 0 mit $f(U) \subset V$, so dass für alle $y \in V$ die Abbildung $g_y$ genau einen Fixpunkt in $U$ hat.

*Beweis:* Es sei $y \in F$ beliebig. Dann ist $\mathrm{D}g_y(x) = I - \mathrm{D}f(x)$, $x \in D_f$, also insbesondere $\mathrm{D}g_y(0) = I - \mathrm{D}f(0) = 0$. Da nach Voraussetzung $f \in C^k(D_f, F) \subset C^1(D_f, F)$ gilt, ist insbesondere $I - \mathrm{D}f$ stetig in 0. Folglich gibt es ein $r > 0$ mit $B_r(0) \subset D_f$ und

$$\forall\, x \in B_r(0): \|\mathrm{D}g_y(x)\| \le \frac{1}{2}. \tag{10.9}$$

Nach dem allgemeinen Mittelwertsatz (Satz II.43) gilt für $x_1, x_2 \in B_r(0)$:

$$\begin{aligned} \|g_y(x_1) - g_y(x_2)\| &\le \Big(\sup_{t\in[0,1]} \underbrace{\big\|\mathrm{D}g_y\big(\underbrace{x_1 + t(x_2 - x_1)}_{\in B_r(0)}\big)\big\|}_{\le \frac{1}{2} \text{ nach (10.9)}}\Big)\|x_2 - x_1\| \\ &\le \frac{1}{2}\|x_2 - x_1\|. \end{aligned} \tag{10.10}$$

Speziell für $x_1 = x \in B_r(0)$, $x_2 = 0$ folgt daraus nach Definition von $g_y$ und (10.8):

$$\|g_y(x)\| - \|y\| = \|g_y(x)\| - \|g_y(0)\| \le \|g_y(x) - g_y(0)\| \le \frac{1}{2}\|x\|.$$

Also gilt für $y \in B_{\frac{r}{2}}(0)$:

$$\forall\, x \in B_r(0)\colon \; \|g_y(x)\| \leq \|y\| + \frac{1}{2}\|x\| < r, \tag{10.11}$$

d.h. $g_y(B_r(0)) \subset B_r(0)$ für alle $y \in B_{\frac{r}{2}}(0)$. Insgesamt ist also $g_y$ eine Kontraktion auf $B_r(0)$ für $y \in V := B_{\frac{r}{2}}(0)$. Nach dem Banachschen Fixpunktsatz ([32, Satz IX.29]) hat dann $g_y$ für $y \in V$ genau einen Fixpunkt $\widehat{x} \in B_r(0)$.

Definiere nun $U := f^{-1}(V) \cap B_r(0)$. Dann ist $\widehat{x} \in U$, denn nach Definition von $g_y$ ist $f(\widehat{x}) = \widehat{x} - g_y(\widehat{x}) + y = y \in V$. Außerdem ist $U$ eine Umgebung von 0, denn nach Definition von $g_y$ mit $y = 0$ folgt aus (10.11) für $x \in B_{\frac{r}{4}}(0)$:

$$\|f(x)\| = \|x - g_0(x)\| \leq \|x\| + \|g_0(x)\| \overset{y=0}{\leq} \|x\| + \frac{1}{2}\|x\| \leq \frac{3r}{8} < \frac{r}{2},$$

also ist $f(B_{\frac{r}{4}}(0)) \subset B_{\frac{r}{2}}(0) = V$ und damit $B_{\frac{r}{4}}(0) \subset f^{-1}(V) \cap B_r(0) = U$.

(ii) Nachdem wir Behauptung 1 (d.h. (i)) gezeigt haben, können wir jetzt ohne Einschränkung annehmen, dass $D_f = U$ ist und $f = f|_U\colon U \to V$ bijektiv ist.

*Behauptung 2:* $f^{-1}\colon V \to U$ ist stetig.

*Beweis:* Nach Definition von $g_0$ (d.h. $g_y$ mit $y = 0$) gilt $x = f(x) + g_0(x)$, $x \in U$, also ist nach Dreiecksungleichung

$$\|x_1 - x_2\| \leq \|f(x_1) - f(x_2)\| + \|g_0(x_1) - g_0(x_2)\|, \quad x_1, x_2 \in U.$$

Nach (10.10) ist $\|g_0(x_1) - g_0(x_2)\| \leq \frac{1}{2}\|x_1 - x_2\|$ und damit

$$\frac{1}{2}\|x_1 - x_2\| \leq \|f(x_1) - f(x_2)\|, \quad x_1, x_2 \in U.$$

Sind $y_1, y_2 \in V$ beliebig, erhält man daraus mit $x_i := f^{-1}(y_i)$, $i = 1, 2$:

$$\|f^{-1}(y_1) - f^{-1}(y_2)\| \leq 2\|y_1 - y_2\|, \quad y_1, y_2 \in V. \tag{10.12}$$

Also ist $f^{-1}$ Lipschitz-stetig und damit insbesondere stetig auf $V$.

*Behauptung 3:* $f^{-1}\colon V \to U$ ist differenzierbar, $\mathrm{D}f^{-1}(y) = \big(\mathrm{D}f(f^{-1}(y))\big)^{-1}$, $y \in V$.

*Beweis:* Es sei $y \in V$ fest und $x := f^{-1}(y) \in U$. Da $f$ differenzierbar in $x$ ist, existiert nach Satz II.12 über die lineare Approximierbarkeit eine in $x$ stetige Funktion $r_x\colon U \to V$, $r_x(x) = 0$, so dass für beliebiges $y' \in V$ und $x' := f^{-1}(y') \in U$ gilt:

$$f(x') - f(x) = \mathrm{D}f(x)(x' - x) + r_x(x')\|x' - x\|. \tag{10.13}$$

Nach Definition von $g_0$ ist $f(x) = x - g_0(x)$, also $\mathrm{D}f(x) = I - \mathrm{D}g_0(x)$. Nach (10.9) ist $\|\mathrm{D}g_0(x)\| \leq \frac{1}{2}$, also ist nach Satz III.3 über die Neumannsche Reihe $\mathrm{D}f(x)$ bijektiv und $(\mathrm{D}f(x))^{-1}$ beschränkt. Anwenden von $(\mathrm{D}f(x))^{-1}$ auf (10.13) und Auflösen nach $x' = f^{-1}(y')$ liefert

$$f^{-1}(y') = f^{-1}(y) + \big(\mathrm{D}f(f^{-1}(y))\big)^{-1}(y' - y) + \widetilde{r}_y(y')\|y' - y\| \tag{10.14}$$

mit

$$\widetilde{r}_y(y') := -\big(\mathrm{D}f(f^{-1}(y))\big)^{-1}\left(r_{f^{-1}(y)}(f^{-1}(y'))\frac{\|f^{-1}(y') - f^{-1}(y)\|}{\|y' - y\|}\right).$$

Da $f^{-1}$ nach Behauptung 2 stetig ist, gilt $f^{-1}(y') \to f^{-1}(y) = x, y' \to y$. Damit folgt, wegen der Stetigkeit von $r_x$ in $x$, dann $r_{f^{-1}(y)}(f^{-1}(y')) = r_x(f^{-1}(y')) \to r_x(x) = 0$, $y' \to y$. Da außerdem $(Df(f^{-1}(y)))^{-1}$ als beschränkte lineare Abbildung stetig ist, gilt $\widetilde{r}_y(y') \to 0, y' \to y$. Nach Satz II.12 über die lineare Approximierbarkeit folgt dann Behauptung 3 aus (10.14).

*Behauptung 4:* $f^{-1} \in C^1(V, E)$.

*Beweis:* Nach Behauptung 2 gilt mit der Abbildung $\tau: GL(E, F) \to L(F, E), T \mapsto T^{-1}$, aus Satz III.5:

$$Df^{-1} = (Df \circ f^{-1})^{-1} = \tau \circ Df \circ f^{-1}. \tag{10.15}$$

Wir wissen, dass

- $f^{-1} \in C(V, E)$ nach Behauptung 2,
- $Df \in C(U, L(E, F))$, da $f \in C^k(D_f, E)$ nach Voraussetzung,
- $\tau \in C^\infty(L(E, F), L(F, E)) \subset C(L(E, F), L(F, E))$ nach Satz III.5.

Also ist $Df^{-1}$ als Komposition stetiger Abbildungen stetig ([32, SatzVI.12]).

*Behauptung 5:* $f^{-1} \in C^k(V, E)$.

*Beweis:* Die Behauptung folgt induktiv mit der Kettenregel (Satz II.34) aus der Identität (10.15), weil nach Voraussetzung $f \in C^k(D_f, F)$ gilt und $\tau$ beliebig oft differenzierbar ist (Satz III.5). □

**Definition III.7** Es seien $X \subset E$, $Y \subset F$ offen und $k \in \mathbb{N} \cup \{\infty\}$. Dann heißt eine Funktion $f: X \to Y$ ein *$C^k$-Diffeomorphismus*

$$:\Longleftrightarrow \quad f \text{ bijektiv}, \ f \in C^k(X, Y) \ \text{ und } \ f^{-1} \in C^k(Y, X);$$

$f$ heißt *lokaler $C^k$-Diffeomorphismus*, wenn es für jedes $x_0 \in X$ offene Umgebungen $U_{x_0} \subset E$ von $x_0$ und $V_{x_0} \subset F$ von $f(x_0)$ gibt mit:

$$f|_{U_{x_0}}: U_{x_0} \to V_{x_0} \text{ ist } C^k\text{-Diffeomorphismus.}$$

**Bemerkung.**

- Ein $C^0$-Diffeomorphismus ist dasselbe wie ein topologischer Isomorphismus (vgl. Definition II.8) und heißt auch *Homöomorphismus*.
- In der obigen Terminologie lautet Satz III.6 über die Umkehrfunktion kurz: Ist $f \in C^k(D_f, F)$ und $Df(x) \in GL(E, F)$, $x \in D_f$, so ist $f$ ein lokaler $C^k$-Diffeomorphismus.

**Bemerkung III.8** Es seien $D_f \subset \mathbb{R}^n$ offen, $k \in \mathbb{N}$ und $f \in C^k(D_f, \mathbb{R}^m)$. Dann ist die Voraussetzung $Df(x_0) \in GL(E, F)$ von Satz III.6 über die Ableitung der Umkehrfunktion äquivalent zu:

$$n = m, \qquad \det J_f(x_0) \neq 0.$$

Im Folgenden zeigen wir in drei ganz unterschiedlichen Situationen, wie man den Satz über die Ableitung der Umkehrfunktion ausnutzen kann:

**Anwendung 1:** Lösbarkeit nicht-linearer Gleichungssysteme.

**Korollar III.9**

Es seien $D_f \subset \mathbb{R}^n$ offen, $k \in \mathbb{N}, f = (f_i)_{i=1}^n \in C^k(D_f, \mathbb{R}^n)$ und $x_0 \in D_f$. Gilt dann

$$\det J_f(x_0) \neq 0,$$

so existieren offene Umgebungen $U \subset \mathbb{R}^n$ von $x_0$ und $V \subset \mathbb{R}^n$ von $f(x_0)$, so dass für jedes $y = (y_1, \dots, y_n) \in V$ das Gleichungssystem $f(x) = y$, d.h.

$$\begin{aligned} f_1(x_1, \dots, x_n) &= y_1, \\ &\vdots \\ f_n(x_1, \dots, x_n) &= y_n, \end{aligned}$$

genau eine Lösung $x(y) = (x_1(y), \dots, x_n(y)) \in U$ besitzt; die Funktionen $x_1, \dots, x_n$ gehören zu $C^k(V, \mathbb{R})$.

**Beispiel**

Die Bestimmung der Nullstellen $x_1, x_2, x_3 \in \mathbb{R}$ eines kubischen Polynoms

$$t^3 + a_2t^2 + a_1t + a_0 = 0 \tag{10.16}$$

führt auf das nicht-lineare Gleichungssystem

$$\begin{aligned} t^3 + a_2t^2 + a_1t + a_0 &= (t - x_1)(t - x_2)(t - x_3) \\ \text{bzw. } t^3 + a_2t^2 + a_1t + a_0 &= t^3 - \underbrace{(x_1 + x_2 + x_3)}_{=:f_1(x_1,x_2,x_3)} t^2 + \underbrace{(x_1x_2 + x_1x_3 + x_2x_3)}_{=:f_2(x_1,x_2,x_3)} t - \underbrace{x_1x_2x_3}_{=:f_3(x_1,x_2,x_3)}. \end{aligned}$$

Koeffizientenvergleich ergibt:

$$\begin{aligned} f_1(x_1, x_2, x_3) &= -a_2, \\ f_2(x_1, x_2, x_3) &= \phantom{-}a_1, \\ f_3(x_1, x_2, x_3) &= -a_0. \end{aligned}$$

Man sieht leicht, dass für die Jacobi-Matrix von $f = (f_1, f_2, f_3)^t : \mathbb{R}^3 \to \mathbb{R}^3$ gilt:

$$\det J_f(x) = (x_1 - x_2)(x_1 - x_3)(x_2 - x_3), \quad x = (x_1, x_2, x_3) \in \mathbb{R}^3.$$

Die Gleichung (10.16) hat also genau dann drei verschiedene reelle Nullstellen $x_1, x_2, x_3$, wenn $\det J_f(x) \neq 0$. Dann existieren offene Umgebungen $U$ von $x$ und $V$ von $f(x) = (-a_2, a_1, -a_0)^t$, so dass für alle Koeffizienten $\widetilde{a}_2, \widetilde{a}_1, \widetilde{a}_0$ mit $(-\widetilde{a}_2, \widetilde{a}_1, -\widetilde{a}_0)^t \in V$ die Gleichung

$$t^3 + \widetilde{a}_2t^2 + \widetilde{a}_1t + \widetilde{a}_0 = 0$$

ebenfalls drei reelle Nullstellen hat.

**Anwendung 2:** Berechnung der Ableitung der Umkehrfunktion ohne Kenntnis der Formel für die Umkehrfunktion.

**Beispiel** Für die Polarkoordinatenabbildung

$$\Psi_2\colon (0,\infty)\times(-\pi,\pi] \to \mathbb{R}^2\setminus\{0\},\qquad \Psi_2(r,\varphi) := (r\cos(\varphi), r\sin(\varphi)),$$

gilt nach Beispiel II.29 auf $D_{\Psi_2} = (0,\infty)\times(-\pi,\pi)$:

$$\det J_{\Psi_2}(r,\varphi) = \begin{vmatrix} \cos(\varphi) & -r\sin(\varphi) \\ \sin(\varphi) & r\cos(\varphi) \end{vmatrix} = r \neq 0, \quad (r,\varphi)\in(0,\infty)\times(-\pi,\pi).$$

Also ist $\Psi_2$ auf ganz $(0,\infty)\times(-\pi,\pi)$ lokal bijektiv. Es gilt:

$$\left(J_{\Psi_2}(r,\varphi)\right)^{-1} = \begin{pmatrix} \cos(\varphi) & \sin(\varphi) \\ -\dfrac{\sin(\varphi)}{r} & \dfrac{\cos(\varphi)}{r} \end{pmatrix}.$$

Mit $(x,y) = \Psi_2(r,\varphi)$ ist:

$$r = \sqrt{x^2+y^2},\quad \frac{x}{r} = \cos(\varphi),\quad \frac{y}{r} = \sin(\varphi).$$

Damit folgt:

$$J_{\Psi_2^{-1}}(x,y) = \left(J_{\Psi_2}(\Psi_2^{-1}(x,y))\right)^{-1} = \begin{pmatrix} \dfrac{x}{\sqrt{x^2+y^2}} & \dfrac{y}{\sqrt{x^2+y^2}} \\ -\dfrac{y}{x^2+y^2} & \dfrac{x}{x^2+y^2} \end{pmatrix}.$$

## 11 Der Satz über implizite Funktionen

Die dritte Anwendung des Satzes über die Ableitung der Umkehrfunktion ist eines der tiefliegendsten Resultate der Differentialrechnung in mehreren Variablen, bei dem es um das folgende Problem geht:

Ist $n = m$ und $f\colon \mathbb{R}^n \supset D_f \to \mathbb{R}^n$ differenzierbar mit $Df(x_0) \in GL(\mathbb{R}^n, \mathbb{R}^n)$, so ist $f\colon U \to V$ bijektiv in einer Umgebung $U$ von $x_0$, und damit gibt es für $c \in V$ genau ein $x_c \in U$, so dass

$$f^{-1}(\{c\}) := \{x \in U : f(x) = c\} = \{x_c\}.$$

Ist hingegen $n > m$, so kann $f\colon \mathbb{R}^n \supset D_f \to \mathbb{R}^m$ nicht lokal bijektiv sein. Dann wird $f^{-1}(\{c\})$ ein komplizierteres Gebilde sein, und es stellen sich folgende Fragen:

- Ist $f^{-1}(\{c\})$ (lokal) der Graph einer Funktion $g$?
- Wenn ja, übertragen sich die Differenzierbarkeitseigenschaften von $f$ auf $g$?

In diesem Fall heißt $g$ durch die Gleichung $f(x) = c$ *implizit definierte Funktion*.

**Bemerkung.** $f^{-1}(\{c\})$ heißt *Faser von $f$ über $c$*; im Fall $m = 1$ sind die $f^{-1}(\{c\})$ für $n = 2$ *Niveaulinien* und allgemeiner *Niveauflächen* von $f$.

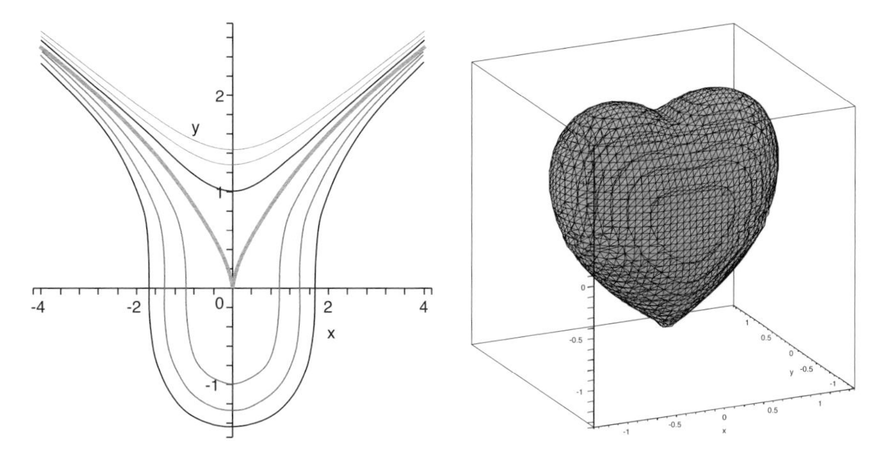


**Abb. 11.1:** Niveaulinien von $f(x, y) = x^2 - y^3$ für $c = -3, -2, -1, 0, 1, 2, 3$ und Niveaufläche $10(2x^2 + y^2 + z^2 - 1)^3 - x^2 z^3 - 10y^2 z^3 = 0$ (Seite 65)

Die folgenden Beispiele geben einen instruktiven Überblick, welche Antworten auf die obigen Fragen möglich sind:

**Beispiele**

- Für $f: \mathbb{R}^2 \to \mathbb{R}, f(x, y) = x^2 + y^2 - 1$, ist die Niveaulinie

  $$f^{-1}(\{0\}) = \left\{(x, y) \in \mathbb{R}^2 : x^2 + y^2 = 1\right\}$$

  die Einheitskreislinie, also *nicht* global Graph *einer* differenzierbaren Funktion von $x$, denn zu jedem $x \neq \pm 1$ existieren je *zwei* $y$ mit $x^2 + y^2 = 1$. Für $x \in (-1, 1)$ kann man die Gleichung $f(x, y) = 0$ aber lokal nach $y$ auflösen:

  $$\begin{aligned} y > 0: \quad & y = g_1(x), \quad g_1(x) := \sqrt{1 - x^2}, \quad && x \in (-1, 1), \\ y < 0: \quad & y = g_2(x), \quad g_2(x) := -\sqrt{1 - x^2}, \quad && x \in (-1, 1). \end{aligned}$$

  Für die Punkte $(-1, 0)$, $(1, 0)$ ist dies aber in keiner noch so kleinen Umgebung möglich! Für $y \in (-1, 1)$ kann man aber $f(x, y) = 0$ lokal nach $x$ auflösen:

  $$\begin{aligned} x > 0: \quad & x = h_1(y), \quad h_1(y) := \sqrt{1 - y^2}, \quad && y \in (-1, 1), \\ x < 0: \quad & x = h_2(y), \quad h_2(y) := -\sqrt{1 - y^2}, \quad && y \in (-1, 1). \end{aligned}$$

  Damit ist die ganze Einheitskreislinie $f^{-1}(\{0\})$ *lokal* als Graph dargestellt, obwohl sie *global* kein Graph ist.

- Für $f: \mathbb{R}^2 \to \mathbb{R}, f(x, y) = x^2 - y^2$, besteht die Niveaufläche

  $$f^{-1}(\{0\}) = \left\{(x, y) \in \mathbb{R}^2 : x^2 = y^2\right\}$$

  aus den zwei Geraden $y = x$ und $y = -x$. Die Gleichung $f(x, y) = 0$ ist in der Nähe von $(0, 0)$ weder nach $x$ noch nach $y$ auflösbar und daher in *keiner* Umgebung von $(0, 0)$ Graph einer Funktion!

– Ist $f: \mathbb{R}^2 \to \mathbb{R}, f(x,y) = x^2 - y^3$, so ist

$$f^{-1}(0) = \{(x,y) \in \mathbb{R}^2 : x^2 = y^3\}$$

zwar Graph einer Funktion, der sog. Neileschen[1] Parabel (die fett eingezeichnete Kurve in Abb. 11.1):

$$y = g(x), \quad g(x) = \sqrt[3]{x^2},$$

aber obwohl $f \in C^\infty(\mathbb{R}^2, \mathbb{R})$ gilt, ist $g$ nicht differenzierbar in 0.

Im Folgenden seien $K = \mathbb{R}$ oder $\mathbb{C}$ und $E_1, E_2, F$ Banachräume über $K$. Für $D_f \subset E_1 \times E_2$ und $f: D_f \to F$ versuchen wir nun lokal die Gleichung

$$f(x,y) = 0$$

nach der Variablen $y$ aufzulösen. Ein typischer Fall dabei ist $E_1 = \mathbb{R}^{n-m}$, $E_2 = \mathbb{R}^m$, also $E_1 \times E_2 = \mathbb{R}^n$, und $F = \mathbb{R}^m$ mit $n > m$.

**Bemerkung.** Es seien $E_1, E_2$ und $F$ Banachräume über $K$. Sind $\|\cdot\|_1$ und $\|\cdot\|_2$ die Normen auf $E_1$ bzw. $E_2$, dann ist $E_1 \times E_2$ versehen mit der Norm

$$\|(x_1,x_2)\| = \max\{\|x_1\|_1, \|x_2\|_2\}, \quad (x_1,x_2) \in E_1 \times E_2,$$

ebenfalls ein Banachraum (überlegen Sie sich warum!).

Satz III.10 **über implizite Funktionen.** *Es seien $D_f \subset E_1 \times E_2$ offen, $k \in \mathbb{N}$, $f \in C^k(D_f, F)$, $(x_0, y_0) \in D_f$ und $c_0 := f(x_0, y_0)$. Definiere $D_i f(x,y) \in L(E_i, F)$, $i = 1,2$, für $(x,y) \in D_f$ durch:*

$$\underbrace{Df(x,y)}_{\in L(E_1 \times E_2, F)}(x_1,x_2) = Df(x,y)(x_1,0) + Df(x,y)(0,x_2) =: D_1 f(x,y)x_1 + D_2 f(x,y)x_2, \quad (x_1,x_2) \in E_1 \times E_2.$$

*Gilt dann*

$$D_2 f(x_0,y_0) \in GL(E_2, F), \tag{11.1}$$

*so existieren offene Umgebungen $U \subset D_f$ von $(x_0,y_0)$ und $U_1 \subset E_1$ von $x_0$ sowie eine Funktion $g \in C^k(U_1, E_2)$, so dass gilt:*

$$(x,y) \in U, \ f(x,y) = c_0 \iff x \in U_1, \ y = g(x);$$

*in diesem Fall ist*

$$Dg(x) = -\big(D_2 f(x, g(x))\big)^{-1} D_1 f(x, g(x)). \tag{11.2}$$

**Bemerkung.** Der Satz III.10 über implizite Funktionen sagt kurz formuliert: Lokal um $(x_0,y_0)$ ist $f^{-1}(c_0)$ Graph einer $C^k$-Funktion.

[1] William Neile, ∗ 16. Dezember 1637 in Bishopsthorpe, † 24. August 1670 in White Waltham, englischer Mathematiker, der als junger Student in Oxford als erster die Bogenlänge der kubischen Parabel fand.

*Beweis.* Der Beweis erfolgt durch Anwenden von Satz III.6 über die Umkehrfunktion auf die Hilfsfunktion

$$G\colon E_1 \times E_2 \supset D_f \to E_1 \times F, \quad G(x,y) = \begin{pmatrix} x \\ f(x,y) - c_0 \end{pmatrix} = \begin{pmatrix} \mathrm{pr}_1(x,y) \\ f(x,y) - c_0 \end{pmatrix},$$

wobei $\mathrm{pr}_1\colon E_1 \times E_2 \to E_1$, $\mathrm{pr}_1(x,y) = x$, die Projektion auf die erste Komponente bezeichnet. Dazu zeigen wir zunächst, dass $G$ die Voraussetzungen von Satz III.6 erfüllt.

*Behauptung*: $G \in C^k(D_f, E_1 \times F)$ und $\mathrm{D}\,G(x_0,y_0) \in GL(E_1 \times E_2, E_1 \times F)$.

*Beweis*: Analog zu Satz II.23 (ii) zeigt man, dass die Differenzierbarkeit von $G$ äquivalent zur komponentenweisen Differenzierbarkeit ist. Aus $f \in C^k(D_f, F)$ und aus $\mathrm{pr}_1 \in C^\infty(D_f, E_1)$ folgt dann $G \in C^k(D_f, E_1 \times F)$ und

$$\mathrm{D}G(x,y) = \begin{pmatrix} \mathrm{D}\,\mathrm{pr}_1(x,y) \\ \mathrm{D}f(x,y) \end{pmatrix}, \quad (x,y) \in D_f.$$

Nun gilt für $(x,y) \in D_f$, $(x_1,x_2) \in E_1 \times E_2$ nach Definition von $\mathrm{pr}_1$ und $\mathrm{D}_i f(x,y)$:

$$\mathrm{D}f(x,y)(x_1,x_2) = \begin{pmatrix} \mathrm{D}_1 f(x,y) & \mathrm{D}_2 f(x,y) \end{pmatrix} \begin{pmatrix} x_1 \\ x_2 \end{pmatrix},$$

$$\mathrm{D}\,\mathrm{pr}_1(x,y)(x_1,x_2) = \begin{pmatrix} I_{E_1} & 0 \end{pmatrix} \begin{pmatrix} x_1 \\ x_2 \end{pmatrix} = x_1$$

und damit insgesamt

$$\mathrm{D}G(x,y)(x_1,x_2) = \begin{pmatrix} I_{E_1} & 0 \\ \mathrm{D}_1 f(x,y) & \mathrm{D}_2 f(x,y) \end{pmatrix} \begin{pmatrix} x_1 \\ x_2 \end{pmatrix}, \quad (x_1,x_2) \in E_1 \times E_2.$$

Nach Voraussetzung (11.1) ist $\mathrm{D}_2 f(x_0,y_0) \in GL(E_2,F)$. Man prüft leicht nach, dass dann auch $\mathrm{D}\,G(x_0,y_0) \in GL(E_1 \times E_2, E_1 \times F)$ ist mit

$$\mathrm{D}G(x_0,y_0)^{-1} = \begin{pmatrix} I_{E_1} & 0 \\ -\big(\mathrm{D}_2 f(x_0,y_0)\big)^{-1} \mathrm{D}_1 f(x_0,y_0) & \big(\mathrm{D}_2 f(x_0,y_0)\big)^{-1} \end{pmatrix}.$$

Nach Satz III.6 über die Umkehrfunktion angewendet auf $G$ existieren offene Umgebungen $U \subset D_f$ von $(x_0,y_0)$ und $V \subset E_1 \times F$ von $G(x_0,y_0) = \big(x_0, f(x_0,y_0) - c_0\big)^{\mathrm{t}} = (x_0, 0)^{\mathrm{t}}$ so, dass $G|_U\colon U \to V$ bijektiv ist und $(G|_U)^{-1} \in C^k(V,U)$. Für $i = 1,2$ sei $\varphi_i \in C^k(V, E_i)$ definiert durch

$$(G|_U)^{-1}\colon E_1 \times F \supset V \to U \subset D_f \subset E_1 \times E_2,$$

$$(G|_U)^{-1} \begin{pmatrix} x \\ c \end{pmatrix} =: \big(\varphi_1(x,c), \varphi_2(x,c)\big), \quad \begin{pmatrix} x \\ c \end{pmatrix} \in V.$$

Dann gilt für $(x,c) \in V$ nach Definition von $G$:

$$\begin{pmatrix} x \\ c \end{pmatrix} = G|_U \left( (G|_U)^{-1} \begin{pmatrix} x \\ c \end{pmatrix} \right) = G\big(\varphi_1(x,c), \varphi_2(x,c)\big) = \begin{pmatrix} \varphi_1(x,c) \\ f\big(\varphi_1(x,c), \varphi_2(x,c)\big) - c_0 \end{pmatrix},$$

also folgt

$$\varphi_1(x,c) = x, \quad f(x, \varphi_2(x,c)) - c_0 = c.$$

Setze jetzt

$$U_1 := \left\{ x \in E_1 \colon \begin{pmatrix} x \\ 0 \end{pmatrix} \in V \right\}, \qquad g\colon U_1 \to E_2, \; g(x) := \varphi_2(x,0). \tag{11.3}$$

Dann ist $U_1$ eine offene Umgebung von $x_0, g \in C^k(U_1, E_2)$ und

$$\begin{aligned} (x,y) \in U,\ f(x,y) = c_0 &\iff (x,y) \in U,\ G(x,y) = \begin{pmatrix} x \\ 0 \end{pmatrix} \\ &\iff (x,y) \in U,\ (x,y) = G^{-1}\begin{pmatrix} x \\ 0 \end{pmatrix} \\ &\iff (x,y) \in U,\ (x,y) = \big(x, \varphi_2(x,0)\big) \\ &\iff x \in U_1,\ y = g(x). \end{aligned}$$

Um die Ableitung von $g$ zu bestimmen, definieren wir

$$h\colon U_1 \to F, \quad h(x) := f\big(x, g(x)\big), \quad x \in U_1.$$

Dann ist $h(x) = c_0$, $x \in U_1$, also $h$ konstant auf $U_1$. Mit der Kettenregel (Satz II.34) folgt dann für $x \in U_1$:

$$0 = \mathrm{D}h(x) = \mathrm{D}f\big(x, g(x)\big)\begin{pmatrix} I_{E_1} \\ \mathrm{D}g(x) \end{pmatrix} = \mathrm{D}_1 f\big(x, g(x)\big) I_{E_1} + \mathrm{D}_2 f\big(x, g(x)\big)\mathrm{D}g(x),$$

also (11.2). Wegen $k \in \mathbb{N}$ ist

$$\mathrm{D}_2 f \in C^{k-1}(D_f, L(E_2, F)) \subset C(D_f, L(E_2, F)),$$

also ist $\mathrm{D}_2 f$ stetig. Nach Satz III.5 ist $GL(E_2, F)$ offen in $L(E_2, F)$. Folglich ist nach Satz I.27 auch das Urbild $\mathrm{D}_2 f^{-1}(GL(E_2, F)) \subset E_1 \times E_2$ offen und damit auch der Durchschnitt

$$\underbrace{\big((\mathrm{D}_2 f)^{-1}(GL(E_2, F)\big)}_{\text{offen}} \cap \underbrace{U}_{\text{offen}} = \big\{(x,y) \in U\colon \mathrm{D}_2 f(x,y) \in GL(E_2, F)\big\} =: \widetilde{U}.$$

Nach Voraussetzung (11.1) ist $\mathrm{D}_2 f(x_0, y_0) \in GL(E_2, F)$, also $(x_0, y_0) \in \widetilde{U}$. Also ist $\widetilde{U}$ eine offene Umgebung von $(x_0, y_0)$. Verkleinert man $U$ zu $\widetilde{U}$ und definiert entsprechend $\widetilde{U}_1$ analog zu (11.3), so folgen die Aussagen mit $\widetilde{U}$ und $\widetilde{U}_1$. □

Im Folgenden zeigen wir drei ganz unterschiedliche Anwendungen von Satz III.10 über implizite Funktionen:

**Anwendung 1:** Bestimmung der Tangentensteigung für implizit definierte Kurven.

**Korollar III.11** Es seien $D_f \subset \mathbb{R}^2$ offen, $k \in \mathbb{N}, f \in C^k(D_f, \mathbb{R})$ und $(x_0, y_0) \in D_f$ mit $f(x_0, y_0) = 0$. Gilt dann

$$\frac{\partial f}{\partial y}(x_0, y_0) \neq 0,$$

so existiert eine offene Umgebung $U_1 \subset \mathbb{R}$ von $x_0$ und ein $g \in C^k(U_1, \mathbb{R})$ mit

$$f(x, g(x)) = 0, \quad g(x_0) = y_0;$$

in diesem Fall ist

$$g'(x) = -\frac{\dfrac{\partial f}{\partial x}(x, g(x))}{\dfrac{\partial f}{\partial y}(x, g(x))}, \quad x \in U_1.$$

*Beweis.* Die Behauptung ist der Spezialfall $E_1 = E_2 = F = \mathbb{R}$ von Satz III.10 über implizite Funktionen. □

Beispiel III.12

Betrachte die Funktion

$$f\colon (0,\infty)\times\mathbb{R}\to\mathbb{R},\quad f(x,y) = \ln\sqrt{x^2+y^2} - \arctan\frac{y}{x}.$$

Man kann die Gleichung $f(x,y) = 0$ nicht explizit nach $y$ auflösen, hat also keine Formel für die dadurch definierte implizite Funktion $g$. Trotzdem kann man die Tangentensteigung bestimmen, z.B. in $(1,0) \in f^{-1}(\{0\})$:

$$\frac{\partial f}{\partial x}(x,y) = \frac{2x}{2(x^2+y^2)} - \frac{1}{1+\frac{y^2}{x^2}}\left(-\frac{y}{x^2}\right) = \frac{x+y}{x^2+y^2}, \qquad \frac{\partial f}{\partial x}(1,0) = 1,$$

$$\frac{\partial f}{\partial y}(x,y) = \ldots = \frac{-x+y}{x^2+y^2}, \qquad \frac{\partial f}{\partial y}(1,0) = -1.$$

Mit der Funktion $g$ aus Korollar III.11 ist dann die Tangentensteigung der durch $f(x,y) = 0$ gegebenen Kurve im Punkt $(1,0)$ gleich

$$g'(1) = -\frac{\frac{\partial f}{\partial x}(1,0)}{\frac{\partial f}{\partial y}(1,0)} = 1.$$

**Anwendung 2**: Lokale Extrema bei Nebenbedingungen.

*Problem*: Wir suchen die lokalen Extremstellen einer Funktion $f\colon \mathbb{R}^n \supset D_f \to \mathbb{R}$ unter zusätzlichen Nebenbedingungen der Form

$$h_1(x) = \ldots = h_m(x) = 0$$

mit Funktionen $h_i\colon \mathbb{R}^n \supset D_f \to \mathbb{R}$ und $m < n$.

Könnte man die Nebenbedingungen explizit nach $m$ Variablen auflösen und diese so in $f$ eliminieren, wären die lokalen Extremstellen einer Funktion in den verbleibenden $n-m$ Variablen wie in Abschnitt II.9 zu bestimmen.

Meist ist dies unmöglich und wenn doch, dann oft sehr kompliziert. Der Satz über implizite Funktionen liefert eine einfache notwendige Bedingung für das Vorliegen einer lokalen Extremstelle unter Nebenbedingungen. Wir betrachten hier zur Vereinfachung den Fall einer Nebenbedingung, also $m = 1$.

Satz III.13

*Es seien $D_f \subset \mathbb{R}^n$ offen, $f, h \in C^1(D_f,\mathbb{R})$ und*

$$M := \{x \in D_f : h(x) = 0\}.$$

*Ist $x_0 \in M$ eine lokale Extremstelle der Einschränkung $f|_M$ von $f$ auf $M$ (d.h. eine lokale Extremstelle von $f$ unter der Nebenbedingung $h(x) = 0$) und gilt*

$$\operatorname{grad} h(x_0) \neq 0, \tag{11.4}$$

*so existiert ein $\lambda \in \mathbb{R}$ (*Lagrange-Multiplikator *genannt) mit*

$$\operatorname{grad} f(x_0) = \lambda \operatorname{grad} h(x_0). \tag{11.5}$$

*Beweis.* Wegen (11.4) können wir ohne Einschränkung annehmen (allenfalls nach Umnummerierung der Variablen), dass gilt:

$$\frac{\partial h}{\partial x_n}(x_0) \neq 0. \tag{11.6}$$

Entsprechend zerlegen wir $\mathbb{R}^n = \mathbb{R}^{n-1} \times \mathbb{R}$ und fassen die ersten $n-1$ Koordinaten zusammen, indem wir $x_0 = (x_{0,i})_{i=1}^n$, $x = (x_i)_{i=1}^n \in D_f$ schreiben als

$$x_0 =: (\widetilde{x}_0, x_{0,n}), \qquad x =: (\widetilde{x}, x_n) \in \mathbb{R}^{n-1} \times \mathbb{R}.$$

Wegen (11.6) ist der Satz über implizite Funktionen auf $h$ anwendbar (mit $E_1 = \mathbb{R}^{n-1}$ und $E_2 = \mathbb{R}$). Also existieren offene Umgebungen $U \subset \mathbb{R}^n$ von $x_0 = (\widetilde{x}_0, x_{0,n})$ und $U_1 \subset \mathbb{R}^{n-1}$ von $\widetilde{x}_0$ sowie eine Funktion $g \in C^1(U_1, \mathbb{R})$ mit

$$(\widetilde{x}, x_n) \in U, \ \ h(\widetilde{x}, x_n) = 0 \quad \Longleftrightarrow \quad \widetilde{x} \in U_1, \ \ x_n = g(\widetilde{x}).$$

Differenziert man die Gleichung $0 = h\big(\widetilde{x}, g(\widetilde{x})\big)$ partiell nach $x_i$ für $i = 1, \dots, n-1$, so ergibt sich mit der Kettenregel (Satz II.34)

$$0 = \frac{\partial h}{\partial x_i}\big(\widetilde{x}, g(\widetilde{x})\big) + \frac{\partial h}{\partial x_n}\big(\widetilde{x}, g(\widetilde{x})\big)\frac{\partial g}{\partial x_i}(\widetilde{x}), \qquad i = 1, \dots, n-1. \tag{11.7}$$

Definiere nun die Funktion

$$F\colon U_1 \to \mathbb{R}, \quad F(\widetilde{x}) := f\big(\widetilde{x}, g(\widetilde{x})\big).$$

Da nach Voraussetzung $f$ auf $M$ in $x_0$ eine lokale Extremstelle hat, hat $F$ in $\widetilde{x}_0$ eine lokale Extremstelle im üblichen Sinn. Aus Satz II.60 folgt dann, dass $\operatorname{grad} F(x_0) = 0$ gelten muss. Mit analoger Anwendung der Kettenregel wie oben ergibt sich daraus (man beachte, dass wegen $x_0 \in M$ gilt $x_{0,n} = g(\widetilde{x}_0)$):

$$0 = \frac{\partial f}{\partial x_i}\big(\widetilde{x}_0, g(\widetilde{x}_0)\big) + \frac{\partial f}{\partial x_n}\big(\widetilde{x}_0, g(\widetilde{x}_0)\big)\frac{\partial g}{\partial x_i}(\widetilde{x}_0), \quad i = 1, \dots, n-1. \tag{11.8}$$

Nach Voraussetzung (11.4) können wir nun

$$\lambda := \frac{\partial f}{\partial x_n}(x_0)\left(\frac{\partial h}{\partial x_n}(x_0)\right)^{-1} \in \mathbb{R}$$

setzen. Dann gilt automatisch die Gleichheit der $n$-ten Komponenten in (11.5). Die Gleichheit der ersten $n-1$ Komponenten folgt aus (11.7) für $\widetilde{x} = \widetilde{x}_0$ und (11.8):

$$\frac{\partial f}{\partial x_i}(x_0) \overset{(11.8)}{=} -\lambda\,\frac{\partial h}{\partial x_n}(x_0)\frac{\partial g}{\partial x_i}(\widetilde{x}_0) \overset{(11.7)}{=} \lambda\,\frac{\partial h}{\partial x_i}(x_0). \qquad \square$$

**Bemerkung.** – Auf den genauen Wert des Lagrange-Multiplikators $\lambda$ in (11.5) kommt es meist nicht an.

- Satz III.13 liefert nur Informationen über *Kandidaten* für lokale Extremstellen von $f|_M$, für genauere Aussagen sind weitere Argumente nötig.
- Satz III.13 erlaubt es auch, Extremstellen auf abgeschlossenen Definitionsbereichen zu bestimmen, wenn man diese durch Nebenbedingungen der obigen Form beschreiben kann.

Die folgenden zwei Beispiele illustrieren Satz III.13 und die obigen Bemerkungen:

**Beispiel III.14** Bestimme den achsenparallelen Quader mit größtem Volumen, dessen Ecken auf der Kugelschale $S_1(0) \subset \mathbb{R}^3$ liegen, d.h., finde das Maximum von

$$V\colon \underbrace{[0,\infty)^3}_{=:D_V} \to \mathbb{R}, \qquad V(x,y,z) = (2x)(2y)(2z) = 8\,xyz$$

auf der abgeschlossenen Menge $D_V \cap S_1(0)$, d.h. unter der Nebenbedingung

$$h(x,y,z) = x^2 + y^2 + z^2 - 1 = 0!$$

Dann ist für alle $(x,y,z) \neq (0,0,0)$

$$\operatorname{grad} h(x,y,z) = (2x, 2y, 2z) \neq 0.$$

Für Bedingung (11.5) ergibt sich hier:

$$\operatorname{grad} V(x,y,z) = \lambda \operatorname{grad} h(x,y,z) \iff \begin{cases} 8\,yz = \lambda 2x & |\cdot x \\ 8\,xz = \lambda 2y & |\cdot y \\ 8\,xy = \lambda 2z & |\cdot z \end{cases}$$

$$\implies \quad 4\,xyz = \lambda x^2 = \lambda y^2 = \lambda z^2 \geq 0.$$

$\underline{\lambda = 0}$: Dann folgt $xyz = 0$ und folglich $V(x,y,z) = 0$. Da $V \geq 0$ auf $D_V$ gilt, ist 0 das Minimum von $V$ auf $D_V \cap S_1(0)$.

$\underline{\lambda \neq 0}$: Dann folgt $x^2 = y^2 = z^2$ und damit aus der Nebenbedingung

$$x = y = z = \frac{1}{\sqrt{3}}.$$

Da $V$ stetig ist und $D_V \cap S_1(0) \subset \mathbb{R}^3$ kompakt, nimmt $V$ auf $D_V \cap S_1(0)$ sein Maximum an. Also wird das größte Volumen $V_{\max}$ für einen Würfel mit Kantenlänge $\frac{2}{\sqrt{3}}$ erreicht:

$$V_{\max} = \frac{8}{9}\sqrt{3}.$$

**Beispiel III.15** Zeige, dass das *geometrische Mittel* der Zahlen $a_1, \ldots, a_n \geq 0$ immer kleiner gleich ihrem *arithmetischen Mittel* ist:

$$\underbrace{\sqrt[n]{a_1 \cdots a_n}}_{\text{geometrisches Mittel}} \leq \underbrace{\frac{a_1 + \cdots + a_n}{n}}_{\text{arithmetisches Mittel}}!$$

Die Behauptung ist äquivalent zu

$$x_1^2 \cdots x_n^2 \leq \frac{1}{n^n}, \qquad x_i^2 := \frac{a_i}{a_1 + \cdots + a_n}, \quad i = 1, \ldots, n.$$

**Beispiel III.16** Zum Beweis untersuchen wir die Funktion $f: \mathbb{R}^n \to \mathbb{R}, f(x_1, \dots, x_n) = x_1^2 \cdots x_n^2$ auf lokale Extremstellen auf der abgeschlossenen Menge $S_1(0) \subset \mathbb{R}^n$, d.h. unter der Nebenbedingung

$$h(x_1, \dots, x_n) = x_1^2 + \cdots + x_n^2 - 1 = 0.$$

Dann gilt für alle $(x_1, \dots, x_n) \neq (0, \dots, 0)$:

$$\operatorname{grad} h(x_1, \dots, x_n) = (2x_1, \dots, 2x_n) \neq 0.$$

Für Bedingung (11.5) ergibt sich hier:

$$\operatorname{grad} f(x_1, \dots, x_n) = \lambda \operatorname{grad} h(x_1, \dots, x_n)$$

$$\iff \begin{cases} 2\, x_1 x_2^2 \cdot \ldots \cdot x_{n-1}^2 x_n^2 = \lambda 2 x_1 & | \cdot x_1 \\ 2\, x_1^2 x_2 \cdot \ldots \cdot x_{n-1}^2 x_n^2 = \lambda 2 x_2 & | \cdot x_2 \\ \vdots & \\ 2\, x_1^2 x_2^2 \cdot \ldots \cdot x_{n-1}^2 x_n = \lambda 2 x_n & | \cdot x_n \end{cases}$$

$$\implies x_1^2 x_2^2 \cdots x_{n-1}^2 x_n^2 = \lambda x_1^2 = \lambda x_2^2 = \ldots = \lambda x_n^2 \geq 0.$$

$\underline{\lambda = 0}$: Dann folgt $x_1^2 x_2^2 \cdots x_n^2 = 0$ und folglich $f(x_1, \dots, x_n) = 0$. Da $f \geq 0$ auf $\mathbb{R}^n$ gilt, ist 0 das Minimum von $f$ auf $S_1(0)$.

$\underline{\lambda \neq 0}$: Dann folgt $x_1^2 = x_2^2 = \ldots = x_n^2$ und damit aus der Nebenbedingung

$$x_1^2 = x_2^2 = \ldots = x_n^2 = \frac{1}{n}.$$

Da $f$ stetig ist und $S_1(0) \subset \mathbb{R}^n$ kompakt, nimmt $f$ auf $S_1(0)$ sein Maximum an, also ist

$$x_1^2 \cdots x_n^2 = f(x_1, \dots, x_n) \leq f_{\max} := f\Big(\frac{1}{\sqrt{n}}, \dots, \frac{1}{\sqrt{n}}\Big) = \frac{1}{n^n}.$$

## 12 Parameterabhängige Integrale

In diesem Abschnitt untersuchen wir, wie man parameterabhängige Integrale differenziert. Darunter versteht man Funktionen der Form

$$F(y) = \int_a^b f(x, y)\, \mathrm{d}x, \qquad y \in D_F,$$

mit $D_f \subset \mathbb{R}^n$ und $f: [a, b] \times D_F \to K$, wobei $K = \mathbb{R}$ oder $\mathbb{C}$ ist.

Dazu betrachten wir einen kompakten metrischen Raum $X$ und versehen den Raum $C(X, K)$ mit der Supremums- bzw. hier Maximumnorm ([32, Definition VIII.32]):

$$\|g\|_\infty := \sup \{|g(x)| : x \in X\} = \max \{|g(x)| : x \in X\}.$$

**Proposition III.17** *Es seien $X, Y, Z$ metrische Räume und $X$ kompakt. Dann ist für $f \in C(X \times Y, Z)$ die folgende Abbildung stetig:*

$$\varphi: Y \to C(X, Z), \quad y \mapsto f(\cdot, y) =: f^y.$$

*Beweis.* Angenommen $\varphi$ ist nicht stetig. Dann existieren ein $\varepsilon > 0$ und eine Folge $(y_n)_{n\in\mathbb{N}} \subset Y, y_n \to y,\ n \to \infty$, mit

$$\forall\, n \in \mathbb{N}: \ \|f^{y_n} - f^y\|_\infty > \varepsilon.$$

Nach Definition von $\|\cdot\|_\infty$ existiert dann eine Folge $(x_n)_{n\in\mathbb{N}} \subset X$ mit

$$\forall\, n \in \mathbb{N}: \ |f^{y_n}(x_n) - f^y(x_n)| = |f(x_n, y_n) - f(x_n, y)| > \varepsilon. \tag{12.1}$$

Da $X$ kompakt ist, enthält $(x_n)_{n\in\mathbb{N}}$ eine in $X$ konvergente Teilfolge $(x_{n_k})_{k\in\mathbb{N}} \subset X$, $x := \lim_{k\to\infty} x_{n_k} \in X$ (Satz I.33). Dann gilt $(x_{n_k}, y_{n_k}) \to (x, y),\ k \to \infty$. Da $f$ nach Voraussetzung stetig ist, folgt

$$f(\underset{\downarrow \atop x}{x_{n_k}}, \underset{\downarrow \atop y}{y_{n_k}}) \longrightarrow f(x, y), \quad f(\underset{\downarrow \atop x}{x_{n_k}}, y) \longrightarrow f(x, y), \qquad k \to \infty,$$

also, im Widerspruch zu (12.1),

$$\left| f(x_{n_k}, y_{n_k}) - f(x_{n_k}, y) \right| \longrightarrow 0, \quad k \to \infty.$$

□

**Korollar III.18** Es seien $[a, b] \subset \mathbb{R}$, $Y$ metrischer Raum, $K = \mathbb{R}$ oder $\mathbb{C}$ und $f \in C([a, b] \times Y, K)$. Dann ist auch die folgende Funktion stetig:

$$F: Y \to K, \quad F(y) := \int_a^b f(x, y)\, \mathrm{d}x, \quad y \in Y.$$

*Beweis.* Das Integral als Abbildung $\mathcal{I}: C([a, b], K) \to K, \mathcal{I}(h) := \int_a^b h(x)\mathrm{d}x$, ist stetig nach Beispiel II.6 (ii). Die Behauptung folgt dann, weil $F = \mathcal{I} \circ \varphi$ ist mit $\varphi$ aus Proposition III.17 und die Abbildung $\varphi$ ebenfalls stetig ist. □

**Satz III.19** *Es seien $[a, b] \subset \mathbb{R}$, $D_F \subset \mathbb{R}^n$ offen, $K = \mathbb{R}$ oder $\mathbb{C}$ und $f: [a, b] \times D_F \to K$ eine Funktion, für die gilt:*

(i) *für jedes $y \in D_F$ ist die Funktion $f^y := f(\cdot, y): [a, b] \to K$ stetig,*

(ii) *$f$ ist nach den letzten $n$ Variablen stetig partiell differenzierbar.*

*Dann ist die Funktion*

$$F: D_F \to K, \quad F(y) := \int_a^b f(x, y)\, \mathrm{d}x, \quad y \in D_F,$$

*stetig partiell differenzierbar, und es gilt:*

$$\frac{\partial F}{\partial y_i}(y) = \int_a^b \frac{\partial f}{\partial y_i}(x, y)\, \mathrm{d}x, \quad y \in D_F, \quad i = 1, \ldots, n. \tag{12.2}$$

**Bemerkung.** Voraussetzung (i) garantiert, dass das Riemann-Integral, das $F(y)$ definiert, über eine stetige Funktion gebildet wird und folglich existiert. Ist sogar $f \in C([a,b] \times D_F, K)$, so ist (i) automatisch erfüllt.

*Beweis.* Es sei $y_0 \in D_F$ beliebig und $i \in \{1, \dots, n\}$. Da $D_F$ offen ist, existiert $\gamma > 0$ mit $y_0 + te_i \in D_F$, $t \in (-\gamma, \gamma)$. Definiere

$$G(t) := \frac{F(y_0 + te_i) - F(y_0)}{t} - \int_a^b \frac{\partial f}{\partial y_i}(x, y_0)\, \mathrm{d}x, \quad t \in (-\gamma, \gamma).$$

Die Behauptungen sind dann äquivalent dazu, dass gilt:

$$\lim_{t \to 0} G(t) = 0.$$

Nach Definition von $F$ ist für $t \in (-\gamma, \gamma)$:

$$G(t) = \int_a^b \left( \frac{f(x, y_0 + te_i) - f(x, y_0)}{t} - \frac{\partial f}{\partial y_i}(x, y_0) \right) \mathrm{d}x =: \int_a^b g(x, t)\, \mathrm{d}x.$$

Schreibt man den Integranden mit Hilfe des Fundamentalsatzes der Differential- und Integralrechnung ([32, Satz VIII.21]) um, so ergibt sich:

$$g(x, t) = \frac{1}{t} \int_0^t \left( \frac{\partial f}{\partial y_i}(x, y_0 + \tau e_i) - \frac{\partial f}{\partial y_i}(x, y_0) \right) \mathrm{d}\tau, \quad x \in [a, b],\ t \in (-\gamma, \gamma).$$

Nach Voraussetzung (ii) ist $\frac{\partial f}{\partial y_i} \in C([a,b] \times D_F, K)$, also ist nach Proposition III.17 die Abbildung $D_F \to C([a,b], K), y \mapsto \frac{\partial f}{\partial y_i}(\,\cdot\,, y)$, stetig. Daher existiert zu beliebigem $\varepsilon > 0$ ein $\delta > 0$, $\delta < \gamma$, so dass für alle $\tau \in (-\delta, \delta)$ gilt:

$$\left\| \frac{\partial f}{\partial y_i}(\,\cdot\,, y_0 + \tau e_i) - \frac{\partial f}{\partial y_i}(\,\cdot\,, y_0) \right\|_\infty < \frac{\varepsilon}{b - a}.$$

Damit folgt für $t \in (-\delta, \delta)$:

$$|g(x, t)| \le \frac{1}{|t|} \left| \int_0^t \underbrace{\left| \frac{\partial f}{\partial y_i}(x, y_0 + \tau e_i) - \frac{\partial f}{\partial y_i}(x, y_0) \right|}_{< \frac{\varepsilon}{b-a}} \mathrm{d}\tau \right| < \frac{\varepsilon}{b - a},$$

also insgesamt

$$|G(t)| \le \int_a^b \underbrace{|g(x, t)|}_{< \frac{\varepsilon}{b-a}} \mathrm{d}x < \varepsilon.$$

Die Stetigkeit von $\frac{\partial F}{\partial y_i}$ folgt aus Voraussetzung (ii), (12.2) und Korollar III.18. □

**Bemerkung.** Für $[a,b], [c,d] \subset \mathbb{R}$ und $f \in C([a,b] \times [c,d], K)$ sind nach Korollar III.18 die Funktionen

$$F(y) := \int_a^b f(x, y)\, \mathrm{d}x, \quad y \in [c, d],$$

$$H(x) := \int_c^d f(x, y)\, \mathrm{d}y, \quad x \in [a, b],$$

stetig, also Riemann-integrierbar, und es gilt:

$$\int_c^d F(y)\,\mathrm{d}x = \int_a^b H(x)\,\mathrm{d}x. \tag{12.3}$$

Man kann daher das Integral über das zweidimensionale Rechteck $Q := [a, b] \times [c, d]$ mit $z = (x, y) \in Q$ definieren als:

$$\int_Q f(z)\,\mathrm{d}z := \int_c^d \Big( \int_a^b f(x, y)\,\mathrm{d}x \Big)\,\mathrm{d}y = \int_a^b \Big( \int_c^d f(x, y)\,\mathrm{d}y \Big)\,\mathrm{d}x.$$

*Beweis.* Definiere

$$g(y) := \int_a^b \Big( \int_c^y f(x, t)\,\mathrm{d}t \Big)\,\mathrm{d}x, \quad y \in [c, d].$$

Dann ist $g(c) = 0$, und $g$ ist nach Satz III.19 differenzierbar mit

$$g'(y) = \int_a^b \frac{\partial}{\partial y} \Big( \int_c^y f(x, t)\,\mathrm{d}t \Big)\,\mathrm{d}x = \int_a^b f(x, y)\,\mathrm{d}x = F(y), \quad y \in [c, d].$$

Damit folgt:

$$\int_c^d F(y)\,\mathrm{d}y = \int_c^d g'(y)\,\mathrm{d}y = g(d) - \overbrace{g(c)}^{=0} = \int_a^b \Big( \overbrace{\int_c^d f(x, t)\,\mathrm{d}t}^{=H(x)} \Big)\,\mathrm{d}x = \int_a^b H(x)\,\mathrm{d}x.$$

□

Die Integration von Funktionen mehrerer Variablen und gleichzeitig eine Erweiterung des Riemannschen Integralbegriffs lernt man in der Lebesgueschen Integrationstheorie kennen (siehe z.B. [6]).

Im folgenden abschließenden Beispiel berechnen wir das Integral über die Gaußsche Glockenkurve, das in der Wahrscheinlichkeitstheorie eine wichtige Rolle spielt und dort den Normierungsfaktor für die Standardnormalverteilung liefert ([15, (5.61)]):

**Beispiel III.20**

**Integral über die Gaußsche Glockenkurve.** $\displaystyle\int_{-\infty}^{\infty} \mathrm{e}^{-t^2/2}\,\mathrm{d}t = \sqrt{2\pi}.$

Dazu betrachten wir die Funktion $F\colon \mathbb{R} \to \mathbb{R}$, gegeben durch

$$F(y) := \int_0^1 \frac{\mathrm{e}^{-(1+x^2)y^2/2}}{1 + x^2}\,\mathrm{d}x, \quad y \in \mathbb{R}.$$

Nach Satz III.19 ist $F$ differenzierbar mit

$$\begin{aligned} F'(y) &= \int_0^1 \frac{1}{1 + x^2} (-(1 + x^2)y)\,\mathrm{e}^{-(1+x^2)y^2/2}\,\mathrm{d}x = -\int_0^1 y\,\mathrm{e}^{-(1+x^2)y^2/2}\,\mathrm{d}x \\ &= -\,\mathrm{e}^{-y^2/2} \int_0^1 y\,\mathrm{e}^{-x^2y^2/2}\,\mathrm{d}x \overset{t=x\cdot y}{=} -\,\mathrm{e}^{-y^2/2} \int_0^y \mathrm{e}^{-t^2/2}\,\mathrm{d}t. \end{aligned}$$

Setzt man

$$G(y) := \Big( \int_0^y \mathrm{e}^{-t^2/2}\,\mathrm{d}t \Big)^2, \quad y \in \mathbb{R},$$

so ist nach der Kettenregel für Funktionen einer reellen Variablen ([32, Satz VII.8]):

$$G'(y) = 2\Big(\int_0^y e^{-t^2/2}\,dt\Big)\, e^{-y^2/2} = -2F'(y), \quad y \in \mathbb{R}.$$

Also existiert eine Konstante $c \in \mathbb{R}$ mit $2F + G \equiv c$. Wegen $G(0) = 0$ ist

$$c = 2F(0) = 2\int_0^1 \frac{1}{1+x^2}\,dx = 2\big[\arctan(x)\big]_0^1 = \frac{\pi}{2}$$

und damit

$$\Big(\int_0^y e^{-t^2/2}\,dt\Big)^2 = G(y) = \frac{\pi}{2} - 2F(y), \quad y \in \mathbb{R}. \tag{12.4}$$

Wegen

$$0 \le F(y) = \int_0^1 \frac{\overbrace{e^{-(1+x^2)y^2/2}}^{\le -1}}{\underbrace{1+x^2}_{\ge 1}}\,dx \le \int_0^1 e^{-y^2/2}\,dx = e^{-y^2/2} \longrightarrow 0, \quad y \to \infty,$$

folgt $\lim_{y\to\infty} F(y) = 0$. Also ergibt sich insgesamt mit (12.4):

$$\int_{-\infty}^{\infty} e^{-t^2/2}\,dt = 2\int_0^{\infty} e^{-t^2/2}\,dt = 2\sqrt{\frac{\pi}{2}} = \sqrt{2\pi}.$$

**Weitere Anwendungen:** Parameterabhängige Integrale treten auch bei der Definition der sog. *Bessel*[2]*-Funktionen* auf:

$$J_n(x) := \frac{2}{\pi}\int_0^{\frac{\pi}{2}} \cos\big(x\sin(t) - nt\big)\,dt, \quad x \in \mathbb{R},\ n \in \mathbb{N}_0,$$

die in der Mathematischen Physik eine wichtige Rolle spielen. Die umfassendste Zusammenstellung aller Eigenschaften dieser und anderer Bessel-Funktionen findet man in [3, Kapitel 9, 10].

Eine dieser besonderen Eigenschaften ist, dass die Bessel-Funktionen die sog. *Besselsche Differentialgleichung*

$$x^2y''(x) + xy'(x) + (x^2 - n^2)y(x) = 0, \quad x \in \mathbb{R}, \tag{12.5}$$

lösen (was man mit Satz III.19 zeigen kann, Aufgabe III.26), die z.B. bei der Schwingung einer kreisförmigen Membran oder bei der Wärmeleitung in einer Kugel auftritt [17, Abschnitt V.28 und historische Anmerkungen].

## Aufgaben

**III.1.** Es sei $D_f \subseteq \mathbb{R}^n$ offen und $f\colon D_f \to \mathbb{R}$ stetig differenzierbar. Zeige, dass der Gradient von $f$ auf allen Niveauflächen $f^{-1}(\{c\})$ mit $c \in \mathbb{R}$ orthogonal ist, d.h., dass für jede stetig

[2] Friedrich Wilhelm Bessel, ∗ 22. Juli 1784 in Minden, Westfalen, † 17. März 1846 in Königsberg, einer der bekanntesten deutschen Wissenschaftler des 19. Jahrhunderts, der als Astronom, Mathematiker und Geodät wirkte.

differenzierbare Kurve $\gamma: (-\varepsilon, \varepsilon) \to \mathbb{R}^n$ mit $\mathrm{Sp}(\gamma) \subset f^{-1}(\{c\})$ gilt:

$$\left\langle \operatorname{grad} f(\gamma(0)), \gamma'(0) \right\rangle = 0.$$

**III.2.** Zeige, dass die Funktion

$$f: \mathbb{R}^3 \to \mathbb{R}^3, \quad f(x, y, z) := \left(y + \mathrm{e}^z, z + \mathrm{e}^x, x + \mathrm{e}^y\right),$$

bijektiv ist mit stetig differenzierbarer Umkehrfunktion $g: \mathbb{R}^3 \to \mathbb{R}^3$ und bestimme die Jacobi-Matrix von $g$ im Punkt $(1 + \mathrm{e}, 2, \mathrm{e})$.

**III.3.** Für die Funktion

$$f: \mathbb{R}^3 \to \mathbb{R}, \quad f(x, y, z) := 10(2x^2 + y^2 + z^2 - 1)^3 - x^2z^3 - 10y^2z^3,$$

ist die Schnittmenge der Niveaufläche $f^{-1}(\{0\}) \subset \mathbb{R}^3$ (Abb. 11.1) mit der Ebene $\{(x, y, z) \in \mathbb{R}^3 : x = 0\}$ gegeben durch die Gleichung

$$10(y^2 + z^2 - 1)^3 - 10y^2z^3 = 0.$$

Bestimme die Steigung der dadurch implizit definierten Kurve in den Punkten $(-1, 1)$, $(1, 1)$ und skizziere bzw. plotte die Kurve.

**III.4.** Zeige, dass jede symmetrische Matrix $A \in \mathbb{R}^{n \times n}$ mindestens einen reellen Eigenwert hat (und damit induktiv nur reelle Eigenwerte). Dazu bestimme unter der Nebenbedingung $h(x) = \|x\|^2 - 1 = 0$ die lokalen Extrema der Funktion

$$f: \mathbb{R}^n \to \mathbb{R}, \quad f(x) = \langle Ax, x\rangle.$$

**III.5.** Es sei $I \subset \mathbb{R}$ ein nichtleeres Intervall, $a \in I$ und $f \in C(I \times I, \mathbb{R})$ nach der zweiten Variablen stetig partiell differenzierbar. Zeige, dass die Funktion

$$F: I \to \mathbb{R}, \quad F(y) := \int_a^y f(x, y)\, \mathrm{d}x,$$

differenzierbar ist mit Ableitung

$$F'(y) = f(y, y) + \int_a^y \frac{\partial f}{\partial y}(x, y)\, \mathrm{d}x, \quad y \in I.$$

**III.6.** Zeige, dass die Bessel-Funktionen $J_n$ die Besselsche Differentialgleichung (12.5) erfüllen!

# IV Gewöhnliche Differentialgleichungen

Eine Vielzahl von Vorgängen in Physik, Biologie und Wirtschaft wird durch Differentialgleichungen, d.h. Gleichungen für Funktionen und ihre Ableitungen, beschrieben. Eine gewöhnliche Differentialgleichung ist eine Differentialgleichung für eine Funktion einer reellen Variablen. Weitere Klassifizierungen betreffen die Ordnung der höchsten Ableitung in der Differentialgleichung oder die Art der Abhängigkeit von der Funktion und ihren Ableitungen, z.B. linear oder nicht-linear.

## 13 Beispiele und Einführung

Einen kleinen Eindruck vom vielfältigen Auftreten von Differentialgleichungen sollen die folgenden Beispiele geben; eine größere Auswahl findet man z.B. in [7, 17, 21].

Die ersten fünf Beispiele sind lineare Differentialgleichungen erster und zweiter Ordnung, die wir in diesem Abschnitt lösen lernen.

1. **Radioaktiver Zerfall, Newtonsches Abkühlungsgesetz** ($a < 0$), **freies Wachstum von Populationen** ($a > 0$):

$$\dot{x} = ax \quad \text{auf } [0, \infty),$$

wobei $a \in \mathbb{R}$ konstant ist und $\dot{x} = \frac{\mathrm{d}x}{\mathrm{d}t}$ die Ableitung nach der Zeit bezeichnet.

2. ***RL*-Stromkreis**:

$$L\dot{I} + RI = E \quad \text{auf } [0, \infty),$$

wobei die Induktivität und der Widerstand $L, R > 0$ konstant sind und die Spannung $E$ zeitabhängig sein kann.

3. **Harmonischer Oszillator**:

$$\begin{aligned} &m\ddot{x} + cx = 0 && \text{auf } [0, \infty) && \text{(ungedämpfter Fall, frei)}, \\ &m\ddot{x} + d\dot{x} + cx = F && \text{auf } [0, \infty) && \text{(gedämpfter Fall, mit äußerer Kraft } F), \end{aligned}$$

wobei die Masse, der Dämpfungsfaktor und die Federkonstante $m, d, c > 0$ konstant sind und die äußere Kraft $F$ zeitabhängig sein kann.

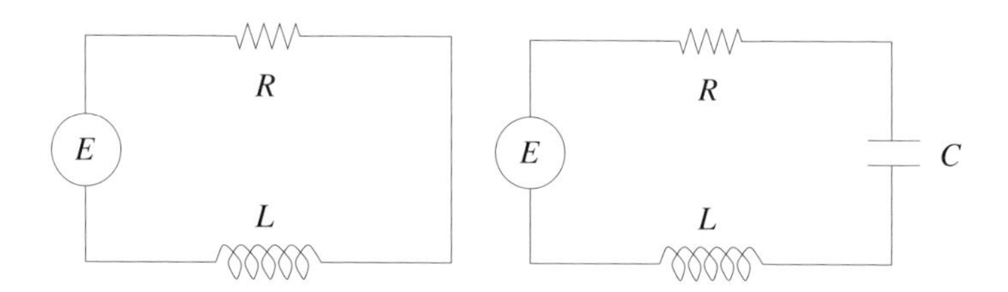


Abb. 13.1: $RL$- und $RCL$-Stromkreis

4. **Freier Fall mit Luftwiderstand**:

$$m\ddot{x} = mg - \sigma\dot{x} \quad \text{auf } [0, \infty),$$

wobei die Masse, die Gravitationskonstante und der Widerstandskoeffizient $m$, $g, \sigma > 0$ konstant sind.

5. ***RCL*-Schwingkreis**:

$$L\ddot{Q} + R\dot{Q} + \frac{1}{C}Q = E,$$

wobei die Induktivität, der Widerstand und die Kapazität $L, C, R > 0$ konstant sind und die Spannung $E$ zeitabhängig sein kann.

Die nächsten drei Beispiele zeigen, wie komplex bereits gewöhnliche Differentialgleichungen sein können: sie sind noch linear, aber wegen der variablen Koeffizienten und der höheren Ordnung nicht mehr so leicht oder gar nicht explizit lösbar (und sogar Gegenstand aktueller Forschung).

6. **Schrödinger[1]-Gleichung** (eindimensional):

$$-y'' + qy = 0 \quad \text{auf } \mathbb{R},$$

wobei das Potenzial $q$ eine Funktion auf $\mathbb{R}$ ist.

7. **Balkenbiegung**:

$$\left(EIy''\right)'' + Q = 0 \quad \text{auf } [0, L],$$

wobei die Biegesteifigkeit $EI$ und die Streckenlast $Q$ Funktionen auf $[0, L]$ sind und $L$ die Balkenlänge ist.

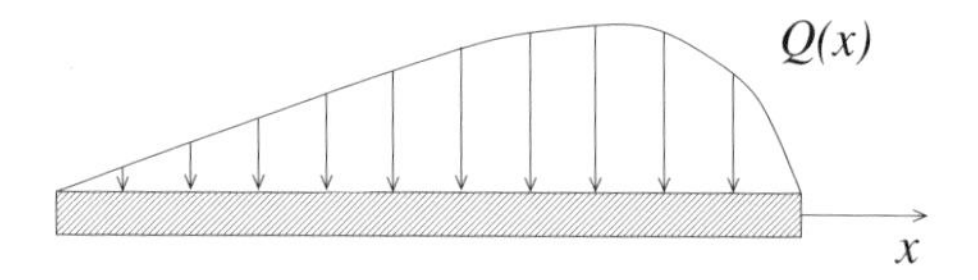


Abb. 13.2: Balken mit Belastungsmoment $Q$

[1] Erwin Schrödinger, ∗ 12. August 1887 in Wien-Erdberg, † 4. Januar 1961 in Wien, österreichischer Physiker, der als einer der Väter der Quantenphysik gilt und 1933 den Nobelpreis erhielt.

**8. Orr[2]-Sommerfeld[3]-Gleichung** (Strömung zäher inkompressibler Flüssigkeit):

$$\Big(\frac{d^2}{dx^2}-\alpha^2\Big)^2 y - i\alpha R\Big(u\Big(\frac{d^2}{dx^2}-\alpha^2\Big)-u''\Big)y = \lambda\Big(\frac{d^2}{dx^2}-\alpha^2\Big)y \quad \text{auf } [-1,1],$$

wobei die Reynoldszahl $R \geq 0$ (ein Mass für die Zähigkeit) und die Wellenzahl $\alpha \in \mathbb{R}$ konstant sind, die Funktion $u$ das ungestörte Geschwindigkeitspotential ist und der Eigenwertparameter $\lambda$ die zeitliche Evolution bestimmt.

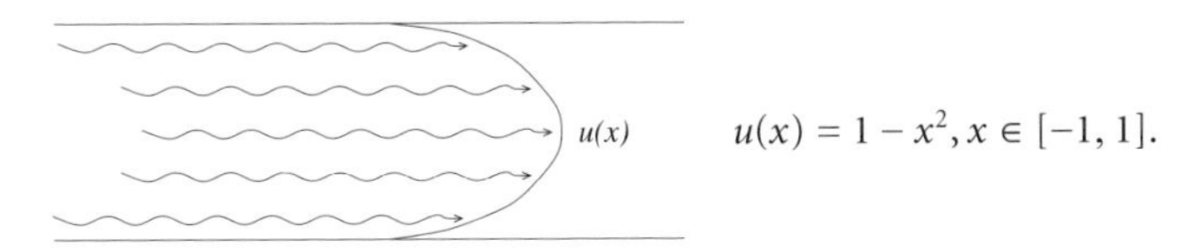


Abb. 13.3: Strömung zwischen stationären Wänden

Die letzten zwei Beispiele sind nicht-lineare Differentialgleichungen, für die wir nur in einem sehr speziellen Fall eine Lösungsmethode kennenlernen.

**9. Form einer frei hängenden Kette** (*Kettenlinie*, Aufgabe IV.28):

$$y'' = \sqrt{1+(y')^2} \quad \text{auf } \mathbb{R}.$$

**10. Van-der-Pol[4]-Gleichung (gedämpfter nicht-linearer Schwinger):**

$$\ddot{x} + x = \mu(1-x^2)x \quad \text{auf } [0,\infty)$$

mit einer Konstanten $\mu > 0$, die das Maß der Nichtlinearität modelliert.

**Definition IV.1**

Es sei $n \in \mathbb{N}$.

(i) Ist $D_f \subset \mathbb{R} \times \mathbb{R}$ und $f\colon D_f \to \mathbb{R}$ stetig, so heißt

$$y' = f(x,y)$$

(*explizite*) *Differentialgleichung erster Ordnung.*

(ii) Ist $D_f \subset \mathbb{R} \times \mathbb{R}^n$ und $f\colon D_f \to \mathbb{R}^n$ stetig, so heißt

$$y' = f(x,y) \quad (n \text{ Gleichungen})$$

(*explizites*) *System von n Differentialgleichungen erster Ordnung.*

(iii) Ist $D_f \subset \mathbb{R} \times \mathbb{R}^n$ und $f\colon D_f \to \mathbb{R}$ stetig, so heißt

$$\eta^{(n)} = f\big(x, \eta, \eta', \dots, \eta^{(n-1)}\big)$$

(*explizite*) *Differentialgleichung n-ter Ordnung.*

[2] William McFadden Orr, ∗ 2. Mai 1866 in Comber, † 14. August 1934 in Dublin, irischer Mathematiker, der unabhängig von Sommerfeld die nach den beiden benannte Gleichung 1907 fand.

[3] Arnold Sommerfeld, ∗ 5. Dezember 1868 in Königsberg, † 26. April 1951 in München, deutscher theoretischer Physiker, der für seine Erweiterung des Bohrschen Atommodells und seine zahlreichen berühmten Schüler bekannt ist, darunter Werner Heisenberg, der über die Orr-Sommerfeld-Gleichung promovierte.

[4] Balthasar van der Pol, ∗ 27. Januar 1889 in Utrecht, † 6. Oktober 1959 in Wassenaar, niederländischer Physiker, der die nach ihm benannte Differentialgleichung bei der Untersuchung der Oszillationen von Röhrengeneratoren fand.

Eine Funktion $y\colon I \to \mathbb{R}$ bzw. $y\colon I \to \mathbb{R}^n$ heißt *Lösung der Differentialgleichung* in i) bzw. ii) auf dem Intervall $I \subset \mathbb{R}$, wenn $y$ auf $I$ differenzierbar ist und gilt:

a) $G_y := \{(x, y(x))\colon x \in I\} \subset D_f$,

b) $y'(x) = f(x, y(x)),\ x \in I$.

Eine Funktion $\eta\colon I \to \mathbb{R}$ heißt *Lösung der Differentialgleichung* in iii) auf dem Intervall $I \subset \mathbb{R}$, wenn $\eta$ auf $I$ $n$-mal differenzierbar ist und gilt:

a) $\{(x, \eta(x), \eta'(x), \dots, \eta^{(n-1)}(x))\colon x \in I\} \subset D_f$,

b) $\eta^{(n)}(x) = f(x, \eta(x), \eta'(x), \dots, \eta^{(n-1)}(x)),\ x \in I$.

**Bemerkung.** Der Fall i) ist jeweils der Spezialfall $n = 1$ in ii) und in iii).

*Geometrische Deutung für $n = 1$:* Durch eine Differentialgleichung $y' = f(x, y)$ wird ein Richtungsfeld definiert: In jedem Punkt $(x, y) \in D_f \subset \mathbb{R}^2$ gibt die Differentialgleichung eine Steigung vor. Eine Lösung $y$ ist eine Funktion, deren Graph in jedem Punkt diese Steigung hat:

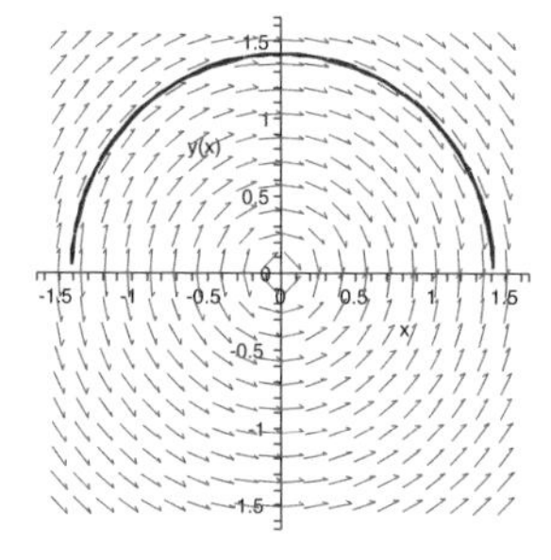


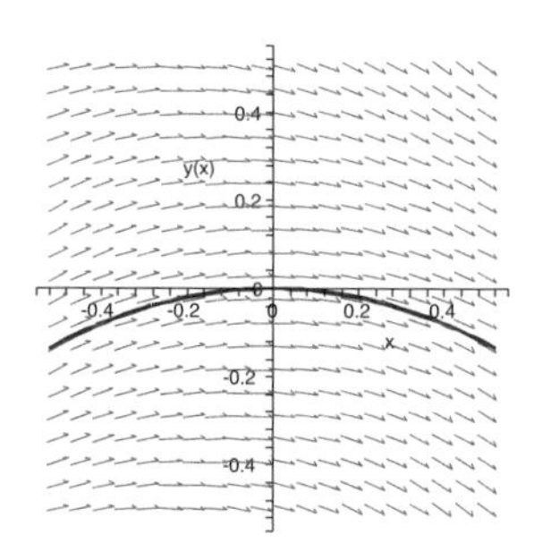


**Abb. 13.4:** Richtungsfelder zu $y' = \frac{x}{y}$ und $y' = y^2 - x$

Differentialgleichungen $n$-ter Ordnung können immer in Systeme von $n$ Differentialgleichungen erster Ordnung überführt werden:

**Proposition IV.2** *Es sei $D_f \subset \mathbb{R} \times \mathbb{R}^n$ und $f\colon D_f \to \mathbb{R}$ stetig. Dann ist eine Funktion $\eta\colon I \to \mathbb{R}$ genau dann Lösung der Differentialgleichung $n$-ter Ordnung*

$$\eta^{(n)} = f(x, \eta, \eta', \dots, \eta^{(n-1)}),$$

*wenn die Funktion $y = (y_i)_{i=1}^n$, $y_1 := \eta$, Lösung ist des Systems von Differentialgleichungen erster Ordnung*

$$y' = F(x, y), \quad F(x, y) := \begin{pmatrix} y_2 \\ \vdots \\ y_n \\ f(x, y_1, \dots, y_n) \end{pmatrix}.$$

*Beweis.* Die $n$ Komponenten von $y' = F(x, y)$ lauten ausgeschrieben:

$$\begin{aligned} y_1' &= y_2, \\ &\vdots \\ y_{n-1}' &= y_n, \\ y_n' &= f(x, y_1, \ldots, y_n). \end{aligned}$$

Wegen $y_1 = \eta$ ist dies äquivalent zu $y_i = \eta^{(i-1)}$, $i = 1, 2, \ldots, n$, und

$$\eta^{(n)} = y_n' = f(x, y_1, \ldots, y_n) = f\left(x, \eta, \eta', \ldots, \eta^{(n-1)}\right). \qquad \square$$

**Problem:** Im Weiteren versuchen wir, Antworten auf folgende Fragen zu finden:

- Existieren Lösungen von Differentialgleichungen?
- Unter welchen Bedingungen sind sie eindeutig?
- Wie berechnet man sie?

# 14 Existenz- und Eindeutigkeitssätze

Der wichtigste Satz über die Existenz und Eindeutigkeit von Lösungen gewöhnlicher Differentialgleichungen ist der Satz von Picard[5]-Lindelöf[6].

Zur Vorbereitung definieren wir das Riemann-Integral für vektorwertige Funktionen $f\colon [a, b] \to \mathbb{C}^n$ mit $n \in \mathbb{N}$ durch komponentenweise Integration (entsprechend der komponentenweisen Differentiation).

Im Folgenden sei dabei immer $\|\cdot\|$ die euklidische Norm in $\mathbb{C}^n$.

**Definition IV.3**

Es sei $[a, b] \subset \mathbb{R}$. Eine Funktion $f = (f_i)_{i=1}^n\colon [a, b] \to \mathbb{C}^n$ heißt *Riemann-integrierbar*, wenn alle $f_i$, $i = 1, \ldots, n$, Riemann-integrierbar sind; in diesem Fall definiert man das *Riemann-Integral* von $f$ durch

$$\int_a^b f(x)\,\mathrm{d}x := \left(\int_a^b f_i(x)\,\mathrm{d}x\right)_{i=1}^n \in \mathbb{C}^n.$$

**Proposition IV.4**

*Für das Riemann-Integral einer Funktion $f\colon [a, b] \to \mathbb{C}^n$ mit $n \in \mathbb{N}$ gelten die gleichen Rechenregeln wie für das Riemann-Integral im Fall $n = 1$ aus Analysis I (Satz* VIII.16 *und Satz* VIII.18*); speziell hat man hier:*

[5] Charles Émile Picard, ∗ 24. Juli 1856 in Paris, † 11. Dezember 1941 in Paris, französischer Mathematiker, der wichtige Beiträge sowohl in Algebraischer Geometrie als auch in der Theorie der Elastizität, Wärmeleitung und Elektrizität leistete.

[6] Ernst Leonard Lindelöf, ∗ 7. März 1870 in Helsingfors,† 4. Juni 1946 in Helsinki, finnischer Mathematiker, der außer für Differentialgleichungen auch wichtige Resultate in komplexer Analysis erzielte.

(i) *Ist f Riemann-integrierbar über* $[a, b]$, *so ist*

$$\left\| \int_a^b f(x)\, \mathrm{d}x \right\| \le \int_a^b \|f(x)\|\, \mathrm{d}x.$$

(ii) *Ist* $f \in C([a, b])$ *und* $F(x) := \int_a^x f(t)\, \mathrm{d}t$, $x \in [a, b]$, *so ist*

$$F \in C^1([a, b], \mathbb{C}^n), \quad F' = f.$$

*Beweis.* Aussage (ii) folgt, indem man den Fundamentalsatz der Differential- und Integralrechnung aus Analysis I ([32, Satz VIII.21]) in jeder Komponenten anwendet. Der Beweis von (i) ist eine gute Übung. □

Satz IV.5 **von Picard-Lindelöf.** *Es seien* $D_F \subset \mathbb{R} \times \mathbb{R}^n$ *offen,* $(x_0, c) \in D_F$, $a, b > 0$ *so, dass mit* $K_b(c) = \{y \in \mathbb{R}^n : \|y - c\| \le b\}$ *gilt:*

$$R := [x_0 - a, x_0 + a] \times K_b(c) \subset D_F$$

*und* $F : D_F \to \mathbb{R}^n$ *ist stetig in* $D_F$ *und Lipschitz-stetig bezüglich* $y$ *auf* $R$, *d.h., es existiert ein* $L > 0$, *so dass*

$$\forall\, (x, y_1), (x, y_2) \in R : \|F(x, y_1) - F(x, y_2)\| \le L\|y_1 - y_2\|.$$

*Definiert man*

$$M := \max\{\|F(x, y)\| : (x, y) \in R\}, \quad \alpha := \min\left\{a, \frac{b}{M}, \frac{1}{2L}\right\}, \tag{14.1}$$

*dann besitzt das Anfangswertproblem*

$$y' = F(x, y), \quad y(x_0) = c, \tag{14.2}$$

*eine eindeutige Lösung*

$$y : [x_0 - \alpha, x_0 + \alpha] \to K_b(c). \tag{14.3}$$

Korollar IV.6 **Iterationsverfahren von Picard-Lindelöf.** Die Lösung $y$ aus (14.3) in Satz IV.5 erhält man als gleichmäßigen Limes (d. h. bzgl. der Norm $\|\cdot\|_\infty$) der Folge $(y_n)_{n=0}^\infty \subset C^1([x_0 - \alpha, x_0 + \alpha], K_b(c))$, die gegeben ist durch

$$y_{n+1}(x) = c + \int_{x_0}^x F(t, y_n(t))\, \mathrm{d}t, \quad |x - x_0| \le \alpha, \tag{14.4}$$

wobei der Startwert $y_0 \in C([x_0 - \alpha, x_0 + \alpha], K_b(c))$ mit $y_0(x_0) = c$ beliebig ist. Wählt man speziell $y_0 \equiv c$, so gilt die Fehlerabschätzung

$$\|y_n - y\|_\infty \le M \frac{L^n \alpha^{n+1}}{(n+1)!}, \quad n \in \mathbb{N}. \tag{14.5}$$

**Bemerkung.** In (14.5) gilt $M \frac{L^n \alpha^{n+1}}{(n+1)!} \to 0$, $n \to \infty$, da $\sum_{n=0}^\infty \frac{(L\alpha)^n}{n!} = \mathrm{e}^{L\alpha}$ konvergiert.

*Beweis von Satz* IV.5. Der metrische Raum der stetigen Funktionen auf dem Intervall $[x_0 - \alpha, x_0 + \alpha]$ mit Werten in der abgeschlossenen Kugel $K_b(c)$ versehen mit der Supremumsnorm $\|\cdot\|_\infty$,

$$E := \big(C([x_0 - \alpha, x_0 + \alpha],\ K_b(c)),\ \|\cdot\|_\infty\big),$$

ist vollständig: Ist nämlich $(f_n)_{n\in\mathbb{N}} \subset E$ eine Cauchy-Folge, so existiert für jedes $x \in [x_0 - \alpha, x_0 + \alpha]$ der Grenzwert $f(x) := \lim_{n\to\infty} f_n(x) \in K_b(c)$, da $\mathbb{R}^n$ vollständig ist und $K_b(c) \subset \mathbb{R}^n$ abgeschlossen ist. Die dadurch definierte Funktion $f$ ist stetig, weil $f_n \to f$, $n \to \infty$, bzgl. $\|\cdot\|_\infty$, also gleichmäßig gilt ([32, Satz VIII.35]) und damit insgesamt $f \in E$.

*Behauptung 1:* $E_0 := \{ f \in E : f(x_0) = c\}$ ist eine abgeschlossene Teilmenge von $E$, und $\big(E_0, \|\cdot\|_\infty\big)$ ist vollständig.

*Beweis.* Sind $(f_n)_{n=1}^\infty \subset E_0$ und $f \in E$ mit $\|f_n - f\|_\infty \to 0$, $n \to \infty$, so folgt $\|f_n(x) - f(x)\| \to 0$, $n \to \infty$, für alle $x \in [x_0 - \alpha, x_0 + \alpha]$, also insbesondere

$$f(x_0) = \lim_{n\to\infty} \underbrace{f_n(x_0)}_{= c,\ \text{da } f_n \in E_0} = c.$$

Als abgeschlossene Teilmenge des vollständigen Raums $(E, \|\cdot\|_\infty)$ ist $E_0$ vollständig nach Proposition I.25.

Für $f \in E_0$ definieren wir nun $Kf \in C^1([x_0 - \alpha, x_0 + \alpha], \mathbb{R}^n)$ durch

$$(Kf)(x) := c + \int_{x_0}^{x} F(t, f(t))\, \mathrm{d}t, \qquad x \in [x_0 - \alpha, x_0 + \alpha]. \tag{14.6}$$

*Behauptung 2:* $f \in E_0 \implies Kf \in E_0$.

*Beweis.* Nach Definition ist $(Kf)(x_0) = c$. Um $(Kf)([x_0 - \alpha, x_0 + \alpha]) \subset K_b(c)$ zu zeigen, sei $x \in [x_0 - \alpha, x_0 + \alpha]$. Dann gilt nach Definition von $M$ und $\alpha$ in (14.1):

$$\begin{aligned}\big\|(Kf)(x) - c\big\| &= \left\| \int_{x_0}^{x} F(t, f(t))\, \mathrm{d}t \right\| \overset{\text{Prop. IV.4 (i)}}{\leq} \left| \int_{x_0}^{x} \underbrace{\|F(t, f(t))\|}_{\leq M}\, \mathrm{d}t \right| \\ &\leq M|x - x_0| \leq M\alpha \leq M\frac{b}{M} = b.\end{aligned}$$

*Behauptung 3:* $K : E_0 \to E_0$, $f \mapsto Kf$, ist eine Kontraktion.

*Beweis.* Es seien $f_1, f_2 \in E_0$ und $x \in [x_0 - \alpha, x_0 + \alpha]$ beliebig. Dann gilt wegen der Lipschitz-Stetigkeit von $F$ bzgl. $y$ auf $R$ und nach Definition von $\alpha$ in (14.1):

$$\begin{aligned}\big\|(Kf_1)(x) - (Kf_2)(x)\big\| &= \left\| \int_{x_0}^{x} \big(F(t, f_1(t)) - F(t, f_2(t))\big)\, \mathrm{d}t \right\| \\ &\leq \left| \int_{x_0}^{x} \big\|F(t, f_1(t)) - F(t, f_2(t))\big\|\, \mathrm{d}t \right| \\ &\leq L \left| \int_{x_0}^{x} \underbrace{\|f_1(t) - f_2(t)\|}_{\leq \|f_1 - f_2\|_\infty}\, \mathrm{d}t \right| \\ &\leq L\,|x - x_0|\, \|f_1 - f_2\|_\infty \qquad (14.7) \\ &\leq L\alpha\, \|f_1 - f_2\|_\infty \leq \frac{1}{2}\, \|f_1 - f_2\|_\infty.\end{aligned}$$

Da $x \in [x_0 - \alpha, x_0 + \alpha]$ beliebig war, folgt daraus:

$$\|Kf_1 - Kf_2\|_\infty = \max_{x \in [x_0-\alpha, x_0+\alpha]} \big\|(Kf_1)(x) - (Kf_2)(x)\big\| \le \frac{1}{2} \|f_1 - f_2\|_\infty.$$

Aus Behauptung 3 und dem Banachschen Fixpunktsatz ([32, Satz IX.29]) folgt:

$$\exists!\, y \in E_0\colon\ Ky = y, \tag{14.8}$$

oder, ausgeschrieben, es gibt genau ein $y \in C\big([x_0 - \alpha, x_0 + \alpha], K_b(c)\big)$ mit

$$y(x) = c + \int_{x_0}^{x} F(t, y(t))\, dt, \quad x \in [x_0 - \alpha, x_0 + \alpha]. \tag{14.9}$$

Daraus folgt sofort, dass $y(x_0) = c$ gilt und $y$ differenzierbar ist mit

$$y'(x) = F(x, y(x)), \quad x \in [x_0 - \alpha, x_0 + \alpha],$$

also die gesuchte Lösung von (14.2) ist.

*Behauptung 4:* $y$ ist eindeutige Lösung von (14.2).

*Beweis.* Angenommen, $\widetilde{y}$ ist eine weitere Lösung von (14.2). Integration von (14.2) von $x_0$ bis $x$ liefert:

$$\widetilde{y}(x) - \widetilde{y}(x_0) = \int_{x_0}^{x} F\big(t, \widetilde{y}(t)\big)\, dt, \quad x \in [x_0 - \alpha, x_0 + \alpha].$$

Wegen $\widetilde{y}(x_0) = c$ folgt daraus $\widetilde{y} = K\widetilde{y}$. Die Eindeutigkeit in (14.8) aus dem Banachschen Fixpunktsatz liefert dann $\widetilde{y} = y$. □

*Beweis von Korollar* IV.6. Die durch (14.4) definierte Picard-Lindelöf-Folge ist genau die Fixpunkt-Iteration zur Kontraktion $K$ aus (14.6):

$$y_n = Ky_{n-1}, \quad n \in \mathbb{N}.$$

Zum Beweis der Fehlerabschätzung (14.5) zeigen wir induktiv:

$$\|y_n(x) - y(x)\| \le ML^n \frac{|x - x_0|^{n+1}}{(n+1)!}, \quad x \in [x_0 - \alpha, x_0 + \alpha]; \tag{14.10}$$

bildet man dann auf beiden Seiten das Supremum über alle $x \in [x_0 - \alpha, x_0 + \alpha]$, so folgt die behauptete Abschätzung.

$\underline{n = 0}$: $$\| \underbrace{y_0(x)}_{=c} - y(x)\| = \left\| \int_{x_0}^{x} F(t, y(t))\, \mathrm{d}t \right\| \le \left| \int_{x_0}^{x} \|F(t, y(t))\| \mathrm{d}t \right| \le M\, |x - x_0|.$$

$\underline{n \rightsquigarrow n+1}$: Nach Definition von $y_{n+1}$ in (14.4) und der Fixpunkteigenschaft von $y$ in (14.9) folgt mit der Lipschitz-Stetigkeit von $F$ und Induktionsvoraussetzung:

$$\begin{aligned}
\|y_{n+1}(x) - y(x)\| &= \left\| c + \int_{x_0}^{x} F(t, y_n(t))\, \mathrm{d}t - c - \int_{x_0}^{x} F(t, y(t))\, \mathrm{d}t \right\| \\
&\le \left| \int_{x_0}^{x} \|F(t, y_n(t)) - F(t, y(t))\|\, \mathrm{d}t \right| \\
&\le \left| L \int_{x_0}^{x} \|y_n(t) - y(t)\|\, \mathrm{d}t \right| \le \left| L \int_{x_0}^{x} ML^n \frac{|t - x_0|^{n+1}}{(n+1)!}\, \mathrm{d}t \right| \\
&= ML^{n+1} \frac{|t - x_0|^{n+2}}{(n+2)!}.
\end{aligned}$$

□

**Beispiel**

Betrachte die nicht elementar lösbare Differentialgleichung

$$y' = y^2 - x, \quad y(0) = 0,$$

deren Richtungsfeld Abb. 13.4 zeigt. Hier ist

$$F(x, y) = y^2 - x, \quad (x, y) \in \mathbb{R}^2 = D_F, \qquad x_0 = 0, \quad c = 0.$$

Wähle z.B. das Rechteck $a = b = \frac{1}{2}$, also $R = \left[-\frac{1}{2}, \frac{1}{2}\right] \times \left[-\frac{1}{2}, \frac{1}{2}\right]$.

*Lipschitz-Bedingung:* Für $(x, y_i) \in \mathbb{R}$ gilt:

$$|F(x, y_1) - F(x, y_2)| = |y_1^2 - y_2^2| = \overbrace{|y_1 + y_2|}^{\leq 1} |y_1 - y_2| \leq |y_1 - y_2|,$$

also ist $F$ Lipschitz-stetig auf $R$ bzgl. $y$ mit $L = 1$.

*Bestimmung von $M$ und $\alpha$:* Für $(x, y) \in R$ ist

$$|F(x, y)| = |y^2 - x| \leq |y|^2 + |x| \leq \frac{1}{4} + \frac{1}{2} = \frac{3}{4} = F\left(\frac{1}{2}, \frac{1}{2}\right),$$

also ist $M = \frac{3}{4}$ und damit

$$\alpha = \min\left\{\frac{1}{2}, \frac{1}{2} \cdot \frac{4}{3}, \frac{1}{2}\right\} = \frac{1}{2}.$$

Nach Satz IV.5 existiert also eine eindeutige Lösung

$$y\colon \left[-\frac{1}{2}, \frac{1}{2}\right] \to \left[-\frac{1}{2}, \frac{1}{2}\right],$$

aber man kennt keine explizite Formel für $y$. Die Picard-Lindelöf-Iteration erlaubt eine näherungsweise Bestimmung:

Die Folge $(y_n)_0^\infty$, z.B. mit $y_0 \equiv 0$, konvergiert gleichmäßig auf $\left[-\frac{1}{2}, \frac{1}{2}\right]$ gegen $y$, die ersten vier Iterierten sind gegeben durch:

$$\begin{aligned}
y_0(x) &= 0,\\
y_1(x) &= \int_0^x (-t)\,\mathrm{d}t = -\frac{x^2}{2},\\
y_2(x) &= \int_0^x \left(\frac{t^4}{4} - t\right)\mathrm{d}t = -\frac{x^2}{2} + \frac{x^5}{20},\\
y_3(x) &= \int_0^x \left(\left(-\frac{t^2}{2} + \frac{t^5}{20}\right)^2 - t\right)\mathrm{d}t = \int_0^x \left(\frac{t^4}{4} - \frac{t^7}{20} + \frac{t^{10}}{400} - t\right)\mathrm{d}t\\
&= -\frac{x^2}{2} + \frac{x^5}{20} - \frac{x^8}{160} + \frac{x^{11}}{4400}.
\end{aligned}$$

Als Fehlerabschätzung hat man nach Korollar IV.6 auf $\left[-\frac{1}{2}, \frac{1}{2}\right]$ wegen $M = \frac{3}{4}$, $L = 1$ und $\alpha = \frac{1}{2}$:

$$\|y_n - y\|_\infty \leq \frac{3}{4}\frac{1}{2^{n+1}(n+1)!} = \frac{3}{2^{n+3}(n+1)!}, \qquad n = 0, 1, 2, \ldots.$$

Für $n = 3$ liefert Korollar IV.6 also die Fehlerabschätzung

$$\|y_3 - y\|_\infty \leq \frac{3}{2^6 4!} = \frac{1}{2^9} = \frac{1}{512} < 2 \cdot 10^{-3}.$$

Im Satz von Picard-Lindelöf ist die Lösung nur in einem Intervall $[x_0 - \alpha, x_0 + \alpha]$ mit $\alpha \leq a$ um den Punkt $x_0$ definiert. Dabei kann die Konstante $\alpha$ noch optimiert werden (z.B. kann der Term $\frac{1}{2L}$ in (14.1) weggelassen werden, [17, Satz III.12.2]); dennoch wird das Intervall im Allgemeinen kleiner sein als das ursprüngliche Intervall $[x_0 - a, x_0 + a]$.

Ist die Funktion $F$ bzgl. $y$ nicht nur auf der beschränkten Menge $K_b(c) \subset \mathbb{R}^n$ Lipschitz-stetig, sondern auf ganz $\mathbb{R}^n$, kann man die Existenz einer eindeutigen Lösung auf dem ganzen Ausgangsintervall zeigen. Der entsprechende Satz, den wir hier nur formulieren, kann mit Hilfe von Satz IV.5 und einigen technischen Hilfsmitteln über die Fortsetzbarkeit von Lösungen gezeigt werden:

**Satz IV.7** *Es seien $D_F \subset \mathbb{R} \times \mathbb{R}^n$ offen, $[a, b] \subset \mathbb{R}$ mit*

$$S := [a, b] \times \mathbb{R}^n \subset D_F$$

*so, dass $F: D_F \to \mathbb{R}^n$ stetig und Lipschitz-stetig bezüglich $y$ auf $S$ ist. Dann besitzt das Anfangswertproblem*

$$y' = F(x, y), \quad y(x_0) = c,$$

*für jedes beliebige $(x_0, c) \in S$ eine eindeutige Lösung*

$$y: [a, b] \to \mathbb{R}^n.$$

*Beweis.* Einen Beweis findet man in Büchern, die sich ausschließlich der Theorie gewöhnlicher Differentialgleichungen widmen wie z.B. [33, Satz II.6.I]. □

Mit den obigen Resultaten für Systeme von Differentialgleichungen erster Ordnung lassen sich entsprechende Aussagen für Differentialgleichungen $n$-ter Ordnung zeigen. Dafür müssen wir aber nicht nur den Anfangswert für die Funktion vorgeben, sondern Anfangswerte für alle Ableitungen bis zur Ordnung $n - 1$.

**Korollar IV.8** Es seien $D_f \subset \mathbb{R} \times \mathbb{R}^n$ offen, $(x_0, \underbrace{c_0, \ldots, c_{n-1}}_{=c}) \in D_f$, $a, b > 0$ mit

$$R := [x_0 - a, x_0 + a] \times K_b(c) \subset D_f$$

so, dass $f: D_f \to \mathbb{R}$ stetig und Lipschitz-stetig bzgl. der Koordinate $y = (y_1, \ldots, y_n)$ auf $R$ ist. Dann besitzt das Anfangswertproblem

$$\eta^{(n)} = f\left(x, \eta, \eta', \ldots, \eta^{(n-1)}\right), \tag{14.11}$$

$$\eta(x_0) = c_0, \quad \eta'(x_0) = c_1, \quad \ldots, \quad \eta^{(n-1)}(x_0) = c_{n-1}, \tag{14.12}$$

für ein $\alpha > 0$ eine eindeutige Lösung

$$\eta: [x_0 - \alpha, x_0 + \alpha] \to \mathbb{R}.$$

*Beweis.* Die Aussage folgt aus dem Satz von Picard-Lindelöf (Satz IV.5) mit der Transformation aus Proposition IV.2. □

**Bemerkung.** Das Iterationsverfahren von Picard-Lindelöf aus Korollar IV.6 und Satz IV.7 über die Existenz und Eindeutigkeit der Lösung auf dem gesamten Intervall übertragen sich ebenfalls auf Differentialgleichungen $n$-ter Ordnung.

Definition IV.9

Eine Lösung der Differentialgleichung (14.11) heißt *allgemeine Lösung*, wenn sie $n$ frei wählbare Konstanten enthält, und *vollständige Lösung*, wenn sich damit sämtliche Lösungen darstellen lassen. Eine Lösung, die keine frei wählbaren Konstanten enthält, heißt *speziell* oder *partikulär*.

**Bemerkung.** Die allgemeine Lösung von (14.11) erhält man, indem man in (14.12) die $c_0, c_1, \ldots, c_{n-1}$ als frei wählbare Konstanten ansieht. Für vorgegebene Werte von $c_0, c_1, \ldots, c_{n-1}$ erhält man eine spezielle Lösung.

Mit fortgeschritteneren Methoden kann man auch einen bloßen Existenzsatz beweisen, den Satz von Peano. Dort wird für $F$ keine Lipschitz-Bedingung vorausgesetzt, und man erhält daher keine Eindeutigkeit der Lösung ([17, Satz III.11.1]).

# 15 Elementare Lösungsmethoden

In diesem Abschnitt behandeln wir zwei Typen von Differentialgleichungen, für die es elementare explizite Lösungsverfahren gibt: Differentialgleichungen mit getrennten Variablen sowie lineare Differentialgleichungen bzw. Systeme von solchen erster Ordnung mit variablen Koeffizienten.

**a) Differentialgleichungen mit getrennten Variablen $y' = g(x)h(y)$**

Hier hat die Funktion $f: \mathbb{R}^2 \supset D_f \to \mathbb{R}$ in $y' = f(x,y)$ die spezielle Form $f(x,y) = g(x)h(y)$ mit Funktionen $g: \mathbb{R} \supset I_g \to \mathbb{R}$ und $h: \mathbb{R} \supset I_h \to \mathbb{R}$.

*Heuristisch* kann die Idee zur Lösung einer Differentialgleichung mit getrennten Variablen wie folgt dargestellt werden:

$$\frac{\mathrm{d}y}{\mathrm{d}x} = g(x)h(y) \quad \longleftrightarrow \quad \frac{1}{h(y)}\,\text{„}\mathrm{d}y\text{“} = g(x)\,\text{„}\mathrm{d}x\text{“} \quad \longleftrightarrow \quad \int \frac{1}{h(y)}\,\mathrm{d}y = \int g(x)\,\mathrm{d}x + C,$$

wobei $\int$ das unbestimmte Integral bezeichnet (d.h. eine Stammfunktion) und $C$ eine beliebige Konstante ist. Die mittlere Gleichung ist hier nur eine Merkhilfe, die Symbole „ $\mathrm{d}x$“, „ $\mathrm{d}y$“ sind nicht definiert. Genauer gilt:

Satz IV.10

*Es seien $I_g, I_h \subset \mathbb{R}$ Intervalle, $g: I_g \to \mathbb{R}$, $h: I_h \to \mathbb{R}$ stetig, $h(y) \neq 0$ für alle $y \in I_h$ und $(x_0, y_0) \in I_g \times I_h$. Definiere*

$$G(x) := \int_{x_0}^{x} g(t)\,\mathrm{d}t, \quad x \in I_g, \qquad H(y) := \int_{y_0}^{y} \frac{1}{h(t)}\,\mathrm{d}t, \quad y \in I_h.$$

*Ist $I \subset \mathbb{R}$ ein Intervall mit $x_0 \in I$ und $G(I) \subset H(I_h)$, so existiert genau eine Lösung $y: I \to \mathbb{R}$ von*

$$y' = g(x)h(y), \quad y(x_0) = y_0; \tag{15.1}$$

*für diese gilt*

$$H\big(y(x)\big) = G(x), \quad x \in I. \tag{15.2}$$

*Beweis.* Wir beweisen zuerst die letzte Aussage:

*Behauptung*: Jede Lösung $\widetilde{y}: I \to \mathbb{R}$ von (15.1) erfüllt (15.2).

*Beweis*: Aus $\widetilde{y}'(t) = g(t)h(\widetilde{y}(t))$, $t \in I$, folgt nach Division durch $h(\widetilde{y}(t))$ ($\neq 0$ nach Voraussetzung) und Integration von $x_0$ bis $x$:

$$\int_{x_0}^{x} \frac{\widetilde{y}'(t)}{h(\widetilde{y}(t))}\,\mathrm{d}t = \int_{x_0}^{x} g(t)\,\mathrm{d}t, \qquad x \in I.$$

Substitution $u = \widetilde{y}(t)$ liefert dann wegen $\frac{\mathrm{d}u}{\mathrm{d}t} = \widetilde{y}'(t)$ und $\widetilde{y}(x_0) = y_0$:

$$\underbrace{\int_{\widetilde{y}(x_0)}^{\widetilde{y}(x)} \frac{1}{h(u)}\,\mathrm{d}u}_{=H(\widetilde{y}(x))} = \underbrace{\int_{x_0}^{x} g(t)\,\mathrm{d}t}_{=G(x)}, \qquad x \in I.$$

*Eindeutigkeit der Lösung*: Da $H'$ stetig auf $I_h$ ist und

$$H'(y) = \frac{1}{h(y)} \neq 0, \quad y \in I_h,$$

ist $H$ streng monoton auf $I_h$, hat also eine stetig differenzierbare Umkehrfunktion $H^{-1}: H(I_h) \to I_h \subset \mathbb{R}$. Sind nun $y_1, y_2: I \to \mathbb{R}$ Lösungen von (15.1), so erfüllen beide nach obiger Behauptung (15.2). Anwenden von $H^{-1}$ liefert dann:

$$y_1(x) = H^{-1}(G(x)) = y_2(x), \quad x \in I.$$

*Existenz der Lösung*: Definiere

$$y: I \to \mathbb{R}, \quad y(x) := H^{-1}(G(x)), \quad x \in I.$$

Dann ist wegen $G(I) \subset H(I_h)$ die Funktion $y$ wohldefiniert auf $I$. Mit der Kettenregel und dem Satz über die Ableitung der Umkehrfunktion aus Analysis I ([32, Satz VII.9]) folgt dann wegen $H' = \frac{1}{h}$ und $G' = g$ für $x \in I$:

$$\begin{aligned} y'(x) &= (H^{-1})'\big(G(x)\big)\, G'(x) = \frac{1}{H'\big(H^{-1}(G(x))\big)}\, G'(x) \\ &= h\big(H^{-1}(G(x))\big)\, g(x) = h(y(x))g(x); \end{aligned}$$

außerdem gilt $y(x_0) = H^{-1}(G(x_0)) = H^{-1}(0) = y_0$. □

**Beispiel** $y' = -\dfrac{x}{y}$, $y(1) = 1$:

$$\begin{aligned} g(x) &= -x, \quad x \in I_g = (-\infty, \infty), \\ h(y) &= \frac{1}{y}, \quad y \in I_h = (0, \infty) \quad (\text{oder } I_h = (-\infty, 0)). \end{aligned}$$

Dann ist $h(y) \neq 0, y \in I_h = (0, \infty)$, und mit den Bezeichnungen aus Satz IV.10 gilt:

$$\begin{aligned} \underbrace{\int_1^y \frac{1}{h(t)}\,\mathrm{d}t}_{H(y)} = \underbrace{\int_1^x g(t)\,\mathrm{d}t}_{G(x)} \quad &\Longleftrightarrow \quad \int_1^y t\,\mathrm{d}t = -\int_1^x t\,\mathrm{d}t \\ &\Longleftrightarrow \quad \frac{y^2}{2} - \frac{1}{2} = -\left(\frac{x^2}{2} - \frac{1}{2}\right) \\ &\Longleftrightarrow \quad y^2 = 2 - x^2. \end{aligned}$$

Es gilt $G(I) \subset H(I_h) = H\big((0,\infty)\big) = (0,\infty)$ genau dann, wenn $2 - x^2 > 0,\ x \in I$, d.h. $I = (-\sqrt{2}, \sqrt{2})$. Also erhält man die eindeutige Lösung

$$y(x) = \sqrt{2 - x^2}, \quad x \in \big(-\sqrt{2}, \sqrt{2}\big).$$

Der Graph von $y$ ist ein Halbkreisbogen in der oberen Halbebene mit Radius $\sqrt{2}$ (Abb. 13.4). Überlegen Sie sich selbst, was sich für den Fall $I_h = (-\infty, 0)$ als Lösung ergibt!

**Bemerkung.** Die allgemeine Lösung einer Differentialgleichung $y' = g(x)h(y)$ ergibt sich, wenn man die unteren Integrationsgrenzen nicht spezifiziert, sondern eine beliebige Integrationskonstante addiert. Im obigen Beispiel heißt das:

$$\begin{aligned}\int \frac{1}{h(y)}\,\mathrm{d}y = \int g(x)\,\mathrm{d}x + C \quad &\Longleftrightarrow \quad \int y\,\mathrm{d}y = -\int x\,\mathrm{d}x + C\\ &\Longleftrightarrow \quad \frac{y^2}{2} = -\frac{x^2}{2} + C\\ &\Longleftrightarrow \quad y^2 = 2C - x^2.\end{aligned}$$

Also muss $C > 0$ gelten und dann ist

$$y(x) = \sqrt{2C - x^2}, \quad x \in \big(-\sqrt{2C}, \sqrt{2C}\big).$$

Die Anfangsbedingung $y(1) = 1$ liefert dann $1 = \sqrt{2C - 1}$ und damit die obige spezielle Lösung mit $C = 1$.

**Differentialgleichung der Kettenlinie.** $y'' = \sqrt{1 + (y')^2}$: — Beispiel

Auch diese Differentialgleichung aus Abschnitt 13 hat getrennte Variablen, nämlich für $y'$. Vergleichen Sie die Lösung (Aufgabe IV.28) mit den drei Funktionen aus [32, Aufgabe IX.3]!

## b) Lineare Differentialgleichungen erster Ordnung $y' = A(x)y + b(x)$

Lineare Differentialgleichungen hängen nur linear von der Funktion und ihren Ableitungen ab; im Fall einer Differentialgleichung erster Ordnung bedeutet das:

**Definition IV.11**

Es seien $I \subset \mathbb{R}$ ein Intervall, $K = \mathbb{R}$ oder $\mathbb{C}$, $A\colon I \to K^{n\times n}$ eine matrixwertige und $b\colon I \to K^n$ eine vektorwertige Funktion. Ein System von Differentialgleichungen bzw. eine Differentialgleichung erster Ordnung der Form

$$y' = A(x)y + b(x)$$

heißt *linear*. Die lineare Differentialgleichung heißt *homogen*, falls $b \equiv 0$, sonst heißt sie *inhomogen*.

Wir betrachten zunächst den Fall $n = 1$ einer Differentialgleichung und $K = \mathbb{R}$. Der folgende Satz gibt die allgemeine Form der Lösung einer *homogenen* linearen Differentialgleichung erster Ordnung an.

**Satz IV.12** *Es seien $I \subset \mathbb{R}$ ein Intervall, $a\colon I \to \mathbb{R}$ stetig und $x_0 \in I$. Dann hat die homogene lineare Differentialgleichung*

$$y' = a(x)y \tag{15.3}$$

*mit $y(x_0) = c$ für beliebiges $c \in \mathbb{R}$ genau eine Lösung $y_h\colon I \to \mathbb{R}$, gegeben durch*

$$y_h(x) := c\ \exp\left(\int_{x_0}^{x} a(t)\,\mathrm{d}t\right), \quad x \in I. \tag{15.4}$$

*Beweis.* Die Funktion $y_h$, gegeben durch (15.4), ist nach der Kettenregel und dem Fundamentalsatz der Differential- und Integralrechnung aus Analysis I ([32, Satz VII.8 und VIII.21]) differenzierbar mit

$$\begin{aligned} y_h'(x) &= c\ \exp\left(\int_{x_0}^{x} a(t)\,\mathrm{d}t\right) \frac{\mathrm{d}}{\mathrm{d}x}\left(\int_{x_0}^{x} a(t)\,\mathrm{d}t\right) = y_h(x)a(x), \quad x \in I,\\ y_h(x_0) &= c\ \exp(0) = c. \end{aligned}$$

*Eindeutigkeit der Lösung*: Angenommen, $\widetilde{y}\colon I \to \mathbb{R}$ ist eine weitere Lösung von (15.3) mit $\widetilde{y}(x_0) = c$. Dann folgt mit der Quotientenregel ([32, Satz VII.6])

$$\frac{\mathrm{d}}{\mathrm{d}x}\frac{\widetilde{y}}{y}(x) = \frac{\widetilde{y}'(x)y(x) - \widetilde{y}(x)y'(x)}{y(x)^2} = \frac{a(x)\widetilde{y}(x)y(x) - \widetilde{y}(x)a(x)y(x)}{y(x)^2} = 0, \quad x \in I,$$

also existiert ein $C \in \mathbb{R}$ mit $\widetilde{y}(x) = Cy(x)$. Wegen $y(x_0) = c = \widetilde{y}(x_0)$ folgt dann $C = 1$, also $\widetilde{y} = y$. □

**Bemerkung IV.13**

- *Man kann* (15.3) *auch als Differentialgleichung mit getrennten Variablen betrachten (mit $g(x) := a(x)$, $x \in I$, und $h(y) := y$, $y \in I_h$, wobei $I_h := (0, \infty)$ falls $c > 0$ und $I_h := (-\infty, 0)$ falls $c < 0$ ist. Vergleichen Sie, was Satz IV.10 dann liefert!*
- *Satz IV.12 ist auch ein Beispiel für die Existenz und Eindeutigkeit der Lösung auf dem ganzen Intervall $I$ nach Satz IV.7, denn die in $y$ lineare Funktion $F(x, y) = a(x)y$ erfüllt bzgl. $y$ auf ganz $\mathbb{R}$ eine Lipschitz-Bedingung.*

**Beispiel** **Wachstum mit beschränktem Lebensraum.** Wir betrachten den Fall einer linear mit der Zeit abnehmenden Wachstumsrate:

$$\dot{x} = (a_0 - a_1\,t)\,x, \quad x(t_0) = x_0,$$

mit $a_0,\ a_1 \geq 0$ konstant. Die eindeutige Lösung ist nach (15.4) gegeben durch

$$\begin{aligned} x_h(t) &= x_0\ \exp\left(\int_{t_0}^{t} (a_0 - a_1\tau)\,\mathrm{d}\tau\right)\\ &= x_0\ \exp\left(a_0(t - t_0) - \frac{a_1}{2}(t^2 - t_0^2)\right), \quad t \in (-\infty, \infty). \end{aligned}$$

Für *freies Wachstum*, d.h. $a_1 = 0$, ist die Lösung gegeben durch

$$x_h(t) = x_0\ \exp\bigl(a_0(t - t_0)\bigr), \quad t \in (-\infty, \infty).$$

Der nächste Satz gibt die allgemeine Form der Lösung einer *inhomogenen* linearen Differentialgleichung erster Ordnung an.

Satz IV.14

**Variation der Konstanten.** *Es seien $I \subset \mathbb{R}$ ein Intervall, $a, b\colon I \to \mathbb{R}$ stetig und $x_0 \in I$. Dann hat die inhomogene lineare Differentialgleichung*

$$y' = a(x)y + b(x) \tag{15.5}$$

*mit $y(x_0) = c$ für beliebiges $c \in \mathbb{R}$ genau eine Lösung $y\colon I \to \mathbb{R}$, gegeben durch*

$$y(x) = y_h(x)\left(c + \int_{x_0}^{x} \frac{1}{y_h(t)} b(t)\,\mathrm{d}t\right), \quad x \in I, \tag{15.6}$$

*wobei $y_h$ die Lösung der zugehörigen homogenen Differentialgleichung* (15.3) *mit $y_h(x_0) = 1$ ist, d.h.*

$$y_h(x) = \exp\left(\int_{x_0}^{x} a(t)\,\mathrm{d}t\right), \quad x \in I.$$

*Beweis.* Die Funktion $y$, gegeben durch (15.6), ist nach der Kettenregel und dem Fundamentalsatz der Differential- und Integralrechnung aus Analysis I ([32, Satz VII.8 und VIII.21]) differenzierbar mit

$$\begin{aligned} y'(x) &= \overbrace{y_h'(x)}^{=a(x)y_h(x)}\left(c + \int_{x_0}^{x} \frac{1}{y_h(t)} b(t)\,\mathrm{d}t\right) + y_h(x)\frac{1}{y_h(x)} b(x) \\ &= a(x)y(x) + b(x), \quad x \in I, \end{aligned}$$

$$y(x_0) = y_h(x_0)\,c = c.$$

*Eindeutigkeit der Lösung*: Angenommen $\widetilde{y}\colon I \to \mathbb{R}$ ist eine weitere Lösung von (15.5) mit $\widetilde{y}(x_0) = c$. Dann wäre $\widetilde{y} - y$ eine Lösung der zugehörigen homogenen Differentialgleichung (15.5) mit $(\widetilde{y} - y)(x_0) = 0$; eine weitere Lösung ist die Funktion $\widehat{y} \equiv 0$. Aus der Eindeutigkeit in Satz IV.12 folgt dann $\widetilde{y} - y \equiv \widehat{y} \equiv 0$. □

**Bemerkung.** Die Bezeichnung „Variation der Konstanten" hat ihren Ursprung darin, dass man aus dem Lösungsansatz von (15.5) in der Form

$$y(x) = \gamma(x)\,y_h(x) \quad (\text{mit „variabler" Konstante } \gamma(x))$$

durch Einsetzen in (15.5) für die Funktion $\gamma$ erhält:

$$\begin{aligned} \gamma'(x)y_h(x) + \gamma(x)\underbrace{y_h'(x)}_{=a(x)y_h(x)} = a(x)\gamma(x)y_h(x) + b(x) &\implies \gamma'(x) = \frac{1}{y_h(x)} b(x) \\ &\implies \gamma(x) = \int_{x_0}^{x} \frac{1}{y_h(t)} b(t)\,\mathrm{d}t + c, \end{aligned}$$

also genau die Form der Lösung in (15.6)!

Beispiel

***RL*-Stromkreis.** Die Stromstärke in einem Stromkreis mit Widerstand $R > 0$, Induktivität $L > 0$ und elektromotorischer Kraft $E$ (Abb. 13.1) genügt auf $[0, \infty)$ der Differentialgleichung

$$\dot{I} + \frac{R}{L} I = \frac{1}{L} E(t), \quad I(0) = I_0.$$

*1.Fall*: $E(t) = 0, t \in [0, \infty)$ (Abschalten der Stromquelle zum Zeitpunkt $t = 0$).

Dann ist die Lösung nach Satz IV.12 gegeben durch

$$I_h(t) = I_0 \, \mathrm{e}^{-\frac{R}{L}t}, \qquad t \in [0, \infty),$$

d.h., die Stromstärke klingt nach Abschalten der Spannungsquelle exponentiell ab.

*2.Fall*: $E(t) = E_0, t \in [0, \infty)$, also $E$ konstant (Gleichspannungsquelle).

Variation der Konstanten (Satz IV.14) liefert:

$$\begin{aligned} I(t) &= \mathrm{e}^{-\frac{R}{L}t} \left( I_0 + \int_0^t \mathrm{e}^{\frac{R}{L}\tau} \frac{E_0}{L} \, \mathrm{d}\tau \right) = I_0 \, \mathrm{e}^{-\frac{R}{L}t} + \mathrm{e}^{-\frac{R}{L}t} \frac{E_0}{L} \left[ \frac{L}{R} \mathrm{e}^{\frac{R}{L}\tau} \right]_{\tau=0}^{t} \\ &= \frac{E_0}{R} + \left( I_0 - \frac{E_0}{R} \right) \mathrm{e}^{-\frac{R}{L}t}, \qquad t \in [0, \infty). \end{aligned}$$

Interessant ist, dass unabhängig vom Anfangswert $I_0$ für jede Lösung gilt:

$$\lim_{t \to \infty} I(t) = \frac{E_0}{R}$$

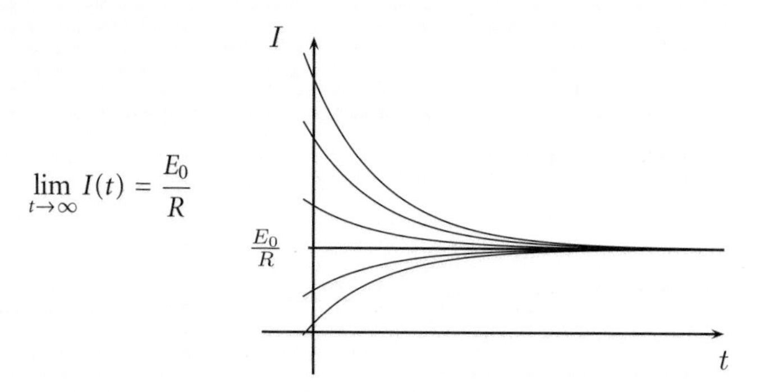


Abb. 15.1: Graphen von $I$ für $E(t) = E_0$ mit verschiedenen Anfangswerten $I_0$

*3. Fall*: $E(t) = E_0 \cos(\omega t), t \in [0, \infty)$, mit $\omega \in \mathbb{R}$ (Wechselspannung):

Es ist eine gute Übung, die Lösung in diesem Fall zu finden und sie für verschiedene Anfangswerte $I_0$ wie oben zu skizzieren (Aufgabe IV.29).

**Bemerkung.** Es seien $I \subset \mathbb{R}$ ein Intervall, $a: I \to \mathbb{R}$ stetig. Die Abbildung

$$L: C^1(I, \mathbb{R}) \to C(I, \mathbb{R}), \qquad Ly := y' - ay,$$

ist linear. Die Menge aller Lösungen der linearen Differentialgleichung $y' = ay$ ist gleich $\ker L$, also ein Unterraum von $C^1(I, \mathbb{R})$, d.h., es gilt das sogenannte

> *Superpositionsprinzip*: Sind $y_1, y_2$ Lösungen von $y' = ay$ und $\alpha_1, \alpha_2 \in \mathbb{R}$, so ist jede Linearkombination $\alpha_1 y_1 + \alpha_2 y_2$ ebenfalls eine Lösung.

Für homogene und inhomogene lineare Differentialgleichungen erster Ordnung können wir also die Struktur der Lösungsräume genau beschreiben. Sie ist analog zur Struktur der Lösungsräume homogener und inhomogener linearer Gleichungssysteme in der Linearen Algebra ([10, 2.3.1]):

**Korollar IV.15**

Es seien $I \subset \mathbb{R}$ ein Intervall und $a, b\colon I \to \mathbb{R}$ stetig. Dann gilt:

(i) Der Lösungsraum $\mathcal{L}_h$ der homogenen linearen Differentialgleichung $y' = ay$ ist ein eindimensionaler Unterraum von $C^1(I, \mathbb{R})$:

$$\mathcal{L}_h = \operatorname{span}\{y_h\} := \{cy_h\colon c \in \mathbb{R}\}, \quad y_h(x) = \exp\Big(\int_{x_0}^{x} a(t)\,\mathrm{d}t\Big), \quad x \in I.$$

(ii) Der Lösungsraum $\mathcal{L}$ der inhomogenen linearen Differentialgleichung $y' = ay + b$ ist ein eindimensionaler affiner Unterraum von $C^1(I, \mathbb{R})$:

$$\mathcal{L} = y_s + \mathcal{L}_h = \{y_s + cy_h\colon c \in \mathbb{R}\},$$

wobei $y_s$ eine spezielle Lösung von $y' = ay + b$ ist.

*Beweis.* Die Behauptungen folgen sofort aus Satz IV.12 und Satz IV.14. □

Die obigen Ergebnisse können ganz analog für beliebige $n \times n$-Systeme linearer Differentialgleichungen erster Ordnung und $K = \mathbb{R}$ bewiesen werden. Für $K = \mathbb{C}$ muss noch eine Reduktion auf den reellen Fall durchgeführt werden; dabei wird ein komplexes $n \times n$-System äquivalent in ein reelles $2n \times 2n$-System umgeschrieben.

Dabei dürfen wir im Folgenden jeden endlichdimensionalen Raum, also z.B. $K^n$ und $K^{n\times n}$, nach Korollar I.40 mit einer beliebigen Norm versehen.

**Satz IV.16**

*Es seien $I \subset \mathbb{R}$ ein Intervall, $K = \mathbb{R}$ oder $\mathbb{C}$, $A\colon I \to K^{n\times n}$, $b\colon I \to K^n$ stetig und $x_0 \in I$. Dann hat das inhomogene System linearer Differentialgleichungen*

$$y' = A(x)y + b(x) \tag{15.7}$$

*mit $y(x_0) = c$ für beliebiges $c \in K^n$ genau eine Lösung $y\colon I \to K^n$.*

Die Formel für die Lösung wird später in Satz IV.17 wieder mittels Variation der Konstanten gegeben.

*Beweis.* Für $K = \mathbb{R}$ verläuft der Beweis ganz analog zum Beweis von Satz IV.12 bzw. Satz IV.14. Für $K = \mathbb{C}$ setzen wir für $x \in I$:

$$\begin{aligned} A(x) &=: A_1(x) + \mathrm{i}\,A_2(x), \qquad & b(x) &=: b_1(x) + \mathrm{i}\,b_2(x),\\ y(x) &=: y_1(x) + \mathrm{i}\,y_2(x), & c &=: c_1 + \mathrm{i}\,c_2, \end{aligned}$$

mit $A_i \in C(I, \mathbb{R}^{n\times n})$, $b_i \in C(I, \mathbb{R}^n)$, $c_i \in \mathbb{R}^n$ und $y_i\colon I \to \mathbb{R}^n$, $i = 1, 2$. Dann gilt:

$$\begin{aligned} y' = Ay \quad &\iff \quad y_1' + \mathrm{i}\,y_2' = (A_1 + \mathrm{i}\,A_2)(y_1 + \mathrm{i}\,y_2) + b_1 + \mathrm{i}\,b_2\\ &\qquad\qquad\quad = (A_1y_1 - A_2y_2 + b_1) + \mathrm{i}\,(A_1y_2 + A_2y_1 + b_2)\\ &\iff \quad \begin{cases} y_1' = A_1y_1 - A_2y_2 + b_1,\\ y_2' = A_1y_2 + A_2y_1 + b_2. \end{cases} \end{aligned}$$

Also ist (15.7) äquivalent zum reellen Anfangswertproblem

$$\widehat{y}\,' = \widehat{A}\widehat{y} + \widehat{b}, \quad \widehat{y}(x_0) = \widehat{c}, \tag{15.8}$$

wobei

$$\widehat{y}(x) := \begin{pmatrix} y_1(x) \\ y_2(x) \end{pmatrix}, \quad \widehat{A}(x) := \begin{pmatrix} A_1(x) & -A_2(x) \\ A_2(x) & A_1(x) \end{pmatrix}, \quad \widehat{b}(x) := \begin{pmatrix} b_1(x) \\ b_2(x) \end{pmatrix}, \quad \widehat{c} := \begin{pmatrix} c_1 \\ c_2 \end{pmatrix},$$

und die Behauptung im Fall $K = \mathbb{C}$ folgt damit aus derjenigen für $K = \mathbb{R}$. □

**Bemerkung.** Es seien $I \subset \mathbb{R}$ ein Intervall, $A: I \to K^{n\times n}$ stetig. Die Abbildung

$$L: C^1(I, K) \to C(I, K), \quad Ly := y' - Ay,$$

ist linear. Die Menge aller Lösungen der linearen Differentialgleichung $y' = Ay$ ist gleich $\ker L$, also ein Unterraum von $C^1(I, K^n)$. Es gilt also wieder das Superpositionsprinzip.

Im Fall $n = 1$ war die Dimension dieses Lösungsraumes als Vektorraum über $K$ gleich 1 (Korollar IV.15). Wie groß ist sie nun für $n > 1$? Es wird sich herausstellen, dass die Dimension gerade gleich der Größe des Systems, also gleich $n$ ist:

**Satz IV.17** *Es seien $I \subset \mathbb{R}$ ein Intervall, $K = \mathbb{R}$ oder $\mathbb{C}$ und $A: I \to K^{n\times n}$ stetig. Dann ist der Lösungsraum $\mathcal{L}_h$ des homogenen linearen Systems*

$$y' = A(x)y \tag{15.9}$$

*ein $n$-dimensionaler Unterraum von $C^1(\mathbb{R}, K^n)$ (als Vektorraum über $K$). Für Lösungen $y_1, \dots, y_k$ von (15.9), $k \in \mathbb{N}$, sind äquivalent:*

(i) *$\{y_1, \dots, y_k\}$ ist linear unabhängig in $C^1(\mathbb{R}, K^n)$;*

(ii) *es gibt ein $x_0 \in I$, so dass $\{y_1(x_0), \dots, y_k(x_0)\}$ linear unabhängig in $K^n$ ist;*

(iii) *für alle $x \in I$ ist $\{y_1(x), \dots, y_k(x)\}$ linear unabhängig in $K^n$.*

*Beweis.* „(iii) $\Longrightarrow$ (ii) $\Longrightarrow$ (i)“: Diese beiden Implikationen sind klar.

„(i) $\Longrightarrow$ (iii)“: Angenommen, es gibt $x \in I$ und $\alpha_1, \dots, \alpha_k \in K$, nicht alle 0, mit

$$\alpha_1 y_1(x) + \cdots + \alpha_k y_k(x) = 0.$$

Dann ist die Funktion $\varphi := \alpha_1 y_1 + \cdots + \alpha_k y_k \in C^1(I, K^n)$ eine Lösung von (15.9) mit $\varphi(x) = 0$. Gleiches erfüllt die Funktion $\varphi_0 \equiv 0$. Wegen der Eindeutigkeit der Lösung in Satz IV.16 folgt dann $\varphi \equiv 0$ und wegen (i) dann $\alpha_1 = \cdots = \alpha_k = 0$, ein Widerspruch zur Annahme.

$\dim \mathcal{L}_h = n$: Es sei $x_0 \in I$ beliebig.

„$\geq$“: Es sei $\{e_1, \dots, e_n\}$ Basis von $K^n$. Nach Satz IV.16 existiert dann für jedes $i = 1, \dots, n$ genau eine Lösung $y_i \in \mathcal{L}_h$ mit $y_i(x_0) = e_i$. Nach der Implikation „(ii) $\Longrightarrow$ (i)“ ist dann $\{y_1, \dots, y_n\}$ linear unabhängig.

„$\leq$“: Wären $\{y_1, \dots, y_{n+1}\} \subset \mathcal{L}_h$ linear unabhängig in $C^1(I, K^n)$, so wäre nach der Implikation „(i) $\Longrightarrow$ (ii)“ $\{y_1(x_0), \dots, y_{n+1}(x_0)\}$ linear unabhängig in $K^n$, ein Widerspruch. □

**Definition IV.18**

Es seien $I \subset \mathbb{R}$, $K = \mathbb{R}$ oder $\mathbb{C}$ und $A: I \to K^{n\times n}$ stetig.

(i) Eine Basis $\{y_1, \dots, y_n\}$ des Lösungsraums $\mathcal{L}_h$ von $y' = A(x)y$ heißt *Fundamentalsystem* (FS); man nennt dann

$$Y = \begin{pmatrix} y_1 & \dots & y_n \end{pmatrix} : I \to K^{n\times n}$$

*Fundamentalmatrix* (FM) von $y' = A(x)y$.

(ii) Für beliebige $y_1, \dots, y_n \in \mathcal{L}_h$ heißt

$$w: I \to K, \quad w(x) := \det \begin{pmatrix} y_1(x) & \dots & y_n(x) \end{pmatrix}, \quad x \in I,$$

*Wronski*[7]*-Determinante* von $y' = A(x)y$.

Da alle Spalten $y_1, \dots, y_n$ einer Fundamentalmatrix $Y$ die Differentialgleichung $y'(x) = A(x)y(x)$, $x \in I$, erfüllen, gilt auch

$$Y' = A(x)Y, \quad x \in I.$$

Eine Fundamentalmatrix ist nicht eindeutig; erst durch Vorgabe einer „Anfangsbedingung" der Form $Y(x_0) = C$ mit einer invertierbaren Matrix $C \in GL_n(K) := \{C \in K^{n\times n}: C \text{ invertierbar}\}$ ist sie eindeutig festgelegt.

Zwischen zwei beliebigen Fundamentalmatrizen besteht daher folgender Zusammenhang:

**Bemerkung IV.19**

Es sei $Y$ eine Fundamentalmatrix von $y' = A(x)y$. Dann ist $\widetilde{Y}: I \to K^{n\times n}$ eine Fundamentalmatrix von (15.9)

$$\iff \exists\, C \in GL_n(K):\ \widetilde{Y}(x) = Y(x)C, \quad x \in I.$$

Mit Hilfe der Wronski-Determinante kann man feststellen, ob Lösungen $y_1, \dots, y_n$ eines homogenen $(n \times n)$-Systems linearer Differentialgleichungen ein Fundamentalsystem bilden. Aus Satz IV.17 folgt nämlich direkt:

**Korollar IV.20**

Es seien $I \subset \mathbb{R}$, $K = \mathbb{R}$ oder $\mathbb{C}$, $A: I \to K^{n\times n}$ stetig und $y_1, \dots, y_n \in \mathcal{L}_h$ Lösungen von $y' = A(x)y$. Dann gilt:

(i) Entweder ist $w \equiv 0$ oder $w(x) \neq 0$, $x \in I$.

(ii) $\{y_1, \dots, y_n\}$ ist Fundamentalsystem von $y' = A(x)y$, $x \in I \iff w \not\equiv 0$.

Sind dann $x_0 \in I$ und $c \in K^n$ beliebig, so ist

$$y(x) = Y(x)Y(x_0)^{-1}c$$

die eindeutige Lösung des homogenen Systems $y' = A(x)y$ mit $y(x_0) = c$.

[7] Josef-Maria Hoëné de Wronski, ∗ 23. August 1778 in Wolsztyn, † 9. August 1853 in Paris, polnischer Philosoph und Mathematiker, der zu seiner Zeit für seinen „Canons de logarithmes" und seine schwierige Persönlichkeit bekannt wurde.

**Beispiel** $y' = \frac{1}{x}\begin{pmatrix}1 & 3x^3\\ 0 & 1\end{pmatrix} y$, $x \in (0,\infty)$:

Um ein Fundamentalsystem $\{y_1, y_2\}$, $y_i = \big(y_{i1}, y_{i2}\big)^t : (0,\infty) \to \mathbb{R}^2$ zu bestimmen, schreiben wir das System aus:

$$y_{i1}' = \frac{1}{x} y_{i1} + 3x^2 y_{i2}, \quad y_{i2}' = \frac{1}{x} y_{i2}, \qquad i = 1, 2.$$

Die zweite Gleichung hat z.B. nach Satz IV.12 die zwei Lösungen $y_{12}(x) = 0$ und $y_{22}(x) = x$, $x \in (0,\infty)$. Damit ergeben sich für die ersten Komponenten $y_{11}$ und $y_{21}$ aus der ersten Gleichung:

$$y_{11}' = \frac{1}{x} y_{11}, \quad y_{21}' = \frac{1}{x} y_{21} + 3x^3.$$

Da $y_1 \not\equiv 0$ gelten muss, folgt $y_{11}(x) = x$, $x \in (0,\infty)$, und mit Satz IV.14 über die Variation der Konstanten:

$$y_{21}(x) = y_{11}(x)\left(c + \int_{x_0}^{x} \frac{1}{y_{11}(t)} 3t^3 \,\mathrm{d}t\right) = cx + x\left[t^3\right]_{x_0}^{x} = \left(c - x_0^3\right)x + x^4, \quad x \in (0,\infty),$$

mit beliebigen $c \in \mathbb{R}$ und $x_0 \in (0,\infty)$, also z.B. $c = x_0^3$. Also sind zwei Lösungen gegeben durch

$$y_1(x) = \begin{pmatrix} x \\ 0 \end{pmatrix}, \quad y_2(x) = \begin{pmatrix} x^4 \\ x \end{pmatrix}, \quad x \in (0,\infty);$$

sie bilden ein Fundamentalsystem, da für die zugehörige Wronski-Determinante gilt:

$$w(x) = \det \begin{pmatrix} x & x^4 \\ 0 & x \end{pmatrix} = x^2 \neq 0, \quad x \in (0,\infty).$$

Mittels Fundamentalmatrizen kann nun die Form der eindeutigen Lösung eines inhomogenen Systems linearer Differentialgleichungen, genau wie im Fall $n = 1$ des Satzes IV.14 über die Variation der Konstanten, dargestellt werden:

**Satz IV.21** **Variation der Konstanten für Systeme.** *Es seien $I \subset \mathbb{R}$ ein Intervall, $K = \mathbb{R}$ oder $\mathbb{C}$, $A : I \to K^{n\times n}$, $b : I \to K^n$ stetig und $x_0 \in I$. Dann hat das inhomogene System linarer Differentialgleichungen*

$$y' = A(x)y + b(x)$$

*mit $y(x_0) = c$ für beliebiges $c \in K^n$ genau eine Lösung $y : I \to K^n$, gegeben durch*

$$y(x) = Y_0(x)\left(c + \int_{x_0}^{x} Y_0(t)^{-1} b(t)\,\mathrm{d}t\right),$$

*wobei $Y_0$ die Fundamentalmatrix des zugehörigen homogenen Systems $y' = A(x)y$ mit $Y_0(x_0) = I_{K^n}$ ist.*

**Bemerkung IV.22** *Im Fall $n = 1$ ist $Y_0(x) = y_h(x) \in K$, und die obige Formel stimmt mit der Formel aus Satz IV.14 über die Variation der Konstanten für lineare Differentialgleichungen erster Ordnung überein.*

*Beweis.* Der Beweis verläuft völlig analog zum Beweis von Satz IV.14 für den Fall $n = 1$ einer Differentialgleichung. □

**Korollar IV.23**

Der Lösungsraum $\mathcal{L}$ des inhomogenen Systems $y' = A(x)y + b(x)$ ist ein $n$-dimensionaler affiner Unterraum von $C^1(I, K^n)$:

$$\mathcal{L} = y_s + \mathcal{L}_h = \{y_s + \alpha_1 y_1 + \cdots + \alpha_n y_n : \alpha_1, \ldots, \alpha_n \in K\},$$

wobei $y_s$ eine spezielle Lösung von $y' = A(x)y' + b(x)$ ist und $\{y_1, \ldots, y_n\}$ ein Fundamentalsystem des zugehörigen homogenen Systems $y' = A(x)y$.

**Bemerkung IV.24**

Mit der Transformation aus Proposition IV.2 übertragen sich alle Sätze für $(n \times n)$-Systeme linearer Differentialgleichungen auf lineare Differentialgleichungen $n$-ter Ordnung

$$\eta^{(n)} + a_{n-1}(x)\eta^{(n-1)} + \cdots + a_1(x)\eta' + a_0(x)\eta = b(x) \tag{15.10}$$

mit $a_i, b: I \to K$ stetig, $i = 1, \ldots, n$ und $K = \mathbb{R}$ oder $\mathbb{C}$:

(i) Der Lösungsraum $\mathcal{L}_h$ der zugehörigen homogenen Differentialgleichung

$$\eta^{(n)} + a_{n-1}(x)\eta^{(n-1)} + \cdots + a_1(x)\eta' + a_0(x)\eta = 0 \tag{15.11}$$

ist ein $n$-dimensionaler Unterraum von $C^n(I, K)$.

(ii) Eine Basis $\{\eta_1, \ldots, \eta_n\}$ von $\mathcal{L}_h$ heißt *Fundamentalsystem* von (15.11).

(iii) $\{\eta_1, \ldots, \eta_n\} \subset \mathcal{L}_h$ ist ein Fundamentalsystem von (15.11) genau dann, wenn für die zugehörige *Wronski-Determinante* gilt:

$$w := \det \begin{pmatrix} \eta_1 & \eta_2 & \cdots & \eta_n \\ \eta_1' & \eta_2' & \cdots & \eta_n' \\ \vdots & \vdots & & \vdots \\ \eta_1^{(n-1)} & \eta_2^{(n-1)} & \cdots & \eta_n^{(n-1)} \end{pmatrix} \not\equiv 0.$$

(iv) Der Lösungsraum $\mathcal{L}$ der inhomogenen Differentialgleichung (15.10) ist ein $n$-dimensionaler affiner Unterraum von $C^n(I, K)$ der Form

$$\mathcal{L} = \eta_s + \mathcal{L}_h = \{\eta_s + \alpha_1\eta_1 + \cdots + \alpha_n\eta_n : \alpha_1, \ldots, \alpha_n \in K\},$$

wobei $\eta_s$ eine spezielle Lösung von (15.10) ist und $\{\eta_1, \ldots, \eta_n\}$ ein Fundamentalsystem der zugehörigen homogenen Gleichung (15.11) ist.

**Beispiel IV.25**

**Freie mechanische Schwingungen.** Die homogene lineare Differentialgleichung zweiter Ordnung

$$-\eta'' = \lambda\eta \tag{15.12}$$

mit $\lambda = \omega^2$ beschreibt mechanische Schwingungen z.B. einer schwingenden Saite, wobei $\omega$ eine Zeitfrequenz ist (vgl. Abschnitt 19), oder einer Masse $m > 0$ an einer Feder mit Federkonstante $c > 0$, wo dann $\omega^2 = \frac{c}{m}$ ist.

Man prüft leicht nach, dass die Funktionen $\eta_1, \eta_2 : \mathbb{R} \to \mathbb{R}$, gegeben durch

$$\begin{cases} \eta_1(x) = \cos(\omega x), & \eta_2(x) = \sin(\omega x), \quad x \in \mathbb{R}, \quad \text{falls } \lambda = \omega^2 > 0, \\ \eta_1(x) = \cosh(\omega x), & \eta_2(x) = \sinh(\omega x), \quad x \in \mathbb{R}, \quad \text{falls } \lambda = -\omega^2 < 0, \\ \eta_1(x) = 1, & \eta_2(x) = x, \quad x \in \mathbb{R}, \quad \text{falls } \lambda = \omega^2 = 0, \end{cases}$$

die Differentialgleichung erfüllen. Sie bilden jeweils ein Fundamentalsystem, denn wegen $\cos^2 + \sin^2 \equiv 1$ und $\cosh^2 - \sinh^2 \equiv 1$ ([32, Aufgabe VIII.9]) gilt:

$$w(x) = \det \begin{pmatrix} \eta_1(x) & \eta_2(x) \\ \eta_1'(x) & \eta_2'(x) \end{pmatrix}$$
$$= \begin{cases} \det \begin{pmatrix} \cos(\omega x) & \sin(\omega x) \\ -\sin(\omega x) & \cos(\omega x) \end{pmatrix} = 1 \neq 0, & x \in \mathbb{R}, \quad \text{falls } \lambda = \omega^2 > 0, \\ \det \begin{pmatrix} \cosh(\omega x) & \sinh(\omega x) \\ \sinh(\omega x) & \cosh(\omega x) \end{pmatrix} = 1 \neq 0, & x \in \mathbb{R}, \quad \text{falls } \lambda = -\omega^2 < 0, \\ \det \begin{pmatrix} 1 & x \\ 0 & 1 \end{pmatrix} = 1 \neq 0, & x \in \mathbb{R}, \quad \text{falls } \lambda = \omega^2 = 0. \end{cases}$$

Jede beliebige Lösung $\eta$ von (15.12) ist also von der Form

$$\eta(x) = \begin{cases} c_1 \cos(\omega x) + c_2 \sin(\omega x), & x \in \mathbb{R}. \quad \text{falls } \lambda = \omega^2 > 0, \\ c_1 \cosh(\omega x) + c_2 \sinh(\omega x), & x \in \mathbb{R}. \quad \text{falls } \lambda = -\omega^2 < 0, \\ c_1 + c_2 x, & x \in \mathbb{R}, \quad \text{falls } \lambda = \omega^2 = 0, \end{cases}$$

mit $c_1, c_2 \in \mathbb{R}$. Im Fall einer beidseitig eingespannten schwingenden Saite der Länge $L > 0$ muss die Lösung auf dem Intervall $[0, L]$ die Randbedingungen

$$\eta(0) = \eta(L) = 0 \tag{15.13}$$

erfüllen. Dies liefert für die Konstanten $c_1, c_2$ jeweils zwei lineare Gleichungen:

$$\begin{cases} c_1 = 0, \; c_2 \sin(\omega L) = 0 \implies c_1 = c_2 = 0, \text{ falls } \lambda = \omega^2 \neq \left(\frac{\pi}{L} k\right)^2 \text{ mit } k \in \mathbb{Z} \setminus \{0\}, \\ c_1 = 0, \; c_2 \sinh(\omega L) = 0 \implies c_1 = c_2 = 0, \text{ falls } \lambda = -\omega^2 < 0, \\ c_1 = 0, \; c_2 L = 0 \implies c_1 = c_2 = 0, \text{ falls } \lambda = \omega^2 = 0, \end{cases}$$

denn es ist $L > 0$ und damit $\sinh(\omega L) > 0$ für $\omega \neq 0$.

Insgesamt hat also die Differentialgleichung (15.12) mit den Randbedingungen (15.13) genau dann eine nicht-triviale Lösung, wenn $\lambda = \omega^2 > 0$ und $\omega = \omega_k := \frac{\pi}{L} k$ mit $k \in \mathbb{Z} \setminus \{0\}$ ist; für $c_2 = 1$ ist diese gegeben durch

$$\eta_{\omega_k}(x) = \sin\left(\frac{\pi}{L} kx\right), \quad x \in [0, L], \; k \in \mathbb{Z} \setminus \{0\}. \tag{15.14}$$

Noch ist unklar, wie man Fundamentalmatrizen und -systeme bestimmen kann. Im allgemeinen Fall gibt es dafür kein Rezept. Im Fall konstanter Koeffizienten lernen wir im nächsten Abschnitt eine explizite Methode dafür kennen.

# 16 Lineare Differentialgleichungssysteme mit konstanten Koeffizienten

Im Folgenden betrachten wir zuerst wieder homogene und inhomogene lineare $n \times n$-Differentialgleichungssysteme und übertragen die Ergebnisse dann auf homogene und inhomogene lineare Differentialgleichungen $n$-ter Ordnung.

**Homogene lineare Differentialgleichungssysteme $y' = Ay$ mit $A \in \mathbb{R}^{n\times n}$:**

Für $n = 1$ und eine Konstante $a \in \mathbb{R}$ oder $\mathbb{C}$ ist die Lösung der Differentialgleichung $y' = ay$ schon aus Satz IV.12 oder sogar Analysis I bekannt ([32, Satz VII.21]):

$$y(x) = \exp(ax), \qquad x \in \mathbb{R}.$$

Es stellt sich heraus, dass die Lösung einer Differentialgleichung $y' = Ay$ mit konstanter Matrix $A \in \mathbb{R}^{n\times n}$ oder $\mathbb{C}^{n\times n}$ ganz analog aussieht. Dazu benötigen wir die Exponentialfunktion einer Matrix, die evtl. schon aus der Linearen Algebra durch Übungen zur Jordan-Normalform bekannt ist ([10, Aufgaben zu 4.6]):

**Satz IV.26**

*Es seien $K = \mathbb{R}$ oder $\mathbb{C}$, $A \in K^{n\times n}$ und $x \in \mathbb{R}$. Dann ist die Reihe*

$$\exp(Ax) := \mathrm{e}^{Ax} := \sum_{k=0}^{\infty} A^k \frac{x^k}{k!}, \qquad x \in \mathbb{R},$$

*absolut konvergent in $K^{n\times n}$ und $Y(x) = \mathrm{e}^{Ax}$, $x \in \mathbb{R}$, eine Fundamentalmatrix von*

$$y' = Ay. \tag{16.1}$$

*Die (nach Satz IV.16) eindeutige Lösung von (16.1) mit $y(x_0) = c$ für beliebiges $c \in K^n$ ist gegeben durch*

$$y(x) = \mathrm{e}^{A(x-x_0)}\, c, \qquad x \in \mathbb{R}.$$

**Bemerkung.** Man sieht leicht, dass für die Nullmatrix $0_{K^n} \in K^{n\times n}$ und für Matrizen $A_1, A_2 \in K^{n\times n}$ gilt:

$$\mathrm{e}^{0_{K^n}} = I_{K^n}, \qquad \mathrm{e}^{A_1+A_2} = \mathrm{e}^{A_1}\,\mathrm{e}^{A_2}, \qquad \text{falls } A_1A_2 = A_2A_1.$$

*Beweis.* (von Satz IV.26). Wir versehen $K^{n\times n}$ mit einer beliebigen Norm (auf $K^{n\times n}$ sind nach Korollar I.40 alle Normen äquivalent, da $\dim K^{n\times n} = n^2 < \infty$ und folglich $K^{n\times n}$ zu $K^{n^2}$ isomorph ist). Die absolute Konvergenz folgt dann mit dem Majorantenkriterium ([32, Satz V.36]), da

$$\left\| A^k \frac{x^k}{k!} \right\| \le \|A\|^k \frac{|x|^k}{k!} \quad \text{und} \quad \sum_{k=0}^{\infty} \|A\|^k \frac{|x|^k}{k!} = \mathrm{e}^{\|A\|\,\|x\|}.$$

Analog wie im Fall $n = 1$ ([32, Beispiel VII.3]) zeigt man:

$$\lim_{h\to 0} \frac{\mathrm{e}^{Ah} - I_{K^n}}{h} = I_{K^n} \quad \text{und} \quad \frac{\mathrm{d}}{\mathrm{d}x}\,\mathrm{e}^{Ax} = A\,\mathrm{e}^{Ax}, \qquad x \in \mathbb{R}. \qquad \square$$

Wie berechnet man nun aber $e^{Ax}$ für eine beliebige Matrix $A \in K^{n\times n}$? Wichtiges Hilfsmittel dazu ist die Diagonalform oder Jordan-Normalform von $A$:

**Lemma IV.27** *Es seien $A \in K^{n\times n}$ mit $K = \mathbb{R}$ oder $\mathbb{C}$ und $x \in K$. Dann gilt:*

(i) $e^A = C\, e^{C^{-1}AC}\, C^{-1}, \quad C \in GL(n,K)$;

(ii) $A = \begin{pmatrix} A_1 & & 0 \\ & \ddots & \\ 0 & & A_k \end{pmatrix}, \; A_i \in K^{n_i\times n_i} \implies e^A = \begin{pmatrix} e^{A_1} & & 0 \\ & \ddots & \\ 0 & & e^{A_k} \end{pmatrix}$;

(iii) $A = \begin{pmatrix} \lambda & 1 & & 0 \\ & \lambda & \ddots & \\ & & \ddots & 1 \\ 0 & & & \lambda \end{pmatrix}, \lambda \in K \implies e^{Ax} = e^{\lambda x} \begin{pmatrix} 1 & x & \frac{x^2}{2} & \cdots & \frac{x^{n-1}}{(n-1)!} \\ & 1 & x & \ddots & \vdots \\ & & \ddots & \ddots & \frac{x^2}{2} \\ & & & \ddots & x \\ & & & & 1 \end{pmatrix}.$

*Beweis.* (i) Es ist $(C^{-1}AC)^k = C^{-1}AC\,C^{-1}AC\cdots C^{-1}AC = C^{-1}A^kC, k \in \mathbb{N}$, also gilt für $n \in \mathbb{N}$:

$$\sum_{k=0}^{n}(C^{-1}AC)^k\frac{x^k}{k!} = \sum_{k=0}^{n} C^{-1}A^kC\frac{x^k}{k!} = C^{-1}\Big(\sum_{k=0}^{n} A^k\frac{x^k}{k!}\Big)C.$$

Da die Multiplikationen mit $C$ und $C^{-1}$ stetige lineare Abbildungen sind (Satz II.10), folgt im Grenzwert $n \to \infty$:

$$e^{C^{-1}ACx} = \lim_{n\to\infty}\Big(C^{-1}\Big(\sum_{k=0}^{n}A^k\frac{x^k}{k!}\Big)C\Big) = C^{-1}\Big(\lim_{n\to\infty}\Big(\sum_{k=0}^{n}A^k\frac{x^k}{k!}\Big)\Big)C = C^{-1}\,e^{Ax}\,C.$$

(ii) und (iii): Die beiden Beweise sind eine gute Übung in Linearer Algebra. □

Auf Grund von Lemma IV.27 hat man nun folgenden Algorithmus zur Bestimmung eines Fundamentalsystems von $y' = Ay$ mit konstanter Matrix $A \in K^{n\times n}$:

**Praktische Berechnung eines Fundamentalsystems von $y' = Ay$:**

1. Schritt: Bestimme alle Eigenwerte $\lambda_1, \dots, \lambda_l$ von $A$.

2. Schritt: Bestimme zu jedem Eigenwert $\lambda_j$ eine Basis von Eigenvektoren $v^0_{j1}, \dots, v^0_{jk_j}$.

3. Schritt: Bestimme zu jedem Eigenvektor $v^0_{jk}$ die assoziierten Vektoren $v^1_{jk}, \dots, v^{m_{jk}}_{jk}$.

4. Schritt: Zu jedem Eigenvektor $v^0_{jk}$ bilde dann die Funktionen

$$\begin{aligned} y^0_{jk}(x) &= v^0_{jk}\, e^{\lambda_j x}, \\ y^1_{jk}(x) &= \big(v^1_{jk} + v^0_{jk}x\big)\, e^{\lambda_j x}, \\ &\;\;\vdots \\ y^{m_{jk}}_{jk}(x) &= \Big(v^{m_{jk}}_{jk} + v^{m_{jk}-1}_{jk}x + \dots + v^0_{jk}\frac{x^{m_{jk}}}{m_{jk}!}\Big)\, e^{\lambda_j x}. \end{aligned}$$

Dann bildet die Menge all dieser Funktionen zu allen Eigenvektoren

$$\bigcup_{j=1}^{l} \bigcup_{k=1}^{k_j} \{y_{jk}^0, \dots, y_{jk}^{m_{jk}}\}$$

ein Fundamentalsystem von $y' = Ay$!

**Beispiel**

$$\begin{aligned} x_1' &= x_1 - x_2 \\ x_2' &= 4x_1 - 3x_2 \end{aligned} \iff \begin{pmatrix} x_1 \\ x_2 \end{pmatrix}' = \underbrace{\begin{pmatrix} 1 & -1 \\ 4 & -3 \end{pmatrix}}_{=:A} \begin{pmatrix} x_1 \\ x_2 \end{pmatrix}.$$

<u>1. Schritt.</u> Eigenwerte von $A$:

$$\det(A - \lambda) = 0 \iff \begin{vmatrix} 1-\lambda & -1 \\ 4 & -3-\lambda \end{vmatrix} = 0 \iff \lambda^2 + 2\lambda - 3 + 4 = 0$$

$$\iff \lambda_1 = -1 \quad \text{(Vielfachheit 2)}.$$

<u>2. Schritt.</u> Eigenvektoren zu $\lambda_1 = -1$:

$$(A + I_{\mathbb{C}^2})v = 0 \iff \begin{pmatrix} 2 & -1 \\ 4 & -2 \end{pmatrix} v = 0 \implies v_{11}^0 = \begin{pmatrix} 1 \\ 2 \end{pmatrix}.$$

<u>3. Schritt.</u> Assoziierte Vektoren zu $v_{11}^0$:

$$(A + I_{\mathbb{C}^2})v = v_{11}^0 \iff \begin{pmatrix} 2 & -1 \\ 4 & -2 \end{pmatrix} v = \begin{pmatrix} 1 \\ 2 \end{pmatrix} \implies v_{11}^1 = \begin{pmatrix} 0 \\ -1 \end{pmatrix}.$$

<u>4. Schritt.</u> Fundamentalsystem $\{y_{11}^0, y_{11}^1\}$:

$$y_{11}^0(x) = v_{11}^0 \, e^{-x} = \begin{pmatrix} 1 \\ 2 \end{pmatrix} e^{-x}, \qquad x \in \mathbb{R},$$

$$y_{11}^1(x) = (v_{11}^1 + v_{11}^0 x)\, e^{-x} = \begin{pmatrix} x\, e^{-x} \\ (-1 + 2x)\, e^{-x} \end{pmatrix}, \qquad x \in \mathbb{R}.$$

**Bemerkung.** Wenn $A \in \mathbb{R}^{n\times n}$ ist, existiert immer auch ein reelles Fundamentalsystem. Denn ist $\lambda \in \mathbb{C} \setminus \mathbb{R}$ ein nicht-reeller Eigenwert von $A$, so ist auch $\overline{\lambda}$ Eigenwert von $A$, und die Funktionen $e^{\lambda x}$ und $e^{\overline{\lambda} x}$ lassen sich linear zu den reellwertigen Funktionen $e^{\mathrm{Re}(\lambda)x} \sin(\mathrm{Im}(\lambda)x)$ und $e^{\mathrm{Re}(\lambda)x} \cos(\mathrm{Im}(\lambda)x)$ kombinieren.

**Inhomogene lineare Differentialgleichungssysteme $y' = Ay + b(x)$ mit $A \in K^{n\times n}$:**

Der Lösungsraum $\mathcal{L}$ eines inhomogenen linearen Differentialgleichungssystems ist ein affiner Unterraum $y_s + \mathcal{L}_h$, wobei $\mathcal{L}_h$ der Lösungsraum des homogenen Systems $y' = Ay$ ist, für den wir eben ein Fundamentalsystem bestimmt haben, und $y_s$ eine spezielle Lösung des inhomogenen Systems.

Für spezielle Inhomogenitäten $b$ kann man eine spezielle Lösung $y_s$ durch einen sog. *Ansatz vom Typ der rechten Seite* finden:

**Proposition IV.28** *Es seien $K = \mathbb{R}$ oder $\mathbb{C}$ und $A \in K^{n\times n}$.*

(i) *Ist $b(x) = q(x)\,\mathrm{e}^{\alpha x}$, $x \in \mathbb{R}$, mit einem Polynom $q\colon \mathbb{R} \to K^n$ und $\alpha \in K$, dann hat $y' = Ay + b(x)$ eine spezielle Lösung $y_s$ der Form*

$$y_s(x) = \widetilde{q}(x)\,\mathrm{e}^{\alpha x}, \qquad x \in \mathbb{R}, \tag{16.2}$$

*mit einem Polynom $\widetilde{q}\colon \mathbb{R} \to K^n$ vom Grad*

$$\begin{cases} \deg \widetilde{q} = \deg q, & \text{falls } \alpha \text{ kein Eigenwert von } A \text{ ist,} \\ \deg \widetilde{q} \le \deg q + m(\alpha), & \text{falls } \alpha \text{ Eigenwert von } A \text{ ist,} \end{cases}$$

*wobei im zweiten Fall $m(\alpha)$ die algebraische Vielfachheit von $\alpha$ ist.*

(ii) *Ist $K = \mathbb{R}$ und $b(x) = q(x)\cos(\alpha x)$ oder $b(x) = q(x)\sin(\alpha x)$ mit einem Polynom $q\colon \mathbb{R} \to \mathbb{R}^n$, dann hat $y' = Ay + b(x)$ eine spezielle Lösung $y_s$ der Form*

$$y_s(x) = q_1(x)\cos(\alpha x) + q_2(x)\sin(\alpha x), \qquad x \in \mathbb{R}, \tag{16.3}$$

*mit Polynomen $q_1, q_2\colon \mathbb{R} \to \mathbb{R}^n$, so dass*

$$\begin{cases} \max\{\deg q_1, \deg q_2\} = \deg p, & \text{falls } \mathrm{i}\alpha \text{ kein Eigenwert von } A \text{ ist,} \\ \max\{\deg q_1, \deg q_2\} \le \deg p + m(\mathrm{i}\alpha), & \text{falls } \mathrm{i}\alpha \text{ Eigenwert von } A \text{ ist,} \end{cases}$$

*wobei im zweiten Fall $m(\mathrm{i}\alpha)$ die algebraische Vielfachheit von $\mathrm{i}\alpha$ ist.*

*Beweis.* Beide Behauptungen ergeben sich durch Differenzieren der jeweiligen Funktionen $y_s$ mit Produktregel und Einsetzen in das Differentialgleichungssystem (Aufgabe IV.30). □

**Homogene lineare Differentialgleichungen mit konstanten Koeffizienten:**

Wie schon in Abschnitt 15 für variable Koeffizienten, liefern die Resultate für homogene und inhomogene lineare Differentialgleichungssysteme $y' = Ay + b(x)$ mit konstantem $A \in \mathbb{R}^{n\times n}$ analoge Ergebnisse für homogene und inhomogene lineare Differentialgleichungen $n$-ter Ordnung mit konstanten Koeffizienten:

$$L\eta := \eta^{(n)} + a_{n-1}\eta^{(n-1)} + \cdots + a_1\eta' + a_0\eta = \beta(x), \qquad x \in \mathbb{R}, \tag{16.4}$$

mit Konstanten $a_0, a_1, \ldots, a_{n-1} \in K = \mathbb{R}$ oder $\mathbb{C}$ und speziellen Inhomogenitäten $\beta\colon \mathbb{R} \to K$. Nach Proposition IV.2 ist (16.4) äquivalent zu folgendem System erster Ordnung:

$$y' = A_L y + b(x), \qquad y := \begin{pmatrix} \eta \\ \eta' \\ \vdots \\ \eta^{(n-1)} \end{pmatrix},$$

wobei $A_L \in K^{n\times n}$ und $b\colon \mathbb{R} \to K^n$ gegeben sind durch

$$A_L := \begin{pmatrix} 0 & 1 & & & 0 \\ & 0 & 1 & & \\ & & \ddots & \ddots & \\ & & & 0 & 1 \\ -a_0 & -a_1 & \cdots & -a_{n-2} & -a_{n-1} \end{pmatrix}, \quad b(x) := \begin{pmatrix} 0 \\ 0 \\ \vdots \\ \beta(x) \end{pmatrix}. \tag{16.5}$$

Lemma IV.29

*Für $A_L \in K^{n\times n}$ aus (16.5) ist*

$$\det(A_L - \lambda I) = (-1)^n\left(\lambda^n + a_{n-1}\lambda^{n-1} + \dots + a_1\lambda + a_0\right) =: (-1)^n p_L(\lambda), \quad \lambda \in \mathbb{C}.$$

*Für das sog.* charakteristische Polynom *$p$ der Differentialgleichung (16.4) gilt:*

$$\lambda_0 \text{ Eigenwert von } A_L \iff p_L(\lambda_0) = 0;$$

*für jeden Eigenwert $\lambda_0$ von $A_L$ ist die geometrische Vielfachheit 1 und die algebraische Vielfachheit gleich der Ordnung der Nullstelle $\lambda_0$ von $p_L$.*

*Beweis.* Die Behauptung folgt durch Entwicklung der Determinante nach der letzten Zeile und Ergebnissen aus der Linearen Algebra ([10, 3.3.3 und 4.2]). □

**Bemerkung.** Das charakteristische Polynom hängt mit dem Differentialausdruck $L\eta$ auf der linken Seite von (16.4) eng zusammen, denn formal erhält man:

(i) $L\eta = p\left(\dfrac{\mathrm{d}}{\mathrm{d}x}\right)\eta$,

(ii) $L\,\mathrm{e}^{\lambda x} = \dfrac{\mathrm{d}^n}{\mathrm{d}x^n}\,\mathrm{e}^{\lambda x} + a_{n-1}\dfrac{\mathrm{d}^{n-1}}{\mathrm{d}x^{n-1}}\,\mathrm{e}^{\lambda x} + \dots + a_1\dfrac{\mathrm{d}}{\mathrm{d}x}\,\mathrm{e}^{\lambda x} + a_0\,\mathrm{e}^{\lambda x} = p(\lambda)\,\mathrm{e}^{\lambda x}$,

also gilt:

$$L\,\mathrm{e}^{\lambda x} = 0 \iff p_L(\lambda) = 0 \iff \lambda \text{ Eigenwert von } A_L.$$

Satz IV.30

*Es seien $a_i \in K = \mathbb{R}$ oder $\mathbb{C}$, $i = 0, \dots, n-1$, $p_L$ das charakteristische Polynom von (16.4) und $\lambda_1, \dots, \lambda_k \in \mathbb{C}$ sämtliche Nullstellen von $p_L$ mit den Ordnungen $r_1, \dots, r_k$. Dann bilden die $n$ $(= r_1 + \dots + r_k)$ Funktionen*

$$\begin{matrix} \mathrm{e}^{\lambda_1 x}, & x\,\mathrm{e}^{\lambda_1 x}, & \dots, & x^{r_1-1}\,\mathrm{e}^{\lambda_1 x}, \\ \vdots & \vdots & & \vdots \\ \mathrm{e}^{\lambda_k x}, & x\,\mathrm{e}^{\lambda_k x}, & \dots, & x^{r_k-1}\,\mathrm{e}^{\lambda_k x}, \end{matrix} \tag{16.6}$$

*ein Fundamentalsystem von (16.4).*

*Beweis.* Die Funktionen in (16.6) bilden die erste Zeile der Fundamentalmatrix des äquivalenten Systems $y' = A_L y$ in (16.5), sind daher also $n$ linear unabhängige Lösungen von (16.4). □

**Inhomogene lineare Differentialgleichungen mit konstanten Koeffizienten:**

Für spezielle Funktionen $\beta$ erhält man wie im Fall von Systemen wieder eine spezielle Lösung $\eta_s$ durch einen sog. *Ansatz vom Typ der rechten Seite*, z.B.:

**Proposition IV.31** *Ist $p_L$ das charakteristische Polynom von (16.4) und $\beta(x) = \rho(x)\,\mathrm{e}^{\alpha x}$ mit einem Polynom $\rho: \mathbb{R} \to K$ und $\alpha \in K$, dann hat $L\eta = \beta(x)$ eine spezielle Lösung der Form*

$$\eta_s(x) = \widetilde{\rho}(x)\,\mathrm{e}^{\alpha x}, \qquad x \in \mathbb{R},$$

*mit einem Polynom $\widetilde{\rho}: \mathbb{R} \to K$ vom Grad*

$$\begin{cases} \deg \widetilde{\rho} = \deg \rho, & \text{falls } p_L(\alpha) \neq 0, \\ \deg \widetilde{\rho} \leq \deg \rho + r(\alpha), & \text{falls } p_L(\alpha) = 0, \end{cases}$$

*wobei $r(\alpha)$ die Vielfachheit der Nullstelle $\alpha$ von $p_L$ ist.*

*Beweis.* Die Behauptung folgt, indem man Proposition IV.28 auf das spezielle System $y' = A_L y + b(x)$ mit $A_L$ und $b(x)$ wie in (16.5) anwendet. □

## 17 Lineare Differentialgleichungen zweiter Ordnung mit konstanten Koeffizienten

Die linearen Schwingungen eines einfachen mechanischen Systems und eines elektrischen *RCL*-Schwingkreises werden jeweils durch lineare Differentialgleichungen zweiter Ordnung mit konstanten Koeffizienten beschrieben:

$$m\ddot{x} + d\dot{x} + cx = F(t), \tag{17.1}$$

$$L\ddot{Q} + R\dot{Q} + \frac{1}{C}Q = E(t). \tag{17.2}$$

Dabei ist in (17.1) $x(t)$ die Auslenkung einer Masse $m > 0$ zur Zeit $t$, $d > 0$ die Dämpfungskonstante, $c > 0$ die Federkonstante und $F(t)$ eine externe Kraft; in (17.2) ist $Q(t)$ die Ladung zum Zeitpunkt $t$, $L > 0$ die Induktivität, $R > 0$ der Widerstand, $C > 0$ die Kapazität und $E(t)$ eine elektromotorische Kraft.

Die allgemeine Form einer homogenen Differentialgleichung zweiter Ordnung mit konstanten reellen Koeffizienten ist

$$(L\eta)(x) = \eta''(x) + a\eta'(x) + b\eta(x) = 0, \qquad x \in \mathbb{R},$$

mit $a, b \in \mathbb{R}$. Das charakteristische Polynom ist $p_L(\lambda) = \lambda^2 + a\lambda + b$, also gilt

$$p_L(\lambda) = 0 \iff \lambda_{1,2} = \frac{1}{2}\Big( -a \pm \sqrt{a^2 - 4b}\Big).$$

Die Größe $\Delta := a^2 - 4b$ entscheidet über die Struktur des Fundamentalsystems:

(i) $a^2 - 4b > 0 \implies \lambda_1, \lambda_2 \in \mathbb{R}, \lambda_1 \neq \lambda_2$: Ein Fundamentalsystem ist dann

$$\eta_1(x) = \mathrm{e}^{\lambda_1 x}, \quad \eta_2(x) = \mathrm{e}^{\lambda_2 x}, \quad x \in \mathbb{R},$$

also hat die allgemeine Lösung die Form $\eta(x) = \alpha_1 \mathrm{e}^{\lambda_1 x} + \alpha_2 \mathrm{e}^{\lambda_2 x}$, $x \in \mathbb{R}$, mit frei wählbaren Konstanten $\alpha_1, \alpha_2 \in \mathbb{R}$.

(ii) $a^2 - 4b = 0 \implies \lambda_1, \lambda_2 \in \mathbb{R}, \lambda_1 = \lambda_2$: Ein Fundamentalsystem ist dann

$$\eta_1(x) = \mathrm{e}^{\lambda_1 x}, \quad \eta_2(x) = x\,\mathrm{e}^{\lambda_1 x}, \quad x \in \mathbb{R},$$

also hat die allgemeine Lösung die Form $\eta(x) = (\alpha_1 + \alpha_2 x)\,\mathrm{e}^{\lambda_1 x}$, $x \in \mathbb{R}$, mit frei wählbaren Konstanten $\alpha_1, \alpha_2 \in \mathbb{R}$.

(iii) $a^2 - 4b < 0 \implies \lambda_1, \lambda_2 \notin \mathbb{R}, \lambda_1 \neq \lambda_2, \lambda_1 = \overline{\lambda_2} =: \alpha + \mathrm{i}\beta$: Ein komplexes bzw. reelles Fundamentalsystem sind dann

$$\eta_1(x) = \mathrm{e}^{(\alpha+\mathrm{i}\beta)x}, \quad \eta_2(x) = \mathrm{e}^{(\alpha-\mathrm{i}\beta)x}, \quad x \in \mathbb{R}, \tag{17.3}$$

$$\widetilde{\eta}_1(x) = \mathrm{e}^{\alpha x}\cos(\beta x), \quad \widetilde{\eta}_2(x) = \mathrm{e}^{\alpha x}\sin(\beta x), \quad x \in \mathbb{R}, \tag{17.4}$$

also hat die allgemeine Lösung die Form $\eta(x) = \mathrm{e}^{\alpha x}\big(\alpha_1 \cos(\beta x) + \alpha_2 \sin(\beta x)\big)$, $x \in \mathbb{R}$, mit frei wählbaren Konstanten $\alpha_1, \alpha_2 \in \mathbb{R}$.

**Anwendung auf lineare mechanische Schwingungen:**

Im Folgenden untersuchen wir, was die unterschiedliche Struktur des Fundamentalsystems im Fall der gedämpften Schwingungsgleichung (17.1) bedeutet.

*Freie Schwingungen*, d.h. $F \equiv 0$: Dann sind, nach Division durch $m > 0$:

$$a := \frac{d}{m}, \quad b := \frac{c}{m}, \quad \Delta := a^2 - 4b = \frac{d^2}{m^2} - \frac{4c}{m} = \frac{d^2 - 4cm}{m^2},$$

und die Nullstellen $\lambda_{1/2}$ des charakteristischen Polynoms sind gegeben durch:

$$\lambda_{1,2} = \frac{1}{2}\Bigg(\underbrace{-\frac{d}{m}}_{<0} \pm \sqrt{\frac{d^2}{m^2} - 4\frac{c}{m}}\Bigg).$$

Wie oben unterscheiden wir drei Fälle. Die Konstanten $\alpha_1, \alpha_2$ in den allgemeinen Lösungen bestimmen wir aus den Anfangsbedingungen

$$x(0) = x_0, \quad \dot{x}(0) = 0,$$

d.h., die Masse $m$ befindet sich zur Zeit $t = 0$ am Ort $x_0$ und wird dann losgelassen.

(i) $a^2 - 4b > 0 \iff d^2 > 4cm$ (*stark gedämpfter Fall*): Hier ist

$$x_h(t) = \frac{x_0}{\lambda_1 - \lambda_2}\Big(-\lambda_2\,\mathrm{e}^{\lambda_1 t} + \lambda_1\,\mathrm{e}^{\lambda_2 t}\Big), \quad t \in [0, \infty).$$

Die Dämpfung ist also so stark, dass keine Schwingung stattfindet (z.B. wenn sich das Masse-Feder System in einer sehr zähen Flüssigkeit bewegt).

Außerdem sind $\lambda_1, \lambda_2 < 0$, und daher gilt $\lim_{t\to\infty} x_h(t) = 0$ unabhängig vom Startwert $x_0$.

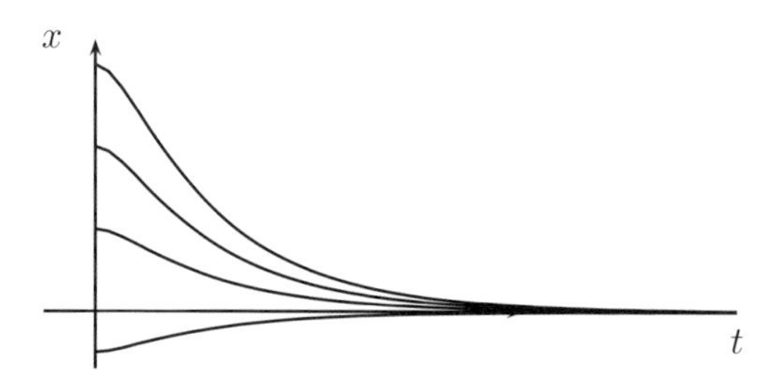


**Abb. 17.1:** Stark gedämpfter Fall mit verschiedenen Startwerten $x_0$

(ii) $a^2 - 4b = 0 \iff d^2 = 4cm$ (*kritisch gedämpfter Fall*): Hier ist

$$x_h(t) = x_0\left(1 + \frac{d}{2m}t\right) e^{-\frac{d}{2m}t}, \qquad t \in [0, \infty).$$

Die Dämpfung ist gerade noch stark genug, um eine Schwingung zu verhindern; auch hier gilt $\lim_{t\to\infty} x_h(t) = 0$ unabhängig vom Startwert $x_0$.

(iii) $a^2 - 4b < 0 \iff d^2 < 4cm$ (*schwach gedämpfter Fall*): Hier ist

$$x_h(t) = \frac{x_0}{\sqrt{4b - a^2}} 2\sqrt{b}\, e^{-at} \cos(\sqrt{4b - a^2}\, t - \vartheta), \qquad t \in [0, \infty),$$

wobei $\vartheta := \arctan \frac{a}{2\sqrt{4b-a^2}}$. Die Dämpfung ist also so schwach, dass eine Schwingung stattfindet mit einer Amplitude, die für $d > 0$ wie $e^{-\frac{d}{2m}t}$ fällt; auch hier gilt $\lim_{t\to\infty} x_h(t) = 0$ unabhängig vom Startwert $x_0$.

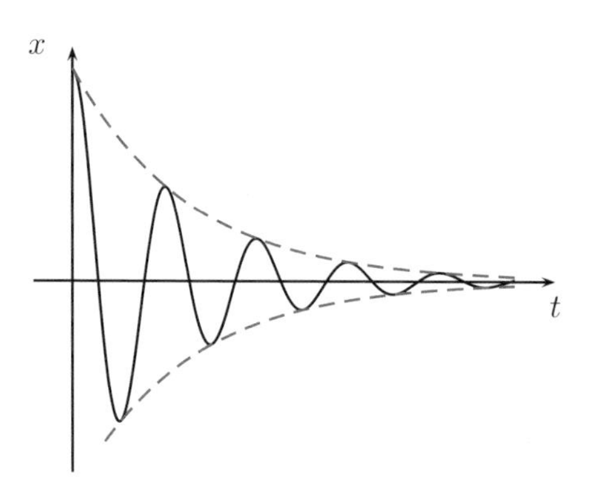


**Abb. 17.2:** Schwach gedämpfter Fall mit einem Startwert $x_0$

*Erzwungene Schwingungen*, z.B. $F(t) = \gamma \cos(\omega t)$ mit $\gamma \in \mathbb{R}$, $\omega \in \mathbb{R} \setminus \{0\}$:

Im Fall $d > 0$ ist $i\omega$ keine Nullstelle des charakteristischen Polynoms $p$. Der Ansatz vom Typ der rechten Seite lautet also

$$\widetilde{x}_s(t) = c\, e^{i\omega t}, \qquad x_s(t) = \operatorname{Re}\big(\widetilde{x}_s(t)\big).$$

Durch Einsetzen in das Anfangswertproblem kann man zeigen:

$$x_s(t) = \frac{\gamma}{\sqrt{(\omega^2 - \frac{c}{m})^2 + (\frac{d}{m}\omega)^2}} \cos(\omega t - \varphi), \qquad t \in [0, \infty),$$

wobei $\varphi := \arctan\left(-\frac{d\omega}{m\omega^2 - c}\right)$. Das Verhältnis $V(\omega)$ der Amplituden von $x_s$ und $F$ ist gegeben durch

$$V(\omega) = \frac{1}{\sqrt{(\omega^2 - \frac{c}{m})^2 + (\frac{d}{m}\omega)^2}}, \qquad \omega \in \mathbb{R} \setminus \{0\},$$

und heißt *Verstärkungsfaktor*. Für $\omega > 0$ hat $V$ ein Maximum, wenn gilt:

$$V'(\omega) = 0 \iff 2\left(\omega^2 - \frac{c}{m}\right)2\omega + \frac{d^2}{m^2}2\omega = 0 \iff 2\omega^2 - 2\frac{c}{m} + \frac{d^2}{m^2} = 0.$$

Dies ist nur möglich, wenn die Dämpfung $d$ so klein ist, dass $\frac{d^2}{m^2} < 2\frac{c}{m}$ ist. Das Maximum von $V$ liegt dann bei $\omega_r = \sqrt{\frac{c}{m} - \frac{d^2}{2m^2}}$. Dort gilt

$$V(\omega_r) = \frac{1}{\sqrt{\frac{d^4}{4m^4} + \frac{d^2}{m^2}\left(\frac{c}{m} - \frac{d^2}{2m^2}\right)}} = \frac{m}{d\sqrt{\frac{c}{m} - \frac{d^2}{4m^2}}},$$

d.h., für sehr kleine Dämpfung $d$ kann der Verstärkungsfaktor $V$ extrem groß werden, wenn die Frequenz der äußeren Anregung nahe dem kritischen Wert $\omega_r$ liegt.

Dieses Phänomen der Verstärkung (Resonanz) ist teilweise erwünscht (Radio) oder gefährlich (Hängebrücke). Eine zu geringe Dämpfung kann zu einer *Resonanzkatastrophe* führen, wie im Fall des sog. Tacoma Bridge-Desasters im November 1940[8].

## 18 Fourierreihen

Im vorigen Abschnitt hatten wir für die äußere Kraft $F$ in der Schwingungsgleichung (17.1) eine spezielle periodische Zeitabhängigkeit der Form $F(t) = \gamma\cos(\omega t)$ angenommen. Was tut man, wenn $F$ nicht von dieser Form und daher ein Ansatz vom Typ der rechten Seite nicht mehr möglich ist?

Hier hilft uns die Theorie der Fourier[9]reihen, mit Hilfe derer wir beliebige $2\pi$-periodische Funktionen in eine Reihe aus den trigonometrischen Funktionen $\sin(kt)$ und $\cos(kt)$, $t \in [0, 2\pi]$, mit $k \in \mathbb{N}_0$ entwickeln können.

**Definition IV.32**

Es sei $D_f \subset \mathbb{R}$ so, dass $\mathbb{R} \setminus D_f$ keine Häufungspunkte in $\mathbb{R}$ hat. Eine Funktion $f\colon D_f \to \mathbb{C}$ heißt *periodisch mit Periode* $T > 0$ (oder $T$*-periodisch*)

$$:\iff \forall x \in D_f\colon x + T \in D_f \ \wedge\ f(x+T) = f(x).$$

[8] (siehe http://en.wikipedia.org/wiki/Tacoma_Narrows_Bridge)

[9] Joseph Fourier, ∗ 21. März 1768 in Auxerre, † 16. Mai 1830 in Paris, französischer Mathematiker, der die mathematische Theorie der Wärmeleitung entwickelte und die zugehörige partielle Differentialgleichung mit Hilfe von unendlichen Reihen trigonometrischer Funktionen löste.

Eine $T$-periodische Funktion ist damit durch ihre Werte auf einem Intervall der Länge $T$ vollständig bestimmt, das man auch Periodizitätsintervall nennt; meist wählt man als Periode das kleinste $T$ mit dieser Eigenschaft.

**Bemerkung.** Für eine $T$-periodische Funktion $f: \mathbb{R} \supset D_f \to \mathbb{C}$ gilt:

- $\mathbb{R} \setminus D_f$ ist abzählbar (da $\mathbb{R} \setminus D_f$ keine Häufungspunkte in $\mathbb{R}$ hat);
- $\forall\, n \in \mathbb{Z}\ \forall\, x \in D_f: f(x + nT) = f(x)$;
- $F: D_F \to \mathbb{C}, F(x) := f\left(\frac{T}{2\pi}x\right), x \in D_F := \frac{2\pi}{T} D_f$, ist $2\pi$-periodisch.

**Beispiele** cos, sin, exp(i·) sind $2\pi$-periodisch; tan, cot sind $\pi$-periodisch.

Der Menge der $T$-periodischen Funktionen bildet einen Vektorraum über $\mathbb{C}$. Daher sind offenbar auch die folgenden Funktionen $2\pi$-periodisch:

**Definition IV.33** Eine Funktion $f: \mathbb{R} \to \mathbb{C}$ heißt *trigonometrisches Polynom*, wenn es $n \in \mathbb{N}_0$ und $a_0, a_1, \ldots, a_n, b_1, \ldots, b_n \in \mathbb{C}$ gibt mit

$$f(x) = \frac{a_0}{2} + \sum_{k=1}^{n} \big(a_k \cos(kx) + b_k \sin(kx)\big), \qquad x \in \mathbb{R}, \tag{18.1}$$

oder, äquivalent dazu, wenn es $c_1, \ldots, c_n \in \mathbb{C}$ gibt mit

$$f(x) = \sum_{k=-n}^{n} c_k \exp(ikx), \qquad x \in \mathbb{R}; \tag{18.2}$$

man nennt $n$ dann den Grad des trigonometrischen Polynoms $f$.

**Bemerkung IV.34** *Auf Grund der Eulerschen Formel* $\exp(\mathrm{i}x) = \cos(x) + \mathrm{i}\sin(x)$, $x \in \mathbb{R}$, *gilt für die Koeffizienten in* (18.1) *und* (18.2) *für* $k = 1, \ldots, n$:

$$c_0 = \frac{a_0}{2}, \qquad c_k = \frac{1}{2}(a_k - \mathrm{i}b_k), \qquad c_{-k} = \frac{1}{2}(a_k + \mathrm{i}b_k), \tag{18.3}$$

$$a_0 = 2c_0, \qquad a_k = c_k + c_{-k}, \qquad b_k = \mathrm{i}(c_k - c_{-k}). \tag{18.4}$$

In der Linearen Algebra hat man meist mit endlichdimensionalen Vektorräumen und Skalarprodukten darauf zu tun, speziell dem euklidischen Skalarprodukt auf $\mathbb{R}^n$ oder $\mathbb{C}^n$ (vgl. (6.3)). Der Begriff überträgt sich auch auf unendlichdimensionale Vektorräume, wie z.B. Funktionenräume:

**Definition IV.35** Es sei $E$ ein Vektorraum über $K = \mathbb{R}$ oder $\mathbb{C}$. Ein *Skalarprodukt* auf $E$ ist eine positiv definite Sesquilinearform auf $E$, d.h. eine Abbildung $(\cdot,\cdot): E \times E \to K$, so dass für alle $x, y \in E$ gilt:

(i) $(x, x) \geq 0$ und $(x, x) = 0 \iff x = 0$;

(ii) $(\alpha x + \beta y, z) = \alpha(x, z) + \beta(y, z)$, $\alpha, \beta \in \mathbb{C}$;

(iii) $(x, y) = \overline{(y, x)}$.

**Definition IV.36**

Es sei $I \subset \mathbb{R}$ ein abgeschlossenes Intervall und

$$R(I, \mathbb{C}) := \{ f: I \to \mathbb{C}: f \text{ ist Riemann-integrierbar} \}$$

der Vektorraum der Riemann-integrierbaren Funktionen auf $I$. Definiere:

$$(f, g)_2 := \int_I f(x)\overline{g(x)}\, dx, \quad \|f\|_2 := (f, f)_2^{\frac{1}{2}}, \qquad f, g \in R(I, \mathbb{C}),$$

und, mit einem Normierungsfaktor versehen,

$$(\cdot, \cdot)_2' := \frac{1}{2\pi}(\cdot, \cdot)_2, \quad \|\cdot\|_2' := \frac{1}{\sqrt{2\pi}}\|\cdot\|_2.$$

**Proposition IV.37**

*Auf* $C(I, \mathbb{C})$ *ist* $(\cdot, \cdot)_2$ *ein* Skalarprodukt *und* $\|\cdot\|_2$ *eine Norm und analog für* $(\cdot, \cdot)_2'$ *und* $\|\cdot\|_2'$.

*Beweis.* Alle Eigenschaften bis auf die Behauptung $(f, f)_2 = 0 \Longrightarrow f \equiv 0$ folgen aus der Definition von $(\cdot, \cdot)_2$ und den Eigenschaften des Riemann-Integrals ([32, Kapitel VIII]). Angenommen, es ist $f \in C(I, \mathbb{C})$ mit $(f, f)_2 = 0$, aber $f \not\equiv 0$. Dann existiert ein $x_0 \in I$ mit $|f(x_0)| > 0$. Da $f$ stetig ist, gibt es dann $\varepsilon, \delta > 0$, so dass $|f(x)| > \delta$, $x \in [x_0 - \varepsilon, x_0 + \varepsilon] \cap I =: I_0$. Damit folgt der Widerspruch

$$(f, f)_2 = \int_I |f(x)|^2\, dx \overset{I_0 \subset I}{\geq} \int_{I_0} |f(x)|^2\, dx \geq 2\varepsilon\delta^2 > 0. \quad ↯ \qquad \square$$

**Bemerkung.** – Auf $R(I, \mathbb{C})$ ist $\|\cdot\|_2$ bzw. $\|\cdot\|_2'$ keine Norm; ist z.B. $I = [a, b]$ und $f(x) = 0, x \in (a, b), f(a) = f(b) = 1$, so ist $f \not\equiv 0$, aber $\|f\|_2 = 0$.

– $\big(C(I, \mathbb{C}), \|\cdot\|_2\big)$ ist nicht vollständig ([2, Korollar VI.7.4]).

In Räumen mit Skalarprodukt kann man wie in endlichdimensionalen Räumen Orthonormalsysteme definieren. Im Unterschied dazu gibt es in unendlichdimensionalen Vektorräumen unendliche Orthonormalsysteme.

**Definition IV.38**

Ist $E$ ein Vektorraum und $(\cdot, \cdot)$ ein Skalarprodukt auf $E$, so nennt man ein System $\{e_k: k \in \mathbb{N}\} \subset E$ *Orthonormalsystem* (ONS) bzgl. $(\cdot, \cdot)$

$$:\iff (e_i, e_j) = \delta_{ij} := \begin{cases} 1, & i = j, \\ 0, & i \neq j, \end{cases} \quad i, j \in \mathbb{N}.$$

**Proposition IV.39** *Orthonormalsysteme in $C([-\pi,\pi],\mathbb{C})$ bzgl. $(\cdot,\cdot)_2'$ sind:*

(i) $\{1, \cos(k\cdot), \sin(l\cdot) : k, l \in \mathbb{N}\}$,

(ii) $\{\exp(\mathrm{i}m\cdot) : m \in \mathbb{Z}\}$.

*Beweis.* Wir beweisen (ii); der Beweis von (i) ist analog. Für $m, n \in \mathbb{Z}$ gilt:

$$\begin{aligned}\big(\exp(\mathrm{i}m\cdot), \exp(\mathrm{i}n\cdot)\big)_2' &= \frac{1}{2\pi}\int_{-\pi}^{\pi} \exp(\mathrm{i}mx)\,\overline{\exp(\mathrm{i}nx)}\,\mathrm{d}x = \frac{1}{2\pi}\int_{-\pi}^{\pi} \exp(\mathrm{i}(m-n)x)\,\mathrm{d}x \\ &= \begin{cases} \dfrac{1}{2\pi}\displaystyle\int_{-\pi}^{\pi} 1\,\mathrm{d}x = 1, & m = n, \\ \dfrac{1}{2\pi}\left[\dfrac{1}{\mathrm{i}(m-n)}\exp(\mathrm{i}(m-n)x)\right]_0^{2\pi} = 0, & m \neq n, \end{cases}\end{aligned}$$

da $\exp(\mathrm{i}(m-n)\cdot)$ eine $2\pi$-periodische Funktion ist. □

Mit Hilfe der Orthonormalsysteme aus Proposition IV.39 definieren wir nun zu einer beliebigen Riemann-integrierbaren $2\pi$-periodischen Funktion Folgen von Zahlen $a_k$, $b_k$ und $c_k$ wie folgt.

Dabei wählen wir im Folgenden immer $[-\pi,\pi]$ als Periodizitätsintervall. Wir identifizieren dabei jede Funktion $f \in R([-\pi,\pi],\mathbb{C})$ mit ihrer periodischen Fortsetzung

$$f : \mathbb{R} \to \mathbb{C}, \quad f(x + 2\pi n) := f(x), \quad x \in [-\pi,\pi],\ n \in \mathbb{Z}.$$

**Definition IV.40** Für $f \in R([-\pi,\pi],\mathbb{C})$ definiere

$$\begin{aligned} a_k &:= \frac{1}{\pi}\int_{-\pi}^{\pi} f(x)\cos(kx)\,\mathrm{d}x, & k \in \mathbb{N}_0, \\ b_k &:= \frac{1}{\pi}\int_{-\pi}^{\pi} f(x)\sin(kx)\,\mathrm{d}x, & k \in \mathbb{N}, \\ c_k &:= \frac{1}{2\pi}\int_{-\pi}^{\pi} f(x)\exp(-\mathrm{i}kx)\,\mathrm{d}x, & k \in \mathbb{Z}. \end{aligned}$$

Die Zahlen $a_0$, $a_k$, $b_k$, $k \in \mathbb{N}$, bzw. $c_k$, $k \in \mathbb{Z}$, heißen *Fourierkoeffizienten von $f$*.

**Proposition IV.41** *Ist $f : \mathbb{R} \to \mathbb{C}$ ein trigonometrisches Polynom, so gilt für die Fourierkoeffizienten von $f$:*

(i) *Es gibt ein $n \in \mathbb{N}$ mit $a_k = b_k = c_k = 0, \quad k = n+1, n+2, \ldots$.*

(ii) *Für $k = 1, \ldots, n$ bzw. $k = \pm 1, \ldots, \pm n$ sind $a_0$, $a_k$, $b_k$ bzw. $c_k$ genau die (eindeutigen) Koeffizienten aus (18.1) bzw. (18.2).*

*Beweis.* Wir beweisen zunächst die Behauptungen für $c_k$. Es sei $f$ ein trigonometrisches Polynom vom Grad $n \in \mathbb{N}_0$. Einsetzen der Form (18.2) von $f$ liefert wegen der Linearität des Integrals:

$$
\begin{aligned}
\frac{1}{2\pi}\int_{-\pi}^{\pi} f(x)\exp(-ikx)\,dx &= \frac{1}{2\pi}\int_{-\pi}^{\pi}\Big(\sum_{l=-n}^{n} c_l \exp(ilx)\Big)\exp(-ikx)\,dx \\
&= \sum_{l=-n}^{n} c_l \underbrace{\Big(\frac{1}{\sqrt{2\pi}}\exp(il\cdot), \frac{1}{\sqrt{2\pi}}\exp(ik\cdot)\Big)_2}_{=\delta_{lk}\ \text{(Prop. IV.39)}} \\
&= \begin{cases} c_k, & k = 0, \pm 1, \dots, \pm n, \\ 0, & k = \pm(n+1), \dots . \end{cases}
\end{aligned}
$$

Die Behauptungen für $a_k$, $b_k$ folgen dann mit (18.4) aus der für $c_k$. □

**Lemma IV.42**

**von Riemann.** *Ist $[a,b] \subset \mathbb{R}$ und $f \in R([a,b],\mathbb{C})$, so gilt*

$$
\lim_{k\to\infty}\int_a^b f(x)\cos(kx)\,dx = \lim_{k\to\infty}\int_a^b f(x)\sin(kx)\,dx = \lim_{|k|\to\infty}\int_a^b f(x)\exp(ikx)\,dx = 0;
$$

*insbesondere gilt für die Fourierkoeffizienten einer Funktion $f \in R([-\pi,\pi],\mathbb{C})$:*

$$
\lim_{k\to\infty} a_k = \lim_{k\to\infty} b_k = \lim_{|k|\to\infty} c_k = 0.
$$

*Beweis.* Ist $f \in C^1([a,b],\mathbb{C})$, folgt mit partieller Integration ([32, Satz VIII.24]) für $k \in \mathbb{Z}, k \neq 0$:

$$
\begin{aligned}
\Big|\int_a^b f(x)\exp(ikx)\,dx\Big| &= \frac{1}{|k|}\Big|\big[-f(x)\underbrace{\exp(ikx)}_{|\cdot|=1}\big]_a^b + \int_a^b f'(x)\underbrace{\exp(ikx)}_{|\cdot|=1}\,dx\Big| \\
&\leq \frac{1}{|k|}\big(2\max_{x\in[a,b]}|f(x)| + (b-a)\max_{x\in[a,b]}|f'(x)|\big) \longrightarrow 0, \quad |k| \to \infty.
\end{aligned}
$$

Im allgemeinen Fall $f \in R([-\pi,\pi],\mathbb{C})$ benutzt man, dass die Behauptung für jede Treppenfunktion auf $[-\pi,\pi]$ gilt (dazu braucht man keine partielle Integration, man kann direkt stückweise integrieren) und dass man nach dem Kriterium von Riemann ([32, Satz VIII.7]) Riemann-Integrale stetiger Funktionen beliebig genau durch solche über Treppenfunktionen approximieren kann.

Alle anderen Behauptungen folgen dann mit der Eulerschen Formel und der Definition der Fourierkoeffizienten aus der eben bewiesenen. □

So wie wir in Analysis I Funktionen durch Taylorpolynome bzw. Taylorreihen approximiert haben ([32, Kapitel IX]), wollen wir nun Funktionen durch trigonometrische Polynome und sog. Fourierreihen approximieren:

**Definition IV.43**

Für $f \in R([-\pi,\pi],\mathbb{C})$ heißt die formale Reihe

$$
\sum_{k=-\infty}^{\infty} c_k \exp(ikx) = \frac{a_0}{2} + \sum_{k=1}^{\infty}\big(a_k\cos(kx) + b_k\sin(kx)\big), \quad x \in [-\pi,\pi], \tag{18.5}
$$

mit $a_k$, $b_k$, $c_k$ wie in Definition IV.40 *Fourierreihe* von $f$; die zugehörigen Partialsummen für $n \in \mathbb{N}$ bezeichnen wir mit

$$F_n(f;x) := \sum_{k=-n}^{n} c_k \exp(ikx) = \frac{a_0}{2} + \sum_{k=1}^{n} \big(a_k \cos(kx) + b_k \sin(kx)\big), \quad x \in [-\pi, \pi].$$

**Bemerkung IV.44** *Die Bildung der Fourierkoeffizienten und der formalen Fourierreihe ist linear, d.h., sind $f, g \in R([-\pi,\pi],\mathbb{C})$ und $c_k(f)$, $c_k(g)$ die zugehörigen Fourierkoeffizienten sowie $\alpha$, $\beta \in \mathbb{C}$, so gilt offenbar:*

$$\begin{aligned} c_k(\alpha f + \beta g) &= \alpha\, c_k(f) + \beta\, c_k(g), & k \in \mathbb{Z}, \\ F_n(\alpha f + \beta g;\cdot) &= \alpha F_n(f;\cdot) + \beta F_n(g;\cdot), & n \in \mathbb{N}. \end{aligned}$$

**Bemerkung IV.45** *Hat $f \in R([-\pi,\pi],\mathbb{C})$ eine Symmetrie bzgl. des Nullpunkts, ist es günstig, die reelle Form der Fourierreihe zu wählen, denn:*

- *ist $f$ eine* gerade Funktion, *d.h. $f(x) = f(-x)$, $x \in [-\pi,\pi]$, so gilt $b_k = 0$, $k \in \mathbb{N}$, und die formale Fourierreihe von $f$ hat die Form:*

$$\frac{a_0}{2} + \sum_{k=1}^{\infty} a_k \cos(kx), \qquad a_k = \frac{2}{\pi}\int_0^{\pi} f(x)\cos(kx)\,dx.$$

- *ist $f$ eine* ungerade Funktion, *d.h. $f(x) = -f(-x)$, $x \in [-\pi,\pi]$, so gilt $a_k = 0$, $k \in \mathbb{N}_0$, und die formale Fourierreihe von $f$ hat die Form:*

$$\sum_{k=1}^{\infty} b_k \sin(kx), \qquad b_k = \frac{2}{\pi}\int_0^{\pi} f(x)\sin(kx)\,dx.$$

**Beispiel**

$$f(x) = \begin{cases} -1, & x \in [-\pi, 0), \\ 0, & x = 0, \\ 1, & x \in (0, \pi]. \end{cases}$$

Die Funktion $f$ ist ungerade, also gilt nach Bemerkung IV.45: $a_k = 0$, $k \in \mathbb{N}_0$, und

$$b_k = \frac{2}{\pi}\int_0^{\pi} \sin(kx)\,dx = \frac{2}{\pi k}\big[-\cos(kx)\big]_0^{\pi} = \begin{cases} \frac{4}{\pi k}, & k \text{ ungerade}, \\ 0, & k \text{ gerade}; \end{cases}$$

die formale Fourierreihe von $f$ ist somit:

$$\sum_{k=1}^{\infty} b_k \sin(kx) = \frac{4}{\pi}\sum_{l=0}^{\infty} \frac{\sin\big((2l+1)x\big)}{2l+1}.$$

Die Frage ist nun, wann und in welchem Sinn die formale Fourierreihe einer Funktion gegen diese konvergiert! Was passiert z.B. mit der Fourierreihe aus dem obigen Beispiel in der Sprungstelle der Funktion bei 0?

Unser erstes Konvergenzresultat wird zeigen, dass die geeignete Norm, in der man Konvergenz für Riemann-integrierbare Funktionen erhält, die $\|\cdot\|_2$-Norm aus Definition IV.36 ist. Dazu brauchen wir einige Vorbereitungen:

**Lemma IV.46**

*Ist $f \in R([-\pi,\pi],\mathbb{C})$ mit Fourierkoeffizienten $c_k$, so gilt:*

$$\Big\|f - \sum_{k=-n}^{n} c_k \exp(ik\cdot)\Big\|_2^{\prime 2} = \|f\|_2^{\prime 2} - \sum_{k=-n}^{n} |c_k|^2, \qquad n \in \mathbb{N}_0.$$

*Beweis.* Mit der Definition der Partialsummen $F_n(f;\cdot) =: F_n$ in Definition IV.43 ist für $n \in \mathbb{N}_0$ nach Definition IV.40 von $c_k$ und Proposition IV.39 (ii):

$$(F_n, f)_2' = \sum_{k=-n}^{n} c_k\big(\exp(ik\cdot), f\big)_2' = \sum_{k=-n}^{n} c_k \underbrace{\overline{\big(f,\ \exp(ik\cdot)\big)_2'}}_{=\overline{c_k}} = \sum_{k=-n}^{n} |c_k|^2,$$

$$(F_n, F_n)_2' = \Big(\sum_{k=-n}^{n} c_k \exp(ik\cdot), \sum_{l=-n}^{n} c_l \exp(il\cdot)\Big)_2' = \sum_{k=-n}^{n} |c_k|^2 = (F_n, f)_2'.$$

Damit folgt

$$\|f - F_n\|_2^{\prime 2} = (f,f)_2' - (f,F_n)_2' - (F_n,f)_2' + (F_n,F_n)_2' = \|f\|_2^{\prime 2} - \sum_{k=-n}^{n} |c_k|^2. \qquad \square$$

**Satz IV.47**

**Besselsche Ungleichung.** *Ist $f \in R([-\pi,\pi],\mathbb{C})$ mit Fourierkoeffizienten $c_k$, so gilt:*

$$\sum_{k=-\infty}^{\infty} |c_k|^2 \le \|f\|_2^{\prime 2} = \frac{1}{2\pi}\int_{-\pi}^{\pi} |f(x)|^2 \, dx.$$

*Beweis.* Nach Lemma IV.46 gilt für beliebiges $n \in \mathbb{N}_0$:

$$\|f\|_2^{\prime 2} - \sum_{k=-n}^{n} |c_k|^2 \ge 0, \quad \text{also} \quad \sum_{k=-n}^{n} |c_k|^2 \le \|f\|_2^{\prime 2}.$$

Die Behauptung folgt dann im Grenzwert $n \to \infty$. $\square$

**Definition IV.48**

Es seien $f, f_n \in R([-\pi,\pi],\mathbb{C})$, $n \in \mathbb{N}$. Dann heißt $(f_n)_{n\in\mathbb{N}}$ *im quadratischen Mittel konvergent gegen* $f$, $f_n \xrightarrow[n\to\infty]{\text{q.M.}} f$,

$$:\Longleftrightarrow \quad \|f - f_n\|_2' \longrightarrow 0, \quad n \to \infty.$$

Bislang hatten wir für Funktionenfolgen gleichmäßige und punktweise Konvergenz definiert ([32, Kapitel VIII]). Damit gibt es folgenden Zusammenhang:

**Bemerkung IV.49** *Es sei $f \in R([-\pi, \pi], \mathbb{C})$. Dann gilt:*

(i) $f_n \xrightarrow[n\to\infty]{\text{glm.}} f \Longrightarrow f_n \xrightarrow[n\to\infty]{\text{q.M.}} f$;

(ii) *aber:* $f_n \xrightarrow[n\to\infty]{\text{q.M.}} f \not\Longrightarrow f_n \xrightarrow[n\to\infty]{\text{glm.}} f$, *nicht einmal* $f_n \xrightarrow[n\to\infty]{\text{pktw.}} f$.

Die Frage ist nun, für welche Funktionen $f$ die Fourierreihe im quadratischen Mittel, gleichmäßig oder punktweise gegen $f$ konvergiert!

Wir betrachten zuerst den Spezialfall von Funktionen aus dem Raum $T([-\pi, \pi], \mathbb{C})$ der Treppenfunktionen auf $[-\pi, \pi]$ mit Werten in $\mathbb{C}$ ([32, Definition VIII.2]):

**Lemma IV.50** *Ist $f \in T([-\pi, \pi], \mathbb{C})$ ($\subset R([-\pi, \pi], \mathbb{C})$), so konvergiert die Fourierreihe von $f$ im quadratischen Mittel gegen $f$.*

*Beweis.* 1. Fall: Es gibt ein $a \in [-\pi, \pi]$ mit $f(x) = \varphi_a(x) := \begin{cases} 1, & x \in (-\pi, a), \\ 0, & x \in (a, \pi). \end{cases}$

Beachte, dass Treppenfunktionen am Rand des Intervalls und an den Sprungstellen nicht festgelegt sein müssen ([32, Definition VIII.2]).

Nach Lemma IV.46 ist die Fourierreihe von $f = \varphi_a$ im quadratischen Mittel konvergent gegen $f = \varphi_a$, wenn gilt:

$$\sum_{k=-\infty}^{\infty} |c_k(\varphi_a)|^2 = \|\varphi_a\|_2'^2.$$

Für die Fourierkoeffizienten $c_k(\varphi_a)$ von $\varphi_a$ gilt nach Definition IV.40 für $k \in \mathbb{Z} \setminus \{0\}$:

$$\begin{aligned} c_0(\varphi_a) &= \frac{1}{2\pi} \int_{-\pi}^{\pi} \varphi_a(x)\,\mathrm{d}x = \frac{1}{2\pi} \int_{-\pi}^{a} \mathrm{d}x = \frac{a+\pi}{2\pi}, \\ c_k(\varphi_a) &= \frac{1}{2\pi} \int_{-\pi}^{\pi} \varphi_a(x) \exp(-\mathrm{i}kx)\,\mathrm{d}x = \frac{1}{2\pi} \int_{-\pi}^{a} \exp(-\mathrm{i}kx)\,\mathrm{d}x \\ &= \frac{\mathrm{i}}{2\pi k}\big(\exp(-\mathrm{i}ka) - \exp(\mathrm{i}k\pi)\big) = (-1)^k \frac{\mathrm{i}}{2\pi k}\big(\exp(-\mathrm{i}k(a+\pi)) - 1\big). \end{aligned}$$

Also folgt

$$\begin{aligned} \sum_{k=-n}^{n} |c_k(\varphi_a)|^2 &= \frac{(a+\pi)^2}{4\pi^2} + \sum_{\substack{k=-n \\ k\neq 0}}^{n} \frac{1}{4\pi^2 k^2} \overbrace{(\exp(-\mathrm{i}k(a+\pi)) - 1)(\exp(\mathrm{i}k(a+\pi)) - 1)}^{=2-2\cos(k(a+\pi))} \\ &= \frac{(a+\pi)^2}{4\pi^2} + \sum_{\substack{k=-n \\ k\neq 0}}^{n} \frac{1}{2\pi^2 k^2}\big(1 - \cos(k(a+\pi))\big) \\ &= \frac{(a+\pi)^2}{4\pi^2} + \sum_{k=1}^{n} \frac{1}{\pi^2 k^2}\big(1 - \cos(k(a+\pi))\big). \end{aligned}$$

Wir wissen, dass die letzte Summe für $n \longrightarrow \infty$ konvergiert, denn es ist ([32, Beispiel VIII.39]):

$$\sum_{k=1}^{\infty} \frac{1}{k^2} = \frac{\pi^2}{6}, \qquad \sum_{k=1}^{\infty} \frac{\cos(kt)}{k^2} = \left(\frac{t-\pi}{2}\right)^2 - \frac{\pi^2}{12}, \qquad t \in [-\pi, \pi],$$

also existiert auch

$$\begin{aligned}\sum_{k=-\infty}^{\infty} |c_k(\varphi_a)|^2 &= \frac{(a+\pi)^2}{4\pi^2} + \frac{1}{6} - \frac{1}{\pi^2}\left(\left(\frac{a}{2}\right)^2 - \frac{\pi^2}{12}\right) \\ &= \frac{a+\pi}{2\pi} = \frac{1}{2\pi}\int_{-\pi}^{a} \mathrm{d}x = \frac{1}{2\pi}\int_{-\pi}^{\pi} |\varphi_a(x)|^2 \, \mathrm{d}x = \|\varphi_a\|_2'^2.\end{aligned}$$

<u>2. Fall:</u> $f \in T([-\pi, \pi], \mathbb{C})$ beliebig.

Dann gibt es $m \in \mathbb{N}$ und $t_1, \ldots, t_m \in [-\pi, \pi]$ und $\gamma_1, \ldots, \gamma_m \in \mathbb{C}$ mit

$$f = \sum_{l=1}^{m} \gamma_l \varphi_{t_l},$$

wobei $\varphi_{t_l}$ wie im 1. Fall definiert ist. Wegen der Linearität der Bildung der Partialsummen der Fourierreihe (Bemerkung IV.44) gilt für $n \in \mathbb{N}$:

$$\begin{aligned}\left\|f - F_n(f;\cdot)\right\|_2' &= \left\|\sum_{l=1}^{m} \gamma_l \varphi_{t_l} - \sum_{l=1}^{m} \gamma_l F_n(\varphi_{t_l};\cdot)\right\|_2' \\ &\leq \sum_{l=1}^{m} |\gamma_l| \underbrace{\left\|\varphi_{t_l} - F_n(\varphi_{t_l};\cdot)\right\|_2'}_{\to 0,\ n\to\infty\ (1.\,\text{Fall})} \longrightarrow 0, \quad n \longrightarrow \infty.\end{aligned}$$

□

**Satz IV.51** *Ist $f \in R([-\pi, \pi], \mathbb{C})$), so konvergiert die Fourierreihe von $f$ im quadratischen Mittel gegen $f$.*

*Beweis.* Ohne Einschränkung können wir annehmen, dass $f$ reellwertig ist und dass $|f(x)| \leq 1$, $x \in [-\pi, \pi]$ (wegen der Linearität der Fourierkoeffizienten und der Bildung der Partialsummen der Fourierreihe nach Bemerkung IV.44).

Es sei $\varepsilon > 0$ beliebig. Da $f$ nach Voraussetzung Riemann-integrierbar auf $[-\pi, \pi]$ ist, existieren nach dem Kriterium von Riemann ([32, Satz VIII.7]) Treppenfunktionen $\psi_-, \psi_+ \in T([-\pi, \pi], \mathbb{R})$, $-1 \leq \psi_- \leq f \leq \psi_+ \leq 1$, mit

$$\int_{-\pi}^{\pi} \big(\psi_+(x) - \psi_-(x)\big) \, \mathrm{d}x < \pi \frac{\varepsilon^2}{4}. \tag{18.6}$$

Nach Lemma IV.50 angewendet auf $\psi_-$ existiert ein $N \in \mathbb{N}$, so dass

$$\forall\, n \geq N\colon \left\|\psi_- - F_n(\psi_-;\cdot)\right\|_2' < \frac{\varepsilon}{2}.$$

Nach Lemma IV.46 angewendet auf $f - \psi_- \in R([-\pi, \pi], \mathbb{R})$ ist auf Grund der Ungleichungen $0 \le f - \psi_- \le \psi_+ - \psi_-$ und (18.6):

$$\left\|(f-\psi_-) - F_n(f-\psi_-;\cdot)\right\|_2' \le \|f-\psi_-\|_2' = \Big(\frac{1}{2\pi}\int_{-\pi}^{\pi}\big|\underbrace{f(x)-\psi_-(x)}_{\ge 0}\big|^2\,dx\Big)^{\frac12}$$
$$\le \Big(\frac{1}{2\pi}\int_{-\pi}^{\pi}\underbrace{\big(\psi_+(x)-\psi_-(x)\big)}_{\le 2}\underbrace{\big(\psi_+(x)-\psi_-(x)\big)}_{\ge 0}\,dx\Big)^{\frac12}$$
$$\le \Big(\frac{1}{\pi}\int_{-\pi}^{\pi}\big(\psi_+(x)-\psi_-(x)\big)\,dx\Big)^{\frac12} < \frac{\varepsilon}{2}.$$

Insgesamt folgt wieder wegen der Linearität aus Bemerkung IV.44 für $n \ge N$:

$$\left\|f - F_n(f;\cdot)\right\|_2' = \left\|f-\psi_-+\psi_- - \big(F_n(f-\psi_-;\cdot) - F_n(\psi_-;\cdot)\big)\right\|_2'$$
$$\le \left\|(f-\psi_-) - F_n(f-\psi_-;\cdot)\right\|_2' + \left\|\psi_- - F_n(\psi_-;\cdot)\right\|_2' < \varepsilon. \qquad \square$$

**Satz IV.52** *Ist $f \in C([-\pi,\pi],\mathbb{C}))$ mit $f(-\pi) = f(\pi)$ (so dass die $2\pi$-periodische Fortsetzung von $f$ auf $\mathbb{R}$ stetig ist) und ist $f$ stückweise stetig differenzierbar auf $[-\pi,\pi]$, so konvergiert die Fourierreihe von $f$ gleichmäßig gegen $f$.*

*Beweis.* Nach Voraussetzung existiert eine Partition $P = \{t_0, t_1, \dots, t_l\} \subset [-\pi,\pi]$ mit $l \in \mathbb{N}$, $-\pi = t_0 < t_1 < t_2 < \dots < t_l = \pi$, so dass

$$f|_{[t_{j-1},t_j]} \in C^1([t_{j-1},t_j],\mathbb{C}), \quad j = 1,\dots,l.$$

Definiere dann die stückweise stetige Funktion

$$\varphi \in R([-\pi,\pi],\mathbb{C}), \quad \varphi|_{(t_{j-1},t_j)} := \varphi_j := \big(f|_{(t_{j-1},t_j)}\big)', \quad j = 1,\dots,l.$$

Dann folgt für die Fourierkoeffizienten von $f$ und $\varphi$ mittels partieller Integration für $k \in \mathbb{Z}\setminus\{0\}$:

$$c_k(f) = \frac{1}{2\pi}\int_{-\pi}^{\pi} f(x)\exp(-ikx)\,dx = \sum_{j=1}^{l}\frac{1}{2\pi}\int_{t_{j-1}}^{t_j} f(x)\exp(-ikx)\,dx$$
$$= \sum_{j=1}^{l}\frac{1}{2\pi}\Big(\Big[\frac{i}{k}f(x)\exp(-ikx)\Big]_{t_{j-1}}^{t_j} - \frac{i}{k}\int_{t_{j-1}}^{t_j}\varphi_j(x)\exp(-ikx)\,dx\Big)$$
$$= \frac{1}{2\pi}\Big(\frac{i}{k}\big(\underbrace{f(\pi)}_{=f(-\pi)}\underbrace{\exp(-ik\pi)}_{=\exp(ik\pi)} - f(-\pi)\exp(ik\pi)\big)\Big) - \frac{i}{k}\underbrace{\frac{1}{2\pi}\int_{-\pi}^{\pi}\varphi(x)\exp(-ikx)\,dx}_{=c_k(\varphi)}$$
$$= -\frac{i}{k}c_k(\varphi),$$

also

$$|c_k(f)| = \frac{1}{k}|c_k(\varphi)| \le \frac{1}{2}\Big(\frac{1}{k^2} + |c_k(\varphi)|^2\Big), \quad k \in \mathbb{Z}\setminus\{0\}.$$

Mit [32, Beispiel VIII.39] und der Besselschen Ungleichung für $\varphi$ (Satz IV.47) folgt damit für beliebiges $n \in \mathbb{N}$:

$$\sum_{k=-n}^{n} |c_k(f)| \leq |c_0(f)| + \frac{1}{2}\sum_{k=1}^{\infty}\frac{1}{k^2} + \frac{1}{2}\sum_{\substack{k=-\infty\\k\neq 0}}^{\infty} |c_k(\varphi)|^2 \leq |c_0(f)| + \frac{\pi^2}{12} + \frac{\|\varphi\|_2^2}{2} < \infty.$$

Wegen $\|c_k(f)\exp(-ik\cdot)\|_\infty = |c_k(f)|$ ist nach dem Majorantenkriterium die Reihe $F_n(f;\cdot) = \sum_{k=-n}^{n} c_k(f)\exp(-ik\cdot)$ gleichmäßig konvergent auf $[-\pi,\pi]$. Die Grenzfunktion

$$g := \lim_{n\to\infty} F_n(f;\cdot) = \sum_{k=-\infty}^{\infty} c_k(f)\exp(-ik\cdot)$$

ist dann als gleichmäßiger Limes stetiger Funktionen stetig ([32, Satz VIII.35]). Noch zu zeigen ist $g = f$. Es gilt für $n \in \mathbb{N}$:

$$\|g - F_n(f;\cdot)\|_2' = \Big(\frac{1}{2\pi}\int_{-\pi}^{\pi}\underbrace{|g(x) - F_n(f;x)|^2}_{\leq \|g-F_n(f;)\|_\infty^2}\Big)^{\frac{1}{2}} \leq \|g - F_n(f;)\|_\infty \longrightarrow 0, \qquad n\to\infty.$$

Nach Satz IV.51 gilt auch $\|f - F_n(f;)\|_2' \to 0$, $n \to \infty$, also ergibt sich:

$$\|f - g\|_2' \leq \|f - F_n(f;)\|_2' + \|g - F_n(f;)\|_2' \longrightarrow 0, \qquad n \to \infty.$$

Da die linke Seite nicht von $n$ abhängt, muss $\|f - g\|_2' = 0$ gelten. Da aber $f$ und $g$ stetig sind, folgt $f = g$ aus der Definitheit der Norm $\|\cdot\|_2$ auf $C([-\pi,\pi],\mathbb{C})$ (Proposition IV.37). □

Als Nächstes wollen wir untersuchen, unter welchen Bedingungen die Fourierreihe einer Funktion $f$ punktweise gegen diese konvergiert und was passiert, wenn $f$ oder die $2\pi$-periodische Fortsetzung von $f$ auf $\mathbb{R}$ nicht mehr stetig ist.

Um das herauszufinden benutzen wir eine spezielle Eigenschaft der trigonometrischen Polynome $\sum_{k=-n}^{n}\exp(ikx)$:

**Proposition IV.53**

*Definiert man für $n \in \mathbb{N}_0$ den* Dirichlet-Kern *$n$-ten Grades*

$$D_n(x) := \sum_{k=-n}^{n}\exp(ikx), \qquad x \in \mathbb{R},$$

*so gilt*

$$D_n(x) = \frac{\sin\big((n+\frac{1}{2})x\big)}{\sin\big(\frac{1}{2}x\big)}, \qquad x \in \mathbb{R}\setminus 2\pi\mathbb{Z}. \tag{18.7}$$

*Beweis.* Für $x \in \mathbb{R}\setminus 2\pi\mathbb{Z}$ folgt mit geometrischer Summenformel ([32, Satz II.7]):

$$\begin{aligned} D_n(x) &= \exp(-inx)\sum_{k=0}^{2n}\exp(ikx) = \exp(-inx)\frac{1-\exp\big(i(2n+1)x\big)}{1-\exp(ix)} \\ &= \frac{\exp\big(i(n+\frac{1}{2})x\big) - \exp\big(-i(n+\frac{1}{2})x\big)}{\exp\big(i\frac{1}{2}x\big) - \exp\big(-i\frac{1}{2}x\big)} = \frac{\sin\big((n+\frac{1}{2})x\big)}{\sin\big(\frac{1}{2}x\big)}. \end{aligned}$$

□

**Lemma IV.54** **von Dirichlet.** *Ist $F \in R([-\pi, \pi], \mathbb{C})$ in 0 links- und rechtsseitig differenzierbar, so gilt:*

$$\lim_{n\to\infty} \frac{1}{2\pi} \int_{-\pi}^{\pi} F(x) D_n(x)\, \mathrm{d}x = \frac{F(0+) + F(0-)}{2},$$

*wobei $F(0\pm)$ den links- bzw. rechtsseitigen Grenzwert von $F$ in 0 bezeichnet.*

*Beweis.* Es sei $n \in \mathbb{N}$. Für $k \in \mathbb{Z}$ gilt, weil $\exp(\mathrm{i}k\cdot)$ $2\pi$-periodisch ist:

$$\frac{1}{2\pi} \int_{-\pi}^{\pi} \exp(\mathrm{i}kx)\, \mathrm{d}x = \begin{cases} \frac{1}{2\pi} \int_{-\pi}^{\pi} \mathrm{d}x = 1, & k = 0, \\ \frac{1}{2\pi} \left[\frac{1}{\mathrm{i}k} \exp(\mathrm{i}kx)\right]_{-\pi}^{\pi} = 0, & k \in \mathbb{Z} \setminus \{0\}. \end{cases}$$

Da $D_n$ eine ungerade Funktion ist, folgt damit

$$\frac{1}{2\pi} \int_0^{\pi} D_n(x)\, \mathrm{d}x = \frac{1}{2}\left(\frac{1}{2\pi} \int_{-\pi}^{\pi} D_n(x)\, \mathrm{d}x\right) = \frac{1}{2} \sum_{k=-n}^{n} \frac{1}{2\pi} \int_{-\pi}^{\pi} \exp(\mathrm{i}kx)\, \mathrm{d}x = \frac{1}{2}.$$

Zusammen mit der Darstellung (18.7) ergibt sich dann:

$$\begin{aligned} \frac{1}{2\pi} \int_0^{\pi} F(x) D_n(x)\, \mathrm{d}x - \frac{1}{2} F(0+) &= \frac{1}{2\pi} \int_0^{\pi} \big(F(x) - F(0+)\big) D_n(x)\, \mathrm{d}x \\ &= \frac{1}{2\pi} \int_0^{\pi} \big(F(x) - F(0+)\big) \frac{\sin\left((n + \frac{1}{2})x\right)}{\sin\left(\frac{1}{2}x\right)}\, \mathrm{d}x \\ &= \frac{1}{2\pi} \int_0^{\pi} \frac{F(x) - F(0+)}{x} \frac{x}{\sin\left(\frac{1}{2}x\right)} \sin\left(\left(n + \frac{1}{2}\right)x\right) \mathrm{d}x. \end{aligned}$$

Da $F$ nach Voraussetzung in 0 rechtsseitig differenzierbar ist und der Grenzwert des zweiten Faktors des obigen Integranden z.B. nach der Taylorschen Formel existiert und gleich 1 ist ([32, Satz IX.1]), gilt für $x \in (0, \pi]$:

$$G(x) := \frac{F(x) - F(0+)}{x} \frac{x}{\sin\left(\frac{1}{2}x\right)} \overset{x\searrow 0}{\longrightarrow} \underbrace{\left(\lim_{x\searrow 0} \frac{F(x) - F(0+)}{x}\right)\left(2 \lim_{x\searrow 0} \frac{\frac{1}{2}x}{\sin\left(\frac{1}{2}x\right)}\right)}_{=2F'(0+)},$$

also hat $G$ eine Fortsetzung $G \in R([0, \pi], \mathbb{C})$. Nach dem Additionstheorem für den Sinus ([32, Aufgabe VI.3]) und Lemma IV.42 von Riemann folgt

$$\lim_{n\to\infty} \left(\frac{1}{2\pi} \int_0^{\pi} F(x) D_n(x)\, \mathrm{d}x - \frac{1}{2} F(0+)\right) = \frac{1}{2\pi} \lim_{n\to\infty} \int_0^{\pi} G(x) \sin\left(\left(n + \frac{1}{2}\right)x\right) \mathrm{d}x = 0.$$

Analog zeigt man, dass gilt:

$$\lim_{n\to\infty} \left(\frac{1}{2\pi} \int_{-\pi}^{0} F(x) D_n(x)\, \mathrm{d}x - \frac{1}{2} F(0-)\right) = 0. \qquad \square$$

**Satz IV.55**

*Ist $f \in R([-\pi, \pi], \mathbb{C}))$ stückweise stetig differenzierbar auf $[-\pi, \pi]$, so konvergiert die Fourierreihe von $f$ punktweise. Ist genauer $f$ in $x \in [-\pi, \pi]$ links- und rechtsseitig differenzierbar, so gilt:*

$$F_n(f;x) \longrightarrow \frac{f(x+) + f(x-)}{2}, \qquad n \to \infty,$$

*wobei $f(x\pm)$ den links- bzw. rechtsseitigen Grenzwert von $f$ in $x$ bezeichnet; ist insbesondere $f$ stetig in $x \in [-\pi, \pi]$, so gilt $F_n(f;x) \to f(x)$, $n \to \infty$.*

*Beweis.* Wie vereinbart, bezeichnen wir mit $f$ auch die $2\pi$-periodische Fortsetzung von $f$ auf $\mathbb{R}$. Nach Definition IV.40 der Fourierkoeffizienten gilt für die Partialsummen der formalen Fourierreihe von $f$:

$$\begin{aligned}
F_n(f;x) &= \sum_{k=-n}^{n} \left( \frac{1}{2\pi} \int_{-\pi}^{\pi} f(t) \exp(-ikt)\,\mathrm{d}t \right) \exp(ikx) \\
&= \frac{1}{2\pi} \int_{-\pi}^{\pi} f(t) \sum_{k=-n}^{n} \exp\big(i(k(x-t)\big)\,\mathrm{d}t = \frac{1}{2\pi} \int_{-\pi+x}^{\pi+x} f(x-u) D_n(u)\,\mathrm{d}u \\
&= \frac{1}{2\pi} \left( \int_{-\pi+x}^{\pi} f(x-u) D_n(u)\,\mathrm{d}u + \int_{\pi}^{\pi+x} f(\underbrace{x-u}_{=x-u+2\pi}) D_n(u)\,\mathrm{d}u \right) \\
&= \frac{1}{2\pi} \left( \int_{-\pi+x}^{\pi} f(x-u) D_n(u)\,\mathrm{d}u + \int_{-\pi}^{-\pi+x} f(x-u) D_n(u)\,\mathrm{d}u \right) \\
&= \frac{1}{2\pi} \int_{-\pi}^{\pi} f(x-u) D_n(u)\,\mathrm{d}u.
\end{aligned}$$

Nach der Voraussetzung für $f$ ist die Funktion $F(u) := f(x-u)$, $u \in [-\pi, \pi]$, in $u = 0$ links- und rechtsseitig differenzierbar. Wendet man auf $F$ Lemma IV.54 von Dirichlet an, ergibt sich:

$$\lim_{n\to\infty} F_n(f;x) = \frac{F(0+) + F(0-)}{2} = \frac{f(x+) + f(x-)}{2}. \qquad \square$$

## 19 Anwendung auf die Wellengleichung

Fourier verwendete seine Entwicklung in Reihen trigonometrischer Polynome zum Lösen der Wärmeleitungsgleichung. Wir lösen nun mittels Fourierreihen die Wellengleichung und schließen so mit einem Blick in die Welt der partiellen Differentialgleichungen.

Die eindimensionale Wellengleichung ist eine Differentialgleichung in Raum- und Zeitvariabler, die z.B. die zeitliche Evolution einer schwingenden elastischen Saite der Länge $L > 0$ beschreibt. Ist diese beiseitig eingespannt und hat zur Zeit $t = 0$ die Anfangsposition $f$ und die Anfangsgeschwindigkeit 0, ist diese Evolution Lösung des

Anfangswertproblems

$$\frac{\partial^2}{\partial t^2}y = \alpha^2 \frac{\partial^2}{\partial x^2}y, \tag{19.1}$$

$$y(0,t) = y(L,t) = 0, \qquad t \in [0,\infty), \tag{19.2}$$

$$y(x,0) = f(x), \qquad \frac{\partial y}{\partial t}(x,0) = 0, \qquad x \in [0,L], \tag{19.3}$$

wobei $f\colon [0,L] \to \mathbb{R}, f \not\equiv 0$, stetig sein soll und die Lösung $y\colon [0,L] \times [0,\infty) \to \mathbb{R}$ die Auslenkung $y(x,t)$ der Saite an der Stelle $x$ zum Zeitpunkt $t$ ist.

Wir nehmen nun an, dass eine nicht-triviale Lösung der speziellen Form

$$y(x,t) = \eta(x)v(t) \quad \text{(mit „separierten Variablen")}$$

existiert, also $\eta \not\equiv 0, v \not\equiv 0$. Einsetzen in (19.1) liefert, dass dann für alle $x \in [0,L]$ und $t \in [0,\infty)$, wo $\eta(x) \neq 0, v(t) \neq 0$ ist, gelten muss:

$$\frac{1}{\alpha^2}\frac{v''(t)}{v(t)} = \frac{\eta''(x)}{\eta(x)}.$$

Dies kann nur gelten, wenn beide Seiten konstant sind, z.B. gleich $\lambda$, also wenn

$$\eta''(x) = \lambda\,\eta(x), \qquad x \in [0,L], \tag{19.4}$$

$$v''(t) = \lambda\,\alpha^2 v(t), \qquad t \in [0,\infty). \tag{19.5}$$

Die Anfangsbedingungen (19.3) lauten dann

$$\eta(x)v(0) = f(x), \qquad \eta(x)v'(0) = 0, \qquad x \in [0,L].$$

Da $f \not\equiv 0$ ist, muss $v(0) \neq 0$ gelten; da außerdem $\eta \not\equiv 0$ ist, folgt daraus:

$$\eta(x) = v(0)^{-1}f(x), \qquad x \in [0,L], \qquad v'(0) = 0. \tag{19.6}$$

Die Randbedingungen (19.2) liefern wegen $v \not\equiv 0$ zu (19.4) die Randbedingungen

$$\eta(0) = \eta(L) = 0. \tag{19.7}$$

In Beispiel IV.25 haben wir gezeigt, dass die Differentialgleichung (19.4) mit den Randbedingungen (19.7) nur für gewisse $\lambda = \lambda_k$ nicht-triviale Lösungen hat:

$$\lambda_k = \omega_k^2 = \left(\frac{\pi}{L}k\right)^2, \quad \eta_{\omega_k}(x) = \sin\left(\frac{\pi}{L}kx\right), \quad x \in [0,L], \quad k \in \mathbb{Z}\setminus\{0\}. \tag{19.8}$$

Die eindeutige Lösung von (19.5) mit $\lambda = \omega_k^2$ und $v'(0) = 0$ wie in (19.6) ist

$$v_{\omega_k}(t) = \cos\left(\frac{\pi}{L}k\alpha t\right), \quad t \in [0,\infty), \quad k \in \mathbb{Z}\setminus\{0\}. \tag{19.9}$$

Falls es also eine nicht-triviale Lösung der speziellen Form $y(x,t) = \eta(x)v(t)$ von (19.1), (19.2), (19.3) gibt, hat diese die Form

$$y_k(x,t) = \sin\left(\frac{\pi}{L}kx\right)\cos\left(\frac{\pi}{L}k\alpha t\right), \quad x \in [0,L],\ t \in [0,\infty), \quad k \in \mathbb{Z}\setminus\{0\}. \tag{19.10}$$

Wegen der Anfangsbedingung (19.6) gibt es solche Lösungen aber nur für Anfangspositionen $f$ der speziellen Form

$$f(x) = \sin\left(\frac{\pi}{L}kx\right), \quad x \in [0,L], \quad k \in \mathbb{Z}\setminus\{0\}.$$

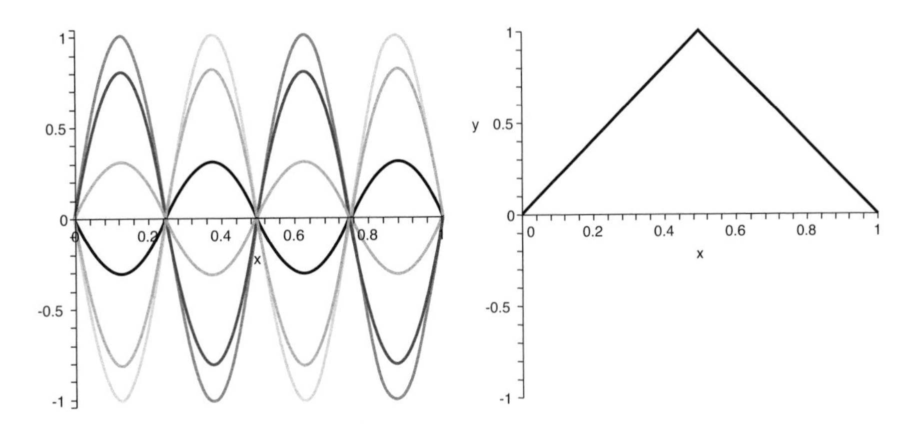


**Abb. 19.1:** Lösung $y_4(x,t)$ zur Anfangsposition $\sin(\frac{\pi}{L}4x)$ zu verschiedenen Zeiten $t$ und Anfangsposition $f$ aus (19.11) ($L = 1$)

Um die Lösung für eine allgemeine stetige Anfangsposition $f\colon [0, L] \to \mathbb{R}$ zu finden, setzen wir $f$ auf das Intervall $[-L, L]$ als ungerade Funktion fort und entwickeln diese Fortsetzung in eine Fourierreihe:

$$f(x) = \sum_{k=1}^{\infty} b_k \sin\left(\frac{\pi}{L}kx\right), \qquad x \in [-L, L].$$

Dann ist die gesuchte Lösung $y$ von (19.1), (19.2), (19.3) gegeben durch

$$y(x,t) = \sum_{k=1}^{\infty} b_k \sin\left(\frac{\pi}{L}kx\right) \cos\left(\frac{\pi}{L}k\alpha t\right), \quad x \in [0, L],\ t \in [0, \infty).$$

Als Beispiel betrachten wir den Fall, dass die Saite zum Zeitpunkt $t = 0$ in der Mitte bis zur Höhe $h > 0$ gezupft wird, d.h., die Anfangsposition $f$ ist gegeben durch

$$f(x) := \begin{cases} \dfrac{2h}{L}x, & x \in \left[0, \frac{L}{2}\right), \\ -\dfrac{2h}{L}x + 2h, & x \in \left[\frac{L}{2}, L\right]. \end{cases} \tag{19.11}$$

Wir setzen nun $f$ auf das Intervall $[-L, L]$ ungerade fort vermöge $f(x) := -f(-x)$, $x \in [-L, 0)$, und definieren $F(x) := f\left(\frac{L}{\pi}x\right)$, $x \in [-\pi, \pi]$. Dann gilt für die Fourierkoeffizienten von $F$ nach Bemerkung IV.45, dass $a_k = 0$, $k \in \mathbb{N}_0$, und mit partieller Integration:

$$\begin{aligned} b_k &= \frac{2}{\pi}\left(\int_0^{\pi/2} \frac{2h}{\pi}x\sin(kx)\,\mathrm{d}x + \int_{\pi/2}^{\pi}\left(-\frac{2h}{\pi}x + 2h\right)\sin(kx)\,\mathrm{d}x\right) \\ &= \frac{4h}{\pi^2}\left(\int_0^{\pi/2} x\sin(kx)\,\mathrm{d}x - \int_{\pi/2}^{\pi} x\sin(kx)\,\mathrm{d}x\right) + \frac{4h}{\pi}\left[-\frac{1}{k}\cos(kx)\right]_{x=\pi/2}^{x=\pi} \\ &= \frac{4h}{\pi^2}\left(\left[-\frac{x}{k}\cos(kx)\right]_{x=0}^{x=\pi/2} + \left[\frac{1}{k^2}\sin(kx)\right]_{x=0}^{x=\pi/2}\right. \\ &\qquad \left. - \left[-\frac{x}{k}\cos(kx)\right]_{x=\pi/2}^{x=\pi} - \left[\frac{1}{k^2}\sin(kx)\right]_{x=\pi/2}^{x=\pi}\right) + \frac{4h}{\pi}\left[-\frac{1}{k}\cos(kx)\right]_{x=\pi/2}^{x=\pi}, \end{aligned}$$

also

$$b_k = \frac{8h}{\pi^2}\frac{1}{k^2}\sin\left(k\frac{\pi}{2}\right) = \begin{cases} 0, & k = 2l, \\ \dfrac{8h}{\pi^2}\dfrac{(-1)^{l-1}}{(2l-1)^2}, & k = 2l-1, \end{cases} \qquad l = 1, 2, \ldots.$$

Da die Funktion $f$ in (19.11) links- und rechtsseitig differenzierbar und stetig auf $[-L, L]$ ist und damit für $F$ das analoge auf $[-\pi, \pi]$ gilt, konvergiert die Fourierreihe von $F$ punktweise gegen $F$ nach Satz IV.52, also gilt:

$$f(x) = F\left(\frac{\pi}{L}x\right) = \frac{8h}{\pi^2}\sum_{l=1}^{\infty}\frac{(-1)^{l-1}}{(2l-1)^2}\sin\left((2l-1)\frac{\pi}{L}x\right), \quad x \in [-L, L].$$

Insgesamt ist dann die Lösung $y$ von (19.1), (19.2), (19.3) mit der Anfangsposition $f$ der Form (19.11) gegeben durch:

$$y(x,t) = \frac{8h}{\pi^2}\sum_{l=1}^{\infty}\frac{(-1)^{l-1}}{(2l-1)^2}\sin\left(\frac{\pi}{L}(2l-1)x\right)\cos\left(\frac{\pi}{L}(2l-1)\alpha t\right), \; x \in [0, L], \; t \in [0, \infty).$$

## Aufgaben

**IV.1.** Bestimme alle Lösungen folgender Differentialgleichungen mit der Anfangsbedingung $y(0) = c$ mit $c \in \mathbb{R}$, und untersuche sie auf Eindeutigkeit:

a) $y' = y^2$, b) $y' = \exp(y)\sin(x)$.

Gib dabei das maximale Intervall an, auf dem die Lösungen definiert sind, und skizziere jeweils typische Lösungen.

**IV.2.** **Hatte Galilei[10] recht?**

Galileo Galilei vermutete, dass eine frei hängende Kette, die mit den beiden Enden an zwei gleich hohen Stangen der Höhe $h$ im Abstand $2x_0$ voneinander aufgehängt ist, den Graph einer Parabel beschreibt.

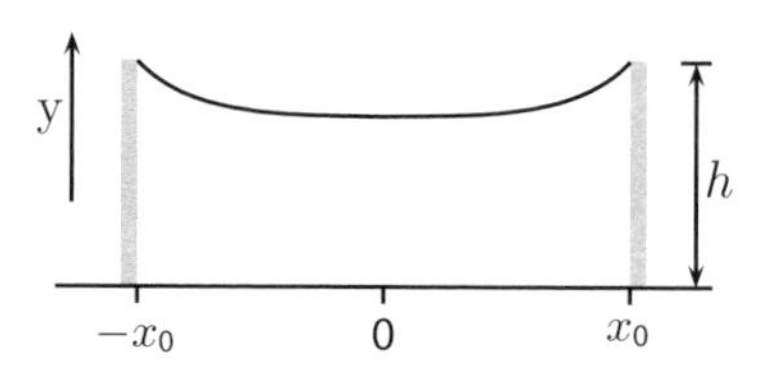


Physikalische Überlegungen zeigen, dass die Kettenlinie die Differentialgleichung

$$y''(x) = \gamma\sqrt{1 + (y'(x))^2}, \quad x \in [-x_0, x_0],$$

erfüllt, wobei $\gamma \neq 0$ eine Konstante ist, die von $x_0$ und der Länge des Seils abhängt. Bestätige oder widerlege Galileis Vermutung. Wie hängen $\gamma$, die Länge des Seils und $x_0$ zusammen?

[10] Galileo Galilei, ∗ 15. Februar 1564 in Pisa, † 8. Januar 1642 in Arcetri bei Florenz, italienischer Mathematiker, Physiker und Astronom, der bahnbrechende Entdeckungen auf mehreren Gebieten der Naturwissenschaften machte. Seine Teleskopbeobachtungen ebneten den Weg zur Akzeptanz des heliozentrischen Kopernikanischen Systems, führten aber zu einem Inquisitionsprozess der katholischen Kirche gegen ihn; Galilei wurde erst 1992 (!) von der Kirche rehabilitiert.

**IV.3.** Die Stromstärke $I$ in einem $RL$-Stromkreis erfüllt

$$\dot{I}(t) + \frac{R}{L} I(t) = \frac{1}{L} E(t), \qquad t \in \mathbb{R},$$

mit Konstanten $L > 0$ (Induktivität) und $R > 0$ (Widerstand) sowie $E \in C(\mathbb{R}, \mathbb{R})$. Bestimme die Lösungen der Differentialgleichung mit Anfangswert $I(0) = I_0$ im Fall $E(t) = E_0 \cos(\omega t)$ (Wechselspannung). Wie verhält sich die Stromstärke für $t \to \infty$? (Unterscheide jeweils $E_0 = 0$, $E_0 \neq 0$ und $\omega = 0$, $\omega \neq 0$).

**IV.4.** Beweise, dass das inhomogene lineare Differentialgleichungssystem $y' = Ay + b(x)$ mit $A \in K^{n \times n}$ und den beiden Inhomogenitäten $b$ aus Proposition IV.28 jeweils eine spezielle Lösung der behaupteten Form hat.

**IV.5.** Bestimme die Lösungen $\mathbb{R} \to \mathbb{R}^3$ des Differentialgleichungssystems

$$\begin{aligned} x'(t) &= z(t), \\ y'(t) &= x(t) + z(t) - 2t, \\ z'(t) &= 8x(t) - 3y(t) - z(t) + 2t. \end{aligned}$$

**IV.6.** Bestimme die allgemeine Lösung folgender Differentialgleichungen:

a) $y''' - 3y'' - 2y' = 0$,
b) $y''' - 2y'' - 4y' + 8y = e^x$,
c) $y''' - 4y'' + 5y - 2 = \sin(x)$,
d) $\begin{pmatrix} y_1 \\ y_2 \end{pmatrix}' = \begin{pmatrix} 3 & 1 \\ -1 & 1 \end{pmatrix} \begin{pmatrix} y_1 \\ y_2 \end{pmatrix} + \begin{pmatrix} \sin(x) \\ \cos(x) \end{pmatrix}$.

**IV.7.** Bestimme die reellen Lösungen von:

a) $y''' - y'' + y' - y = \cos(x), \quad x \in \mathbb{R}$,
b) $y''' + y = x^2 e^x, \quad x \in \mathbb{R}$.

**IV.8.** Zeige, dass durch die Substitution $x = e^z$ für $x \in [0, \infty)$ die *Eulersche Differentialgleichung*

$$x^n \eta^{(n)} + a_{n-1} x^{n-1} \eta^{(n-1)} + \cdots + a_1 x \eta' + a_0 \eta = 0$$

mit $a_0, a_1, \ldots, a_{n-1} \in \mathbb{C}$ in eine lineare Differentialgleichung mit konstanten Koeffizienten übergeht. Bestimme so die allgemeine Lösung von

$$x^2 \eta'' + 3x\eta' + \eta = 0.$$

# V Tipps zur Prüfungsvorbereitung

Es gibt unzählige psychologische Ratgeber, wie man sich am besten auf Prüfungen vorbereiten kann. Auch wenn es darunter nützliche Hinweise geben mag, zielen sie oft eher auf Aspekte wie Nervosität oder Prüfungsangst ab, die man nicht oder nur sehr schwer beeinflussen kann.

Das Einzige, was Sie wirklich beeinflussen können, weil Sie es selbst in der Hand haben, ist die fachliche Vorbereitung. Wenn Sie diese so gut Sie können gestalten, kann sich sogar Ihre Prüfungsangst reduzieren. Im Folgenden finden Sie dazu einige Hinweise, die auf langjähriger Erfahrung mit vielen Studierenden beruhen.

Es gibt zwei unterschiedliche Typen von Prüfungen: schriftliche Klausuren und mündliche Prüfungen. Auch wenn beide denselben Stoff behandeln, ist eine unterschiedliche Vorbereitung für die beiden Typen nützlich. Einige Hinweise gelten aber für beide Prüfungsarten:

*Allgemeine Tipps für Klausuren und mündliche Prüfungen*

Der erste und wichtigste Hinweis betrifft nicht die direkte Prüfungsvorbereitung, sondern die Vorlesungszeit:

- Versuchen Sie, die Übungsaufgaben selbst zu lösen. So wie Skifahren, kann man Mathematik nicht durch „Zuschauen" respektive bloßes „Durchlesen und farbig Markieren" lernen. Durch Abschreiben von anderen können Sie sich selbst das Semester über täuschen, aber spätestens bei der Prüfungsvorbereitung zahlen Sie den Preis dafür.

- Fangen Sie rechtzeitig mit der Prüfungsvorbereitung an, und schätzen Sie die Zeit lieber zu großzügig ein. Das Gehirn muss genauso intensiv und konstant wie ein Muskel trainiert werden, um zum Zeitpunkt der Prüfung in Hochform zu sein. Es ist schwer, allgemeine Zeitangaben zu machen, aber drei bis vier Wochen langes Vollzeit-Lernen für eine Prüfung ist kein Luxus.

- Das bloße Durcharbeiten „angeblich prüfungsrelevanten Stoffs" reicht nicht aus, um das Gehirn in der mathematischen Denkweise zu üben, die für das Bestehen der Prüfungen notwendig ist. Auch wenn Sie es für noch so unwahrscheinlich halten, dass danach gefragt wird, ist z.B. das Durcharbeiten von Beweisen eine Art „Kraftstudio" fürs Gehirn, auch wenn Sie einige Schritte nicht verstehen.

- Werden Sie misstrauisch, wenn Sie beim Durcharbeiten des Stoffs das Gefühl haben, „alles zu verstehen". Es ist in diesem Fall eher wahrscheinlich, dass Sie die wirklichen Schwierigkeiten nicht sehen. Es ist natürlich, dass Sie sehr oft länger überlegen und Zwischenschritte machen müssen, um zu verstehen, wie aus einer Zeile die nächste folgt.

- Unterschätzen Sie nicht die Wirkung des Schreibens beim Lernen. Machen Sie selbst den Test: Lesen Sie zuerst eine Formel nur, und versuchen Sie dann, sie auswendig auf ein Blatt zu schreiben. Alternativ schreiben Sie eine andere Formel, statt zu lesen, zuerst ab, und schreiben Sie sie dann auswendig auf. Das Mitnehmen von Spickzetteln ist natürlich verboten, aber Spickzettel zur reinen Vorbereitung zu schreiben ist erlaubt!

*Allgemeine Tipps für Klausuren*

- Lesen Sie nach dem ersten Durchlesen vor der Bearbeitung jede Aufgabe noch einmal in Ruhe durch, und achten Sie darauf, dass Sie alle Teilfragen erfasst haben. Sehr oft werden einfache Aufgabenteile in der ersten Eile übersehen und kosten unnötig Punkte.
- Ein ganz wichtiger Erfolgsfaktor bei Klausuren ist Routine beim Lösen von Aufgaben. Dafür ist es nötig, von einem Aufgabentyp hinreichend viele Beispiele selbst zu lösen (nicht Lösungen durchzulesen!). Wie viele es sein sollen, kann man nicht allgemein sagen, aber zehn Beispiele pro Typ ist eine gute untere Schranke. Mehr Routine bedeutet weniger Angst, mehr Sicherheit und vor allem mehr Zeit, die man bei schwierigeren Nicht-Routine-Aufgaben gut gebrauchen kann.
- Bei Aufgaben, von denen Sie nicht glauben, dass Sie sie lösen können, sollten Sie trotzdem etwas versuchen: zum Beispiel können Sie Definitionen hinschreiben, die man für die Lösung brauchen wird, oder Sie können versuchen, einige Schlüsse von vorwärts oder rückwärts zu machen. Auch wenn der Versuch unvollständig bleibt, könnten Sie dafür den einen zum Bestehen fehlenden Punkt in der Klausur bekommen!
- Gehen Sie nicht vor Ablauf der Prüfungszeit aus der Klausur! Nutzen Sie die Zeit lieber, um ihre Lösungen zu kontrollieren und so Rechenfehler zu finden, die Sie das Bestehen der Klausur kosten könnten. Neben der nochmaligen Prüfung Ihrer Rechnungen können Sie oft eine Gegenkontrolle machen: Wenn Sie z.B. in einer Aufgabe die Stammfunktion einer Funktion finden sollen, leiten Sie zur Kontrolle die Stammfunktion ab!

*Allgemeine Tipps für mündliche Prüfungen*

- Versuchen Sie, in der Endphase der Vorbereitung den Stoff nicht nur still zu lesen oder zu schreiben, sondern gleichzeitig darüber zu sprechen. Stellen Sie sich z.B. vor, dass Sie in der Prüfung gefragt werden, was eine stetige Funktion ist, und beantworten Sie dann laut für sich die Frage mit Papier und Bleistift. Das macht das Sprechen in der Prüfung, in der man etwas aufgeregt ist, dann einfacher, weil es nicht das erste Mal ist.
- Wenn Sie zwar gut vorbereitet sind, aber unter übergroßer Nervosität leiden, dürfen Sie das zu Beginn der Prüfung ruhig sagen. Es kann den Prüfenden im positiven Sinn zeigen, dass Sie die Prüfung ernst nehmen, und entlastet Sie auch selbst.

- Auch wenn es in der Mathematik nicht ums Auswendiglernen geht: Die wichtigen Sätze und Definitionen muss man mit ihren Voraussetzungen genau reproduzieren können. Die Voraussetzungen kann man sich übrigens leichter merken, wenn man beim Vorbereiten auch die Beweise durchgearbeitet hat.

- Bereiten Sie zu wichtigen Definitionen und Eigenschaften jeweils ein Beispiel und ein Gegenbeispiel vor, z.B. eine stetige Funktion und eine nicht stetige Funktion, eine stetige Funktion, die nicht gleichmäßig stetig ist, eine Reihe die konvergiert, aber nicht absolut konvergiert etc. Solche Fragen sind sehr beliebt!

- Wenn Ihnen in der Prüfung eine Frage gestellt wird, zu der Sie gar nichts sagen können, ist es manchmal besser, dies zu sagen und um eine andere Frage zu bitten. Wenn Sie lange herumraten und Ihr Nichtwissen zu verbergen suchen, können viele Minuten vergehen, in denen die Prüfenden sehen, dass Sie etwas nicht wissen; bei einer anderen Frage haben Sie dagegen die Chance, wieder antworten zu können.

Neben dem reinen Vorlesungsstoff bieten sich heute vielfältige Möglichkeiten, Material zur Prüfungsvorbereitung zu finden: Bücher mit klausurgeeigneten Übungsaufgaben und Lösungen (z.B. [4, 14, 31]), Musterklausuren mit Lösungen aus dem Internet, Listen mit Prüfungsfragen von Fachschaften etc. Schaffen Sie sich gleich zu Anfang Ihrer Vorbereitung ein Reservoir, mit dem Sie parallel zum Stoff wichtige Themen vertiefen.

Wenn Sie mit dem Gefühl in die Prüfungen gehen, dass Sie alles getan haben, was Sie mit *Ihren* Möglichkeiten tun konnten, dann sind Sie gut vorbereitet, und vielleicht geht es Ihnen dann so wie in der folgenden Geschichte:

> *Drei Frösche fallen in einen Milchtopf, der erste ist ein Optimist, der zweite ein Pessimist und der dritte ein Realist. Der Optimist sagt, „Es wird schon klappen!“, und ertrinkt. Der Pessimist sagt, „Es geht sicher schief!“, und ertrinkt. Der Realist sagt, „Ich bin ein Frosch und kann nur strampeln“, und er strampelt. Da wird die Milch zu Butter, und er steigt aus dem Milchtopf.*

# Literaturverzeichnis


[1] Amann, H. und J. Escher: *Analysis. I.* Grundstudium Mathematik. Birkhäuser Verlag, Basel, 3. Auflage, 2006.

[2] Amann, H. und J. Escher: *Analysis II.* Grundstudium Mathematik. Birkhäuser Verlag, Basel, 2006.

[3] Abramowitz, M. und I.A. Stegun: *Handbook of Mathematical Functions with Formulas, Graphs, and Mathematical Tables.* Dover Publications Inc., New York, 1964.

[4] Ayres, F. Jr.: *Differential- und Integralrechnung.* Schaum. Überblicke/Aufgaben. 1170 ausführliche Lösungsbeispiele. McGraw-Hill Book Company, New York, 1984.

[5] Behrends, E.: *Analysis. Band 2. Ein Lernbuch.* Vieweg, 2. Auflage.

[6] Brokate, M. und G. Kersting: *Maß und Integral.* Mathematik Kompakt. Birkhäuser, Basel, 2009.

[7] Braun, M.: *Differentialgleichungen und ihre Anwendungen.* Springer-Lehrbuch. Springer-Verlag, Berlin, 3. (übersetzte) Auflage, 1994.

[8] Dieudonné, J.: *Grundzüge der modernen Analysis. Band 1 bis 9.* Friedr. Vieweg & Sohn, Braunschweig, 1971-1987. Übersetzung des französischen Originals.

[9] Emmrich, E. und C. Trunk: *Gut vorbereitet in die erste Mathematikklausur.* Fachbuchverlag Leipzig im Carl-Hanser-Verlag, 2007.

[10] Fischer, G.: *Lineare Algebra. Eine Einführung für Studienanfänger.* Grundkurs Mathematik. Vieweg, Wiesbaden, 16. Auflage, 2008.

[11] Fischer, H. und H. Kaul: *Mathematik für Physiker. Band 1: Grundkurs.* Studienbücher. B.G. Teubner, Stuttgart, 2. Auflage, 1990.

[12] Forster, O.: *Analysis 1.* Vieweg Studium: Grundkurs Mathematik. Friedr. Vieweg & Sohn, Braunschweig, 8. Auflage, 2006.

[13] Forster, O.: *Analysis 2. Differentialrechnung im* $\mathbb{R}^n$. Vieweg Studium. Vieweg, 7. Auflage, 2006.

[14] Forster, O. und T. Szymczak: *Übungsbuch zur Analysis 2.* Grundkurs Mathematik. Vieweg Verlag, Braunschweig, 3. Auflage, 2003.

[15] Hesse, C.: *Angewandte Wahrscheinlichkeitstheorie. Eine fundierte Einführung mit über 500 realitätsnahen Beispielen und Aufgaben.* Vieweg, Wiesbaden, 2003.

[16] Heuser, H.: *Lehrbuch der Analysis. Teil 2.* B.G. Teubner, Stuttgart, 12. Auflage, 2002.

[17] Heuser, H.: *Gewöhnliche Differentialgleichungen.* Mathematische Leitfäden. B.G. Teubner, Stuttgart, 5. Auflage, 2006.

[18] Hewitt, E. und K. Stromberg: *Real and abstract analysis.* Springer-Verlag, New York, 1975. A modern treatment of the theory of functions of a real variable, Third printing, Graduate Texts in Mathematics, No. 25.

[19] Kaballo, W.: *Einführung in die Analysis I.* Spektrum Akademischer Verlag, Heidelberg, 2. Auflage, 2000.

[20] Kaballo, W.: *Einführung in die Analysis II.* Spektrum Akademischer Verlag, Heidelberg, 1. Auflage, 1997.

[21] Kamke, E.: *Differentialgleichungen.* B. G. Teubner, Stuttgart, 9. Auflage, 1977. Lösungsmethoden und Lösungen. I: Gewöhnliche Differentialgleichungen.

[22] Königsberger, K.: *Analysis 1.* Springer-Lehrbuch. Springer-Verlag, Berlin, 1990.

[23] Königsberger, K.: *Analysis 2.* Springer-Lehrbuch. Springer-Verlag, Berlin, 2002.

[24] *The MacTutor History of Mathematics archive,* Online; abgerufen 2012. http://www-groups.dcs.st-and.ac.uk/ history/.

[25] Meyberg, K. und P. Vachenauer: *Höhere Mathematik 1. Differential- und Integralrechnung. Vektor- und Matrizenrechnung.* Springer-Lehrbuch. Springer, Berlin, 6. Auflage, 2001. Mit CD-ROM.

[26] Meyberg, K. und P. Vachenauer: *Höhere Mathematik 2. Differentialgleichungen, Funktionentheorie, Fourier-Analysis, Variationsrechnung.* Springer-Lehrbuch. Springer, Berlin, 4. Auflage, 2006.

[27] Neunzert, H., Winfried G. Eschmann, A. Blickensdörfer-Ehlers und K. Schelkes: *Analysis 2. Ein Lehr- und Arbeitsbuch.* Springer-Lehrbuch. Springer, Berlin, 3. Auflage, 1998.

[28] Rudin, W.: *Reelle und komplexe Analysis.* R. Oldenbourg Verlag, München, 1999.

[29] Shilov, G. E.: *Elementary real and complex analysis.* Dover Publications Inc., Mineola, NY, 1996.

[30] Sonar, T.: *3000 Jahre Analysis. Geschichte, Kulturen, Menschen. Vom Zählstein zum Computer.* Springer, Berlin, 2011.

[31] Spiegel, M.R.: *Einführung in die höhere Mathematik.* Schaum. Überblicke/Aufgaben. 925 ausführliche Lösungsbeispiele. McGraw-Hill Book Company, New York, 1984.

[32] Tretter, C.: *Analysis 1.* Mathematik Kompakt. Birkhäuser, Basel, 1. Auflage, 2012.

[33] WALTER, W.: *Gewöhnliche Differentialgleichungen*. Springer-Lehrbuch. Springer, Berlin, 5. Auflage, 1993.

[34] WALTER, W.: *Analysis 2*. Springer-Lehrbuch. Springer, Berlin, 5. Auflage, 2002.

[35] WERNER, D.: *Einführung in die höhere Analysis*. Springer-Lehrbuch. Springer-Verlag, Berlin, 2009.

# Index

Printing: Ten Brink, Meppel, The Netherlands
Binding: Stürtz, Würzburg, Germany